U0143207

高放废物地质处置库黏土岩场址筛选地球物理调查研究

邓居智　王显祥　王彦国　刘晓东　著

科 学 出 版 社

北　京

内 容 简 介

本书是作者承担国家国防科工局“高放废物地质处置库西北地区黏土岩地段筛选与评价研究”项目“高放废物地质处置库黏土岩预选地段地球物理调查研究”课题的成果总结。主要介绍作者在内蒙古塔木素和苏宏图两个高放废物黏土岩预选区开展的地球物理调查工作，在对区域重磁数据处理圈定预选区断裂构造展布的基础上，开展地球电磁法探测，查明目标黏土岩层空间分布及形态，为高放废物地质处置黏土岩场址筛选和评价提供依据。

本书可供从事高放废物场址预选与评价方面的科研和教学人员，以及相关专业研究生与高年级本科生参考。

审图号：GS 京(2024)1272 号

图书在版编目（CIP）数据

高放废物地质处置库黏土岩场址筛选地球物理调查研究／邓居智等著. —北京：科学出版社，2024. 7

ISBN 978-7-03-077483-5

Ⅰ. ①高… Ⅱ. ①邓… Ⅲ. ①放射性废物处置-地下处置-地球物理勘探-研究 Ⅳ. ①TL942

中国国家版本馆 CIP 数据核字（2024）第 010183 号

责任编辑：崔 妍 张梦雪／责任校对：何艳萍

责任印制：肖 兴／封面设计：无极书装

科 学 出 版 社 出版

北京东黄城根北街 16 号

邮政编码：100717

http://www.sciencep.com

北京九州迅驰传媒文化有限公司印刷

科学出版社发行 各地新华书店经销

*

2024 年 7 月第 一 版 开本：720×1000 1/16

2024 年 7 月第一次印刷 印张：10 1/2

字数：210 000

定价：148.00 元

前　　言

高放废物（即高水平放射性废物）主要是指乏燃料后处理产生的高放废液及其固化体，它具有放射性核素活度浓度高、半衰期长、毒性大、发热率高等特性。如何安全处置高放废物是目前世界各个有核国家研究的重点，其中深地质处置是研究最为集中的处置方案。要实现高放废物深地质处置，首要的、也是最基础的工作是处置库场址的选择，世界各国对高放废物处置库围岩的选择主要集中在花岗岩、黏土岩和岩盐。花岗岩的优点是分布广、规模大、质地均一、强度大、孔隙度小、渗透率低、导热性、抗辐射性好，裂隙多次被次生矿物充填，对放射性核素有滞留作用；其缺点是可能存在节理、裂隙影响岩体的渗透性。盐岩的优点是致密、可塑性强，放射性核素的阻滞作用强，且孔隙度和渗透率极低，具有裂隙自封闭能力；其不足是易发生蠕变、溶解性强，吸收辐射后盐岩结构会发生变化。黏土岩广泛发育于中新生代内陆湖相以及古生代地台型浅海相沉积环境，具有自封闭性及低孔、低渗的优点。

我国高放废物处置库选址研究始于 20 世纪 80 年代，重点在甘肃北山开展花岗岩型场址筛选工作，目前正在建设地下实验室。自 2007 年开始，我国启动了高放废物地质处置库黏土岩预选场址的调查研究，论证了我国大陆范围内存在适合作为高放废物地质处置库围岩的黏土岩，从区域层面推荐了黏土岩的重点工作区。2014 年国家国防科技工业局批复“高放废物地质处置库西北地区黏土岩地段筛选与评价研究”项目，本书是高放废物地质处置库黏土岩预选地段地球物理调查研究课题的研究成果总结。

全书共分 7 章，第 1 章介绍高放废物地质处置库的概念以及黏土岩地质处置库选址的研究进展。第 2 章介绍内蒙古塔木素地区和苏宏图地区地质与地球物理特征，并详细分析了区内典型岩石的密度、磁化率、电阻率等物性特征，为地球物理资料综合解释提供依据。第 3 章介绍了区域重磁数据处理新技术，以及区域重磁资料处理和解释的成果，圈定了预选区地质构造的走向、延伸等，为电磁探测剖面的布设提供依据。第 4 章在介绍大地电磁测深基本原理的基础上，重点介绍了项目组研发的基于最小平方法的极值边界反演算法，并利用该算法对采集的大地电磁数据进行了反演和解释，建立了预选区电性层与岩性之间的相互关系，查明了预选区内白垩系底板（基岩）埋深及其起伏特征及深大断裂发育情况，圈定了目标黏土岩层的空间展布。第 5 章介绍了在重点地段开展可控源音频大地电磁探测的成果，进一步查明了重点地段黏土岩层产状、规模以及连续性等特征。第6章对地球物理资料进行了综合解释，综合地质、钻探成果，结合我国高放废物处置库黏土岩选址标准，在塔木素预选区推荐了两处有利地段。第7章对研究内容进行了总结，对下一步工作给出了建议。

本书的出版，首先要感谢项目负责人刘晓东教授对课题组的支持和指导，除著者外，黄贤阳、巩建军、尹敏、丁文伟、常永邦、尤农人等参与了大量的野外数据采集和室内数据处理工作。本项研究得到了国家国防科工局（科工二司〔2014〕1587号）、国家自然科学基金委（42130811、42274185、41964006），以及江西省一流学科建设项目的资助，研究过程中得到了东华理工大学、核工业二〇八大队、核工业航测遥感中心等单位许多专家的帮助，在此一并表示诚挚的谢意！

目　　录

第1章 绪　论

1.1 研究背景

高放废物（high-level waste，HLW）（全称为高水平放射性废物）主要是指乏燃料后处理产生的高放废液及其固化体，具有放射性核素活度浓度高、半衰期长、毒性大、发热率高等特性。如何实现高放废物安全处置是当前核能发展和核技术利用面临的突出问题之一，是放射性废物管理的重点和难点问题，也是确保我国环境安全和核工业可持续发展的迫切需求。随着我国核电的快速发展，目前已经积累并将产生大量的乏燃料及其后处理所形成的高水平放射性废物，开展与其安全处置相关的研究工作非常紧迫。

如何安全处置高放废物是目前世界各有核国家研究的重点，其中深地质处置是最为集中的处置方案。实现高放废物深地质处置，首要，也是最基础的工作是处置库场址的选择，花岗岩和黏土岩是高放废物地质处置库选址中重点关注的两种围岩类型（IAEA，2005）。我国自1985年开始对花岗岩类型高放废物处置围岩选址开展研究工作，通过地质、地球物理以及钻探等手段对甘肃北山地区花岗岩岩体完整性及区域稳定性进行了系列评价，筛选了重要地段并已启动了处置库地下实验室的建设。与花岗岩相比，黏土岩具有不透水、阻滞放射性核素迁移能力强、自封闭性等良好的特性（刘晓东和刘平辉，2012），法国、比利时、瑞士等国家对将黏土岩作为高放废物处置围岩的可行性进行了深入研究，并建造了地下实验室（刘晓东等，2010）。国内高放废物处置库黏土岩场址筛选工作刚刚起步，开展黏土岩场址的初步筛选和评价工作是科学合理选择高放废物处置库场址的需要，也是处置库场址对比的需要。

高放废物处置库选址筛选和评价涉及诸多学科，地下目标岩层的稳定性与完整性是最为关键的因素。场址筛选以及稳定性和完整性评价主要通过地质和地球物理工作，地球物理方法主要查明控制岩体分布的大断裂的深部延伸，查明黏土岩层上、下层位的岩性特征、规模、产状以及目标黏土岩层的空间分布。

1.2 高放废物地质处置库黏土岩场址研究现状

1.2.1 国外黏土岩场址筛选及地下实验室建设现状

法国、比利时、瑞士、日本、匈牙利、西班牙等国家先后开展了黏土岩场址调查和研究工作，主要开展了场址地质特性调查、水文地质特性调查、开挖扰动、溶质迁移、包装容器介质（包括碳钢、混凝土等）与黏土岩相互作用等方面的研究，已经开建的高放废物黏土岩地质处置地下实验室主要有法国的Bure（位于Meuse/Haunt Marn场址）和Tournemire地下实验室、瑞士的Mt. Terria地下实验室、比利时Mol地下实验室（表1.1）。

表1.1 法国、瑞士、比利时处置库黏土岩的基本特性（Verstricht et al.，2003）

基本特征	比利时 Boom黏土	法国 Callovo-Oxfordian黏土岩	瑞士Opalinus 黏土岩
地层和时代/Ma	吕珀尔阶 （中渐新世）30	奥陶纪中期到牛津晚期 145	阿伦阶（道格统） 180
厚度/m	100±	135±	80～120
埋深/m	180±	300～1000	500～1000
黏土矿物含量/%	60±	40～45	40～80
容积密度/(t/m^3)	1.9～2.1	2.3～2.6	2.5～2.6
总孔隙率/%	36～40	12±	3～12
水力传导率/（m/s）	垂直：2.0×10^{-12} 水平：4.0×10^{-12}	10^{-11}～10^{-13}	垂直：2.0×10^{-14} 水平：10^{-13}

法国于20世纪50年代末提出高放废物深地质处置研究设想，1987年底，法国国家放射性废物管理局（ANDRA）正式启动了高放废物处置库地质选址研究，最初选择花岗岩、黏土岩和盐岩作为处置库预选址的围岩，并围绕上述三种可能作为高放废料处置库场址的围岩开展了系列专门研究。20世纪90年代开展钻探工程后，ANDRA初步确定GARD（黏土岩）、Callovo-Oxfordian（黏土岩）、Vienne（花岗岩）三个场址预选区，随后进行了地下实验室的相关建造工作。通过对三个地区地质、水文、岩土等资料的综合对比分析，以Ghislanin de Marsily教授为代表的法国国家科学委员会委员反对将花岗岩作为处置库围岩。2002年，法国政府提交给国际原子能机构（IAEA）的一份报告中提到，早在1998年政府就已经撤销了在GARD（黏土岩）和Vienne（花岗岩）两地建造实验室的计划，

而是批准了在法国东部的黏土地层中建造地下实验室。ANDRA 于 1999 年开始在预选的 Meuse/Haunt Marn 场址设计和建造了 Bure 黏土岩地下实验室，Meuse/Haunt Marn 场址位于巴黎盆地东部，处置围岩是侏罗纪 Callovo-Oxfordian 泥岩，埋深为 450 ~ 600m，岩层平均厚度为 130m，产状平缓，在 $100km^2$ 的区域内分布均匀，黏土岩上下层位主要是近水平的沉积岩，由石灰岩、泥灰岩和泥岩组成。当前 ANDRA 已在 Meuse/Haunt Marn 场址确认了 $37km^2$ 黏土岩处置库的范围，正在实施场址最终确认、处置库设计与建造的 Cigeo 计划，预计 2025 年将处置第一批高放废物。

瑞士于 20 世纪 70 年代末期开始同步开展花岗岩和黏土岩的高放废物处置库选址工作（Witherspoon，1991），于 1983 年建造了以花岗岩为围岩的 Grimsel 地下实验室，距地表深约 450m，于 1995 年建造了以黏土岩为围岩的 Mont Terri 地下实验室，黏土岩厚度为 100 ~ 150m。通过国际合作，在两个地下实验室开展了地质、水文、岩土力学、地球化学等现场实验研究，确定将黏土岩作为处置库围岩具有很好的前景。2006 年瑞士联邦政府通过了瑞士放射性废物处置国家合作委员会（NAGRA）提交给 IAEA 的高放废物深地质处置研究的可行性报告，确定了以 Zurcher Weinland 预选区的 Opalinus 黏土岩作为围岩。2008 年，NAGRA 向瑞士联邦能源办公室（SFOE）提交了一份两个黏土岩处置库场址预选计划并得到联邦政府批准，并于 2011 年 11 月完成了黏土岩处置库预选址工作。2016 年，NAGRA 进一步明确了黏土岩处置库选址研究工作，预计 2031 年实施高放废物地质处置。

比利时于 1974 年启动处置库选址工作，由于国土范围较小且出露的岩石绝大部分是塑性黏土，处置库围岩类型基本上没有选择的余地，因此只能选择黏土岩。经过研究人员长时间对处置库围岩及其特性的研究，比利时于 1984 年建造了著名的 Mol 地下实验室。比利时的塑性黏土地层主要由可塑性强、硬度低的古生代和新生代岩石组成，主体部分形成于新生代渐新世，向西北方向倾斜延伸，厚度约 100m，中心研究区地下埋深约 190m，产状平缓，上覆岩层为水饱和砂岩层，黏土岩地层构造稳定，没有断层、褶皱及其他变化，具有稳定的围岩环境。经浅层地震勘探，该黏土层没有出现断层、褶皱等构造，经钻孔岩心分析，岩性变化一致没有出现地层变化。从 1990 年开始，Mol 地下实验室开展了长期安全评价的研究，期间在实验室建造了第二个竖井，并于 2000 年底完成了处置库的初步设计和安全可行性评价的中期报告，于 2013 年向政府提交了安全可行性报告，预计将在 2025 年提交处置库的建造申请，2065 年建成并投入使用。

1.2.2 国内黏土岩场址预选研究现状

为启动我国高放废物黏土岩处置库场址筛选工作，国防科技工业局于 2007

年批复东华理工大学开展高放废物地质处置库围岩-黏土岩预选场址的调查研究，基本查明了我国具有一定规模的黏土岩（厚层状黏土岩）分布区域和部分地区黏土岩开发利用现状（图 1.1），指出我国陇东地区环河华池组（K_1h）、柴达木盆地南八仙等地区干柴沟组（E—Ng）和油沙山组（Ny）、巴音戈壁盆地巴音戈壁组上段是比较理想的高放废物黏土岩处置库围岩。黏土岩区域地质调查结果还表明在甘肃张掖等地区也分布有厚层状的黏土岩，是下一步工作值得关注的区域。

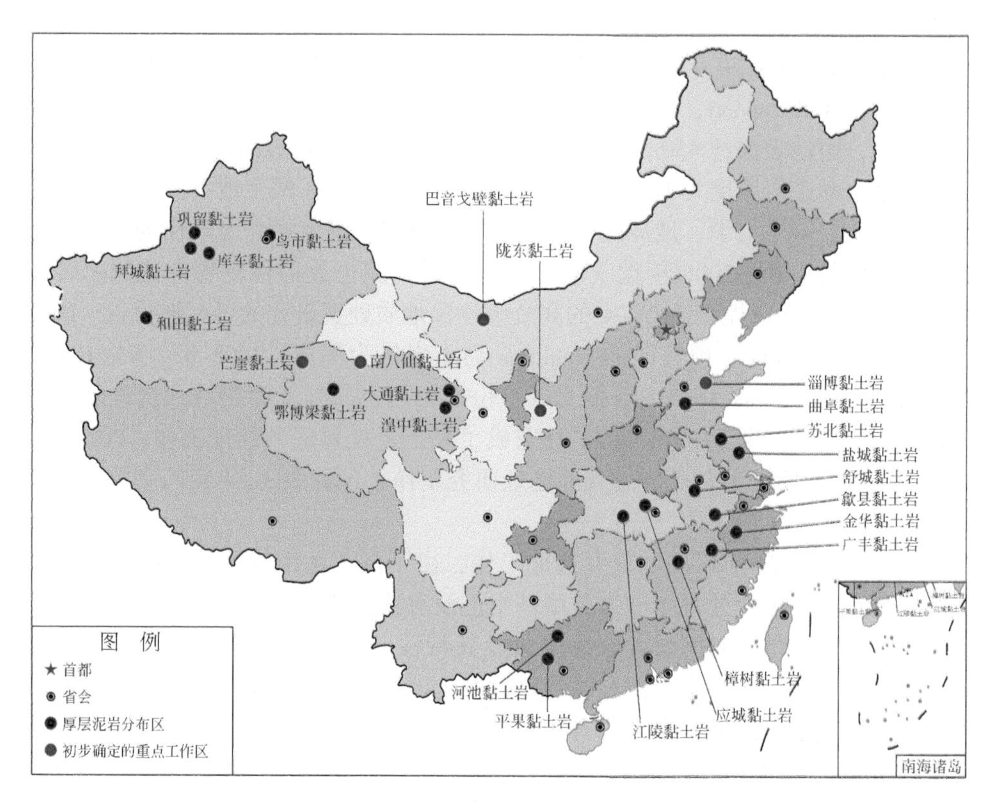

图 1.1 我国厚层状黏土岩区域分布示意图（刘晓东和刘平辉，2012）

1）准噶尔盆地黏土岩特征

新疆准噶尔盆地中央大片分布下白垩统吐谷鲁群以泥岩为主的湖相沉积，夹泥质砂岩及细砂岩，沉积厚度达 1700m，可能发育厚大泥岩，是一个选址目的层。但其泥岩所夹的泥质砂岩及细砂岩是不利因素，该群埋藏深度一般在 2000m 以上，进一步的选址工作应寻找该层位埋藏较浅的地区。

2）塔里木盆地黏土岩特征

新疆塔里木盆地的塔东区满加尔一带下白垩统卡普沙良群发育湖相沉积，厚度为170～440m。该地区黏土岩埋深一般为200～500m，岩性以红棕色泥岩为主，夹少量灰绿色泥岩、泥质粉砂岩，是塔里木盆地可供选择的黏土岩唯一选择层位。红色泥岩属氧化性质，对核素的稳定而言是不利的地质环境。

3）陇东地区黏土岩特征

甘肃陇东地区位于陕甘宁三省交界处，构造单元为鄂尔多斯盆地西南缘，其构造相对稳定的区域由环县、泾川、庆阳所围的构造稳定的中间地带组成，区内断裂构造少见，大部分厚层黏土岩见于下白垩统泾川组、环河华池组。其中环河华池组为一套紫红色为主的泥岩、砂质泥岩、细砂岩，厚度为200～500m，埋深为200～600m；除盆地边缘外黏土岩岩性稳定，岩层连续好，产状较平缓。陇东地区黏土岩的孔隙率和Opalinus相当，比Boom黏土（比利时）和Meuse/Haunt Marn黏土（法国）要小（车申等，2011）。

4）柴达木盆地黏土岩特征

青海柴达木盆地是前侏罗纪柴达木地块上发育的内陆湖泊沉积盆地，新生代地层发育较完全，厚层状黏土岩主要分布在下干柴沟组上部、中新统上干柴沟组以及中新统下油砂山组中（刘晓东和刘平辉，2012）。大风山-茫崖以东地区的下干柴沟组上部以泥岩为主，夹砂岩、页岩，厚度大；中统上干柴沟组以泥岩、砂岩、泥质粉砂岩为主，产状在5°～6°，厚度>500m；中新统下油砂山组在盆地中部以泥岩为主，厚度较大。甘森区中部黄石上干柴沟组埋深在300m左右，岩性以泥岩、粉砂质泥岩以及泥质粉砂岩为主，厚度>300m，产状平缓。柴达木中部人口稀少，社会、经济条件适合，宜作为黏土岩场址进一步分析研究。

南八仙与油泉子地区油沙山组（Ny）较为稳定，区内构造发育较少，岩性以泥岩、砂质泥岩和粉砂岩为主，厚度大，连续性好，产状较为平缓，倾角大多为5°～15°。其中，油沙山组上部为黄灰色、黄绿色砂质泥岩、粉砂岩、细砂岩互层夹泥灰岩；下部为厚层状黄绿色细砂岩、棕红色泥岩、砂质泥岩互层，夹砾状砂岩、泥灰岩、砾岩，厚度大于200m。

5）巴音戈壁盆地塔木素地区黏土岩特征

内蒙古巴音戈壁盆地大地构造处于华北地台与天山地槽褶皱系的过渡部位，南部为华北地台阿拉善台隆及狼山-白云鄂博台缘拗陷带，北部为天山地槽褶皱系北山晚海西褶皱带。依据重力、磁力等地球物理的综合解释，巴音戈壁盆地的构造单元可划分成8个隆起带和5个拗陷，总体呈近东西向展布，以宗乃山-沙拉扎山隆起为界分为南部拗陷和北部拗陷，南部拗陷包括银根拗陷和因格井拗陷，北部拗陷包括拐子湖拗陷、苏宏图拗陷和查干德勒苏拗陷。塔木素地区位于苏宏图拗陷内，拗陷南侧以阿尔金断裂、宗乃山-沙拉扎山隆起为界，呈近东西向展布，面积约7870km^2。

该盆地的盖层主要是中新生代沉积岩系，白垩系为盖层的沉积主体。在塔木素地区，下白垩统巴音戈壁组上段是黏土岩产出的主要层位，岩性以灰色、灰黑色泥岩为主，夹少量的粉砂岩，并且以湖湘沉积最为发育。该区巴音戈壁组上段（K_1b^2）产出上、中、下三层泥岩层，但三层泥岩层的空间位置上不完全一致。巴音戈壁组上段上部（K_1b^{2-3}）泥岩层主要产出于塔木素陶勒盖的东南地区，为一套厚层连续性好的湖相沉积，黏土岩厚度为100～400m，埋深较浅，一般为距地表数十米，黏土岩厚度由南向北逐渐变薄。中部黏土岩层（K_1b^{2-2}）为一套连续较好，但厚度较薄的前扇三角洲相的黏土岩层，厚度为20～30m。下部黏土岩层（K_1b^{2-1}）主要产出于塔木素陶勒盖的西南地区，黏土岩呈灰色和深灰色，固结程度较好，硬度较高，埋藏比较深，黏土岩赋存于距地表500～800m的地下；此套黏土岩分布面积较广，连续性好，厚度大，单层厚超过100m，黏土岩顶板深度由南向北逐渐变深。

此外，在山东、江苏、安徽、江西、浙江、湖北、广西等地区也存在厚层状的黏土岩分布，但这些地区经济社会相对发达、人口密度高，是建造高放废物地质处置库的不利因素。所以，从地质条件和经济社会条件来看，在我国西北地区开展黏土岩场址预选工作更为可行。

1.2.3 地球物理方法在高放废物处置库选址中的应用

高放废物地质处置库选址的一个关键因素是深部地质体的完整性与稳定性。地球物理方法可以探测深部构造、岩体的空间分布以及可能存在的不良地质体展布，在高放废物地质处置库选址中能发挥关键作用。应用于高放废物处置库选址工作的地球物理方法主要有重力、磁法、电磁法及地震方法。重、磁方法以地下介质的密度和磁性差异为基础，对研究地壳地质结构和地球内部物质的分布特征，划分构造单元、研究地壳结构及其运动、地下岩浆岩侵入、地震活动以及了解地下深大断裂的活动具有很好的效果；电磁法以地下介质的电性差异为基础，是矿产普查、水文工程地质勘查、推断地下断裂构造的产状及空间展布和地下空间电性结构研究必不可少的手段；地震方法以地下介质的弹性和密度差异为基础，是勘测矿产资源、研究大地构造与深部地质问题、推断地下岩层性质和形态的重要方法。

考虑到过多的钻探会影响尤卡山围岩的完整性从而降低处置库的安全性，美国在选址过程中开展了大量的地球物理研究工作，极大程度上降低了对围岩的破坏。场址区域调查过程中主要采用的方法为航空重磁、地面重磁、电磁法（大地电磁测深、音频大地电磁测深、时间域电磁）、地震、地球物理测井研究工作，为查明深部断裂构造以及深部地质结构提供了重要依据（Wynn and Reseboom,

1987)。在处置库的开挖、监测过程中，同样开展了地震、电磁法、重力勘探、磁法勘探等多种地球物理方法，有效圈定了高放废物地质处置库存在的卤水储集层，确定了地下开挖周围形成的扰动岩层，为了解场址变形性质、构造、稳定性提供了重要资料（Lawrence et al.，1983)。

法国在1993~2010年期间分别对Meuse预选区开展了四次大面积的地面调查，调查内容主要包括区域地质填图、二维地震勘探、三维地震勘探与钻探工作，通过此次工作掌握了泥岩的空间形态位置与断裂分布深、围岩孔隙度以及微小断裂分布，经综合测井工作，确定了断层的倾向、走向以及泥岩的分布特征(苏坤和Lebon，2006；Mari and Yven，2014)。

为确定结晶岩裂隙带分布特征，瑞典先后在其东南部亚克瑟马尔(Laxemar)、中部东哈马尔（Östhammar）市的福什马克（Forsmark）开展了大量的隧道地震勘探、地面二维地震、三维地震调查工作，获取了地下0~1000m深度范围内的高分辨率地震影像，清晰绘制了深部裂隙分布图像，为处置库场址筛选与场址评价过程提供了有效参考（Cosma et al.，2003，2008，2015)。

在处置库选址的早期阶段，我国大部分的处置库研究工作以北山地区的花岗岩为主。莫撼和熊章强（1995)、熊章强（2001）等应用甚低频电磁勘探方法(VLF)，结合磁场、射气场和地温场等信息，研究疏勒河断裂带中段地质稳定性；余运祥、刘林清等综合开展了遥感、航空重磁、侧视雷达、地质调查、构造应力分析等多种技术手段的工作，对甘肃北山预选区南缘的疏勒河活动断裂带进行了综合评估（余运祥和刘林清，1994；余运祥等，1995；刘林清和余运祥，1997)。王驹（1999）在北山地区利用MT-I大地电磁测量系统进行单点大地电磁测深法（magnetotelluric method，MT)，进一步了解了上部地壳低阻层和岩性的分布。张华等利用EH4法在向阳-新场地段进行了勘查工作，重点研究了花岗岩分布、空间形态、走向位置，为高放废物处置库的稳定性和完整性评价提供了一定的参考（Zhang et al.，2011；高振兵等，2013)。随着仪器设备以及技术的不断进步，地球物理方法的勘探精度、效果取得了长足发展。我国针对深部地质情况的完整性与稳定性质开展了大量的电磁法（大地电磁测深、音频大地电磁、可控源音频大地电磁）与地震工作，在甘肃北山新场地段选址区开展了深部岩性识别工作，有效圈定了预选区内断层、岩层空间分布范围（王粤等，2016；腰善丛，2017)。邓居智、龚育龄、安志国等在北山花岗岩选区开展了以大地电磁测深法、可控源音频大地电磁法（controlled source audio-frenquency magnetotelluric method，CSAMT）和EH4法等为主，以重、磁法为辅的一系列物探方法，查明了研究区域主要地质构造的产状、规模、埋深以及向地下深部的延伸情况，取得了较好效果（邓居智等，2009；龚育龄等，2010；An et al.，2013a，2013b)。

与此同时，基于北山以及国内外处置库选址积累经验的基础上，先后在新疆阿奇山、雅满苏、天湖以及内蒙古塔木素和巴彦诺日公几个主要预选地段开展了备选场址筛选的平行研究（万汉平等，2015；郭永海等，2016；薛融晖等，2016）。

目前国内以黏土岩作为处置库围岩的筛选工作刚刚起步，主要还处在地质调查阶段，开展的相关地球物理研究较少。2015 年以来，研究团队在内蒙古塔木素与苏宏图预选区开展了场址地球物理场特征研究。本研究在区域重、磁数据二维精细反演解释的基础上，重点开展预选地段大地电磁测深和可控源音频大地电磁测深工作，获取黏土岩预选区地段断裂构造、目标黏土岩层空间分布及形态等地球物理场特征，为开展预选地段黏土岩深部揭露工作提供依据。

第2章　预选区地质与地球物理概况

2.1　交通位置及自然地理条件

预选区地处内蒙古高原西部、巴丹吉林沙漠东部的巴音戈壁盆地内，地理位置为内蒙古自治区阿拉善盟塔木素和苏宏图两个地区。预选区交通条件相对便利，塔木素、苏宏图与阿拉善左旗、阿拉善右旗均有公路相连（图2.1）。区内地势较平坦，塔木素地区海拔为1200m左右，苏宏图地区海拔为800m左右，相对高差一般小于200m。地表大多被第四系沙土及沙丘覆盖，沙丘相对高度不超过10～20m。区内为典型的温带大陆性气候，夏季酷热，冬季严寒，昼夜温差和年温差都较大，气候干燥，降水量稀少，无常年性流水，低山区及滩地内间歇性干河沟较为发育。区内人口稀少，蒙汉杂居，经济以牧业为主，粮食、燃料等各种生活必需品均需从外地运入。

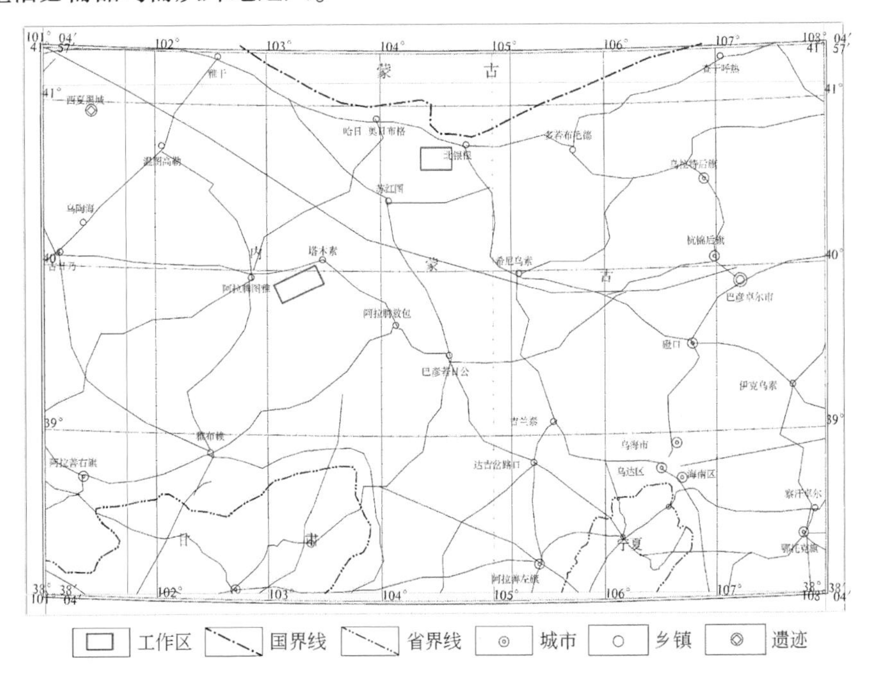

图2.1　预选区交通位置图

2.2　区域地质概况

巴音戈壁盆地位于哈萨克斯坦板块、西伯利亚板块、塔里木板块和华北板块的过渡带上，系古生代板块陆-陆碰撞的接合部位，主要经历了古生代的陆-陆碰撞、中生代的走滑拉分等区域构造的演化过程。巴音戈壁盆地总体呈近东西向展布，以宗乃山-沙拉扎山隆起为界分为北部拗陷和南部拗陷，北部拗陷包括查干德勒苏拗陷、苏宏图拗陷，南部拗陷包括银根拗陷和因格井拗陷（吴仁贵等，2008）。塔木素地区位于因格井拗陷东北部、宗乃山-沙拉扎山隆起南侧，苏宏图工区位于苏宏图拗陷北部、蒙根隆起东南侧。

巴音戈壁盆地主要形成于白垩纪，其基底由太古宇、元古宇以及古生界变质岩、少量的石炭系中酸性火山岩及海西期以中酸性侵入岩为主的杂岩体组成（师明元，2014）。由于太平洋板块向欧亚大陆俯冲作用减缓，区域场应力出现松弛，古老断裂重新复活和以它为边界的差异升降运动逐渐明显，造成一系列山体崛起和断陷盆地的形成。

盆地盖层主要为中新生代沉积岩系，均为陆相沉积，白垩系是盆地盖层的沉积主体。下白垩统划分为巴音戈壁组、苏宏图组和银根组，巴音戈壁组分为上段和下段；上白垩统为乌兰苏海组。塔木素地区以巴音戈壁上段、下段岩层为主，缺失苏宏图组和银根组，苏宏图地区缺银根组。

早白垩世初期，巴音戈壁盆地处于雏形期。当时为半干旱-干旱气候，地形起伏不平，沉积了以洪冲积扇相和河流相为主的红色碎屑沉积岩建造［巴音戈壁组下段（K_1b^1）］，具有填平补齐的性质。至早白垩世中期，由于地壳逐渐下降，湖盆开始扩大，当时温暖潮湿，雨量充沛，优越的古气候和水文地理条件造就了本区最大的湖侵，断陷进入了全盛发展时期，广泛形成了以滨湖相和浅湖相为主的浅色碎屑岩建造［巴音戈壁组上段（K_1b^2）］，富含动植物化石和有机物，是盆地第一个含铀层位。早白垩世晚期，由于滨太平洋构造域和喜马拉雅构造域进一步活动的影响，下地壳产生异常，基底断裂构造发生活化，沿深大断裂或其次级断裂断续发生岩浆喷溢，并发育多层泥岩砂岩夹层［苏宏图组（K_1s）］。早白垩世末期的燕山运动第Ⅳ幕，造成南部华北地台普遍抬升，致使下白垩统发宽缓褶皱，沉积中心向北偏移，沉积范围缩小。

晚白垩世沉积大多是在早白垩世湖盆中心部位发育起来的，晚白垩世早期气候湿热，降水丰富，发育了洪积-滨湖相沉积，至晚期气候逐渐变得干旱炎热，盆地进一步缩小，接受了以河湖相砂泥质岩和细砂岩为主的砖红色、褐红色沉积［乌兰苏海组（K_2w）］。构造运动升降相互交替，因此沉积物具有一定的韵律性，形成泥岩-砂岩-泥岩结构层。

晚白垩世末期发生燕山运动第Ⅴ幕，造成盆地整体抬升，从而结束了湖盆沉积而遭受风化剥蚀，巴音戈壁盆地缺失古近纪和新近纪沉积。第四纪以来，隆起区缓慢上升，而拗陷区仍缓慢下降，地势渐趋平坦，气候渐趋干旱，在山前及沟谷发育洪积砂砾层，局部有湖沼堆积，风成砂广泛发育，形成现今的荒漠戈壁草原景观。

2.3　区域构造单元的划分

依据重、磁、电综合资料对盆地构造单元进行划分，划分准则为以下几点。

隆起：重力、电阻率显示为大面积高值区，航磁为杂乱异常，前中生代连片出露。

拗陷：重力、电阻率显示为大面积低值异常区，航磁为宽缓异常，地表被中新生界覆盖。

凸起：大面积重力、电阻率低值异常背景上的局部重力、电阻率高值区，航磁显示为宽缓异常背景上的高磁异常。

凹陷：大范围重力、电阻率低值异常背景区，被高值异常分割的圈闭带，为拗陷中的凹陷；大面积重力、电阻率高值异常背景上的孤立低值异常为隆起的凹陷。

按照以上准则，将巴音戈壁盆地划分为5个拗陷和8个隆起带（吴仁贵等，2009）(图2.2)，5个拗陷又进一步划分为22个凹陷和14个凸起，下面就预选区拗陷和隆起特征加以叙述。

1. 苏宏图拗陷

呈近东西向展布，面积为7870km^2，四周由隆起带圈闭，埋深相对较小，一般深为600～800m，最深为2200m。南部为火山岩分布区，火山岩与湖相地层（具水平层理）交互出现，表明当时的凹陷基底断裂切割较深，根据地质资料路登一带深达1300m。拗陷内的断裂具有一定的分割性，形成了3个凸起和4个凹陷区。4个凹陷分别是乌兰刚格、赛很、艾力特格和路登凹陷，3个凸起分别为哈布、扎敏和苏亥凸起。

2. 宗乃山-沙拉扎山隆起

该地区位于沙拉扎山北缘断裂以南、宗乃山-沙拉扎山南缘大断裂以北的近东西向长条地带，长270km左右，西宽东窄，最宽达60km，大面积出露海西期

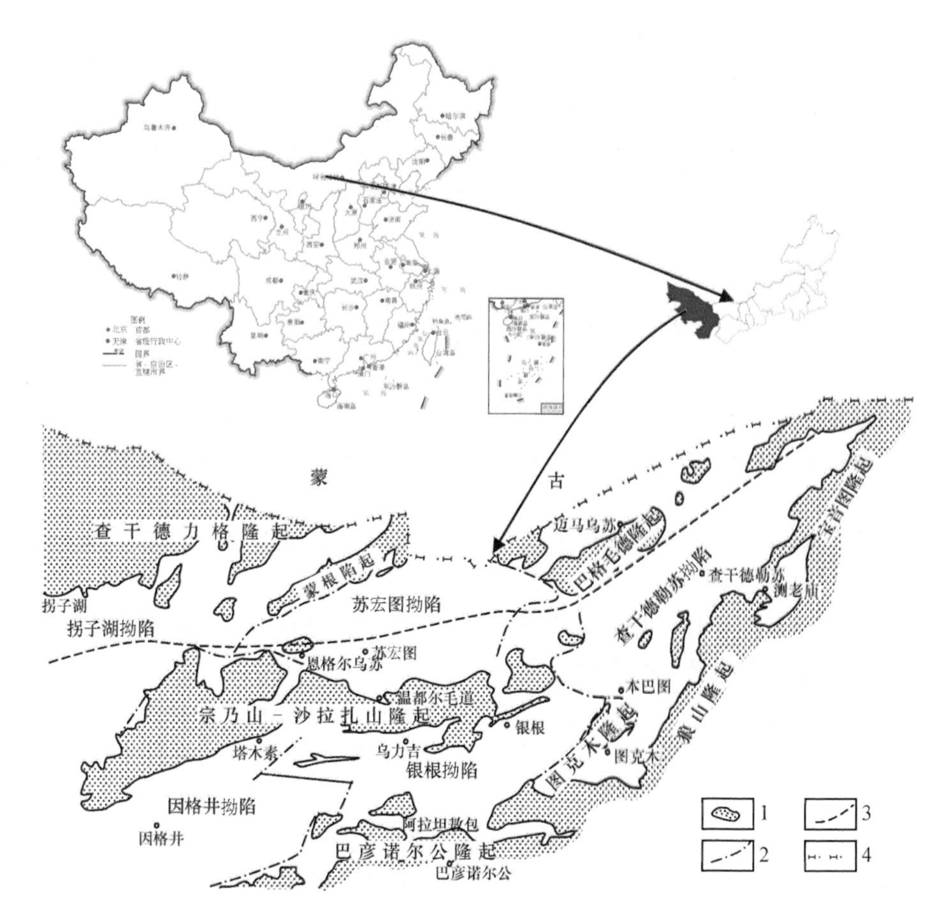

图 2.2　巴音戈壁内部构造分区示意图（据核工业二〇八大队）

1. 岩体及前中生界；2. 构造分区界线；3. 阿尔金断裂；4. 国界线

和加里东期岩浆岩体，其次为古元古界变质岩系和古生界石炭系上统阿木山组，阿木山组褶皱强烈，岩浆岩体向西倾没于盆地盖层之下，航磁图上该区异常整体变化复杂，主要以正磁异常为特征，局部出现航磁负异常，说明该隆起带磁性具有不均匀性。布格重力 Δg 变化平缓，异常值小；总纵电导值 S 变化平缓，值中等；壳内高导层发育；基底结构具双层结构，为古元古界和古生界；基底活动性强。

3. 因格井拗陷

北侧以宗乃山隆起为界，南侧以雅布赖－哈拉乌山断裂为界，西南延伸工作区外，呈北东向展布，航磁基底埋深大于 500m 的等深线圈闭。区域面积将近

$10000km^2$，构造环境简单，沉积稳定，北缓南陡，埋深1000m以上，最大深度超过3000m，基底次级构造简单。拗陷在区内分为两个次级凹陷。塔木素预选区位于因格井拗陷东北部边缘，北部毗邻宗乃山-砂拉扎山隆起；南部为巴彦诺日公隆起。拗陷受巴丹吉林断裂和宗乃山-沙拉扎山南缘断裂控制。

2.4　区域断裂构造分布特征

断裂构造是巴音戈壁盆地最重要的构造活动形式之一，断裂活动期主要为海西期，次为加里东及燕山期。中新生代以燕山期断裂为主，印支期和喜马拉雅期分布较少。按其走向可分三个方向的断裂系统，以北东向、北东东向最为发育，常具延伸长、断距大、活动时间长等特点，且多控制了拗（凹）陷的沉积和构造发育，其次为东西向及北西向，少数为南北向，其规模小（图2.3和表2.1）。

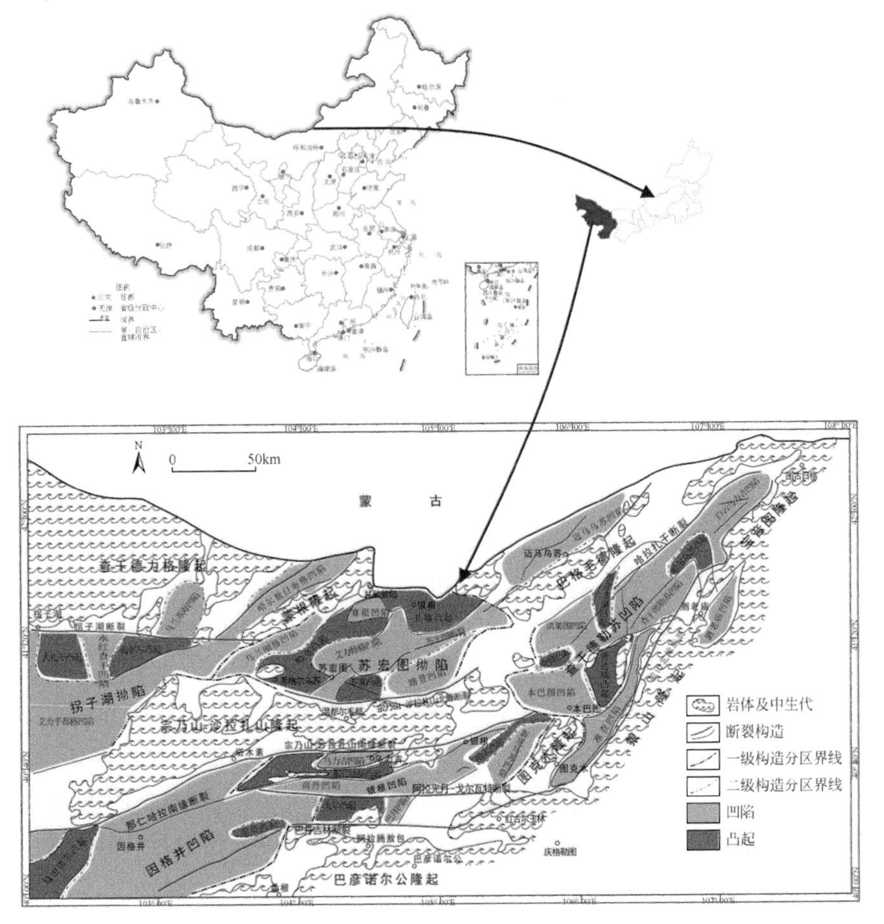

图2.3　巴音戈壁盆地构造分区图（据核工业二〇八大队）

表 2.1 巴音戈壁盆地断裂构造特征表

序号	断裂名称	总体走向	长度/km	倾向	地质特征	磁场特征	形成时代
1	恩格尔乌苏-白音查干断裂	NEE	400		沙漠、戈壁与盐碱沼泽地分界线	正负磁场分界线	元古宙
2	拐子湖断裂	EW	280		泉眼呈线状排列	正负磁场分界线	
3	沙拉扎山北缘断裂	EW	150	南	拗陷和隆起的分界线	正负磁场分界线	早古生代
4	宝音图断裂	NE		北西	局部表现为糜棱岩带	正负磁场分界线	中新元古代
5	狼山北缘断裂	NE	180	北西	拗陷和隆起的分界线		中元古代、古元古代
6	宗乃山-沙拉扎山南缘断裂	NE—EW	250	北	拗陷和隆起的分界线		
7	那仁哈拉南缘断裂	NE	250	北西	盐碱地、碎裂岩化、千糜岩化		早白垩世前
8	阿拉尚丹—戈尔瓦特断裂	EW	150		碎裂岩化、控凹断裂		早白垩世前
9	巴丹吉林断裂	NE—EW—NE	500		盆地南部边界断裂	正负磁场分界线	中元古代

1. 宗乃山-沙拉扎山南缘断裂

该断裂在沙拉扎山前为东西向，向西至宗乃山转北东向侧伏于沙漠中，全长大于 250km，是宗乃山-沙拉扎山隆起与因格井拗陷和银根拗陷的分界断裂。断裂航磁反映为线性梯度带。断裂向北倾斜，倾角陡。塔木素一带总体延伸方向为 55°~70°，倾向多变，倾角为 40°~80°。航片有清晰显示，断裂带岩石破碎，在哈尔扎盖西见中下侏罗统逆冲于下白垩统之上。该断裂是侏罗纪重要控盆断裂，现已查明在因格井凹陷和乌力吉凹陷深部存在中下侏罗统厚层碎屑岩和火山岩。

2. 巴丹吉林断裂

该断裂位于巴音套海、安南陶勒盖一线，在图克木南与狼山北缘断裂相连，是盆地南部边界断裂，向西可延伸到巴丹吉林-红柳园一带，全长大于 500km。断裂两侧航磁异常明显不同，南侧磁场强度大（3000γ），呈近东西走向，地质上对应于阿拉善台隆；北侧为宽缓低幅度异常（100γ±），正负异常呈带状分布，北东东走向，地质上对应天山兴蒙地槽。该断裂在树贵湖以西显示较为明显，往东构造形迹逐渐模糊，地貌为不对称槽形霍地，南东盘地势骤然变陡，形成一北东向延伸的陡立带，北西盘则为缓坡，分析其断面可能向南东倾斜，该断裂所处部位沉降幅度较大，最大位于伊和高勒北西以及南西部，即位于断裂带的北盘，航测推测基底最大埋深在3km以上，沉降带中第四系风成砂极为发育，现代地质图上所示白垩纪地表多被风成砂掩盖。断裂带内大小湖泊连成一线，呈串珠状。断裂发育于中元古界、中侏罗统及上白垩统中，造成一系列断层接触，在中生代活动期不断加剧。在鄂下塔塔见中元古界逆冲于上白垩统之上，形成拔地而起的条状孤峰，断裂带宽 50 ~ 150m，地层产状较乱，上白垩统近断层处倾角可达 30° ~ 57°，见断层泥、构造角砾、摩擦镜面、拖拉褶曲等现象，表明晚白垩世后期仍有活动。

3. 苏宏图断裂

该断裂从巴彦呼都格至阿尔苏亥到东部阿勒陶勒一带，呈东西向延伸 200km 以上。本区碱性玄武岩形成和分布及中生代断陷盆地明显受控于该断裂。综合本区玄武岩岩石学、岩石化学和地球化学特征，可推知碱性系列玄武岩是来自一种低密度异常地幔的部分熔融产物，在其演化过程中经历了强烈的壳幔成分混染，是混染陆壳成分的幔源产物，其产出的构造环境为深大断裂–裂谷环境，属超岩石圈断裂。区内中生代裂古盆地是在晚古生代乌力吉裂谷盆地基础上形成的，两者明显受控于该断裂，反映了断裂的多期活动性和盆地演化的继承性。在苏宏图断裂至中蒙边界地区，呈斜列式排列的北东 50° ~ 60°方向展布的两系列凸起和凹陷构造格局，说明该断裂曾经历了东西向区域性水平剪切作用。

4. 沙拉扎山北缘断裂

沙拉扎山北缘断裂是苏宏图坳陷和沙拉扎山隆起的边界，该断裂位于温都尔毛道–路登–布尔嘎斯一带，呈近东西向展布，西部延至区外，区内长约 150km，为苏宏图坳陷与沙拉扎山隆起的东部分界线。断裂形成于加里东期，后期强烈活动，控制了沙拉扎山花岗岩基的空间分布范围，中新生代断裂以升降运动为主，控制了苏宏图坳陷和沙拉扎山隆起的东部边界。航磁反映该断裂是区域磁场的分界线，北侧以变化平缓的负磁场和强烈跳跃变化磁场为主；南侧以变化不太强烈的正磁场为主。经化极和向上延拓后，断裂通过的位置对应于清晰的线性梯度带，梯度带宽 1 ~ 2km，水平梯度为 80 ~ 240nT/km，据磁场特征和区域资料，该断裂倾向南，倾角较陡，为逆断层。

5. 拐子湖断裂

拐子湖断裂为巴丹吉林沙漠北部边缘，该断裂分布于研究区西部拐子湖、乌兰巴兴一线，向西延至额济纳旗查干哈下，横贯全区长约 280km，磁异常表现出线性梯度带，串珠状磁异常，同时又是剧烈变化的正磁场和相对平静的负磁场分界线，两侧磁场方向不同，交角可达 60° ~ 70°，磁场向上延拓 3km 线性梯度带仍较清晰，表明断裂深度较大。野外调查表明，以拐子湖断裂为界，在本区西部永红大队一带，形成了巴丹吉林沙漠整齐的北部边缘；南部为一长条带状分布的具独特地貌特征的中新生代槽地，并有较多的泉眼呈线状排列。可见上白垩统和第四系沉积物厚度较薄，表明断裂在第四纪仍有活动。

2.5 预选区地质概况

2.5.1 盆地基底特征

巴音戈壁盆地基底地层主要由太古宇、元古宇、古生界组成。盆地基底的性质具有二元结构及南北分区特征，盆地北部苏宏图-迈马地区的基底为晚古生代褶皱基底，新元古界仅零星出露；盆地南部因格井-银根-本巴图-测老庙地区基底为新太古界、元古宇中深变质的结晶基底，缺失早古生代，仅局部出现晚古生代地层的分布，属华北地台的组成部分（表 2.2）。

1）太古宇

太古宇分布于盆地南部蚀源区，岩性主要为浅灰-深灰色黑云斜长片麻岩、混合岩，次为灰色黑云斜长或黑云钾长条纹、条带状混合岩，含夕线石榴黑云石英片岩等。该套地层被年龄值为 19.82 亿年（天青石，K-Ar 法）的艾里崩仓辉长岩体侵入，故该组沉积年龄至少大于 20 亿年。

2）元古宇

古元古界：主要由混合岩化片麻岩、混合岩、大理岩、石英岩、片岩等组成，分布于盆地南东部和南部蚀源区及中部宗乃山地区。

中元古界：分布于盆地的东部和南部，岩性为片理化变质流纹岩、黑云斜长变粒岩、石英片岩、白云石大理岩、黑云斜长片麻岩、黑云角闪斜长片麻岩、变质流纹岩、含硅质的镁质碳酸盐沉积和含泥质硅质沉积。地层内多有斜长角闪岩、角闪辉长岩、暗色纤闪石化辉长岩，以及黑云母二长花岗岩、花岗伟晶岩侵入。

3）古生界

古生界主要由寒武系、奥陶系、志留系、泥盆系、石炭系和二叠系组成。

表 2.2　巴音戈壁盆地基底地层一览表

地层					岩性描述
界	系	统	组	代号	
古生界	二叠系	上统		P_2	下部为褐黄色、灰色、褐灰色含钙质砾岩、砂砾岩、砾状灰岩、钙质硬砂岩、砂质灰岩，夹流纹质英安质熔岩、凝灰岩、粗面岩和玄武安山岩；上部为浅灰色、灰绿色含黄铁矿长石砂岩、粉砂岩及少量砂质灰岩等
		下统		P_1	碎屑岩及碳酸盐岩等
	石炭系	上统	阿木山组	C_3a	上岩段以灰色白云石大理岩、安山岩、流纹质凝灰熔岩为主；下岩段以灰白色、黄褐色砾岩、砂岩、千枚岩、碳酸盐岩为主；中岩段为灰绿色、灰紫色英安流纹质凝灰岩、凝灰质细粉砂岩、凝灰熔岩、流纹岩、安山岩、蚀变玄武岩，夹砂岩、片岩、千板岩、板岩等
	泥盆系	上统		D_3	长石砂岩夹钙质砂岩
		中统		D_2	下部为砂质灰岩、泥灰岩，上部为长石砂岩、凝灰质砂岩，底部为砾岩
		下统		D_1	灰色钙质砂岩夹灰岩
	志留系	上统		S_2	碎屑岩夹生物碎屑灰岩等
		下统		S_1	下部为薄层硅质板岩、泥质板岩夹硅质岩；上部以灰绿色、褐灰绿色凝灰质长石硬砂岩、粉砂岩、页岩及薄层泥灰岩等
	奥陶系	上统		O_2	下部以泥灰岩为主；上部以钙质砂岩、砂岩夹砾岩为主
		下统	沃博尔组	O_1o	黑色硅质岩为主，上部多夹有灰白色、浅灰色、褐黄色泥质硅质板岩、硅质岩及少量硅质白云岩和泥质板岩
			杭乌拉组	O_1h	杂色硅质板岩夹结晶灰岩
	寒武系	上统		$€_3$	下部为灰色、深灰色薄层结晶灰岩夹黑色薄层硅质岩；上部为浅灰褐色薄层泥质硅质板岩，夹深灰色薄层结晶灰岩等
		中统		$€_2$	硅质岩、硅质板岩、灰质硅质板岩和白云岩等
元古宇	中元古界			Pt_2	片理化变质流纹岩、黑云斜长变粒岩、石英片岩、白云石大理岩、黑云斜长片麻岩、黑云角闪斜长片麻岩、变质流纹岩、合硅质的镁质碳酸盐沉积和含泥质硅质沉积等
	古元古界			Pt_1	混合岩化片麻岩、混合岩、大理岩、石英岩、片岩等
太古宇				Ar	浅灰-深灰色黑云斜长片麻岩、混合岩、灰色黑云斜长或黑云钾长条纹、条带状混合岩等

寒武系：见于本区北部好比如和杭乌拉两地，露头零星，多为断层接触。出露地层包括不全的中寒武统和上寒武统。中寒武统主要由硅质岩、硅质板岩、灰质硅质板岩和白云岩组成，含三叶虫化石。底部为红褐色、灰褐色砂质微粒白云岩、砾状砂质白云岩与中元古界切刀群呈小角度不整合接触。上寒武统分上、下两个部分，下部为灰色、深灰色薄层结晶灰岩，夹黑色薄层硅质岩，上部为浅灰褐色薄层泥质硅质板岩，夹深灰色薄层结晶灰岩，其顶部为深灰色及浅灰紫色薄层硅质岩。

奥陶系：见于盆地北部的杭乌拉南北两山麓的断裂带中，下奥陶统分为两个组，下部杭乌拉组以浅色调的杂色硅质板岩为主，夹结晶灰岩；上部沃博尔组以黑色硅质岩为主，上部多夹有灰白色、浅灰色、褐黄色泥质硅质板岩、硅质岩及少量硅质白云岩和泥质板岩，下部杂色硅质板岩显著减少。上奥陶统下部以泥灰岩为主；上部以钙质砂岩、砂岩夹砾岩为主。

志留系：出露于盆地北部。区内出露上、下两统，下志留统下部为薄层硅质板岩、泥质板岩夹硅质岩，盛产笔石；上部由灰绿色、褐灰绿色凝灰质长石硬砂岩、粉砂岩、页岩及薄层泥灰岩组成，见少量细砾岩，下部见钙质砂岩球状结核。地层厚度大，岩性单一，含较多暗色岩屑和火山凝灰质，并有黄铁矿晶体，沉积物分选好，沉积韵律明显，象形印模及波痕发育，出露总厚度在3000m以上。上志留统主要由碎屑岩夹生物碎屑灰岩组成，地层厚约217.28m。

泥盆系：仅在盆地西部珠斯楞海尔罕以北地区有分布。下泥盆统以灰色钙质砂岩夹灰岩为主。中泥盆统下部为砂质灰岩、泥灰岩，上部为长石砂岩、凝灰质砂岩，底部为砾岩。上泥盆统为长石砂岩夹钙质砂岩。

石炭系：主要分布于盆地北部和中部宗乃山等地，区内仅见上石炭统阿木山组，为巨厚的碎屑岩-火山岩-碳酸盐建造，岩石普遍低级区域变质。据岩性组合、岩相建造、生物群特征分为三个岩段。下岩段纵向上完整的序列为砾岩-砂岩-千枚岩-碳酸盐岩，粒度变化为粗-细-粗，具不均匀的多级韵律性。岩石以灰白色、黄褐色浅色调为主，水平层理发育。中岩段为灰绿色、灰紫色英安-流纹质（变质）凝灰岩、凝灰质细-粉砂岩、凝灰熔岩、流纹岩、安山岩、蚀变玄武岩，夹大量长石砂岩、长石石英砂岩、硬砂岩、砾岩、二云斜长片岩、千板岩、板岩，以及少量硅质结晶白云石大理岩等。上岩段以灰色中-厚层状细-中粒白云石大理岩、安山岩、流纹质凝灰熔岩为主，夹火山岩及复成分砾岩等。

二叠系：大面积出露于盆地北部，由滨海-浅海相碎屑岩及碳酸盐岩、中基性火山岩组成。下二叠统为滨海-浅海相-海底喷发中基性火山岩沉积，主要由碎屑岩及碳酸盐岩组成，为硬砂质碎屑岩，安山质、英安质及流纹质熔岩、凝灰岩，夹钙质碎屑岩，有大量辉长岩、辉长辉绿岩、石英闪长岩侵入。上二叠统下部为褐黄色、灰色、褐灰色含钙质砾岩、砂砾岩、砾状灰岩、钙质硬砂岩、砂质灰岩，夹流纹质英安质熔岩、凝灰岩、粗面岩和玄武安山岩；上部为浅灰色、灰绿色含黄铁矿长石砂岩、粉砂岩及少量砂质灰岩等。

综观盆地基底地层岩性可以看出，盆地南缘及中部蚀源区为陆壳基底，属华北地台组成部分。其中太古宇、元古宇主要为斜长片麻岩、变粒岩、混合岩、大理岩、石英岩、片岩等，岩石成熟度较高。盆地内褶皱基底以古生界为主，主要为碎屑岩、碳酸盐岩，局部夹火山沉积岩。

2.5.2　盆地盖层特征

盖层由侏罗系、白垩系和第四系构成。侏罗系仅见中侏罗统和下侏罗统；白垩系是断陷的沉积主体，发育较厚，分布较广，但发育不全，下白垩统仅见巴音戈壁组，缺失苏宏图组和银根组，上白垩统乌兰苏海组沉积较薄；第四系主要为风成砂，分布广但厚度较小（表 2.3）。

1）中下侏罗统（J_{1-2}）

该地层主要分布在盆地北缘塔木素的东部和西部，属山间凹陷型沉积，零星出露。岩性以浅变质砾岩、砂砾岩等粗碎屑岩为主，夹火山角砾岩、流纹岩、英安质凝灰岩、晶屑凝灰岩、粉砂质凝灰岩等。该地层出露厚度仅数十米，与上覆下白垩统呈不整合接触或逆冲于下白垩统之上。

2）下白垩统苏宏图组（K_1s）

苏宏图组除盆地的因格井拗陷缺失外，在苏宏图拗陷、查干德勒苏拗陷、本巴图拗陷及乌力吉凹陷、测老庙凹陷均有分布，它主要为一套厚层中基性火山岩夹湖相泥岩建造。该组下段岩性为深灰色泥岩、粉砂质泥岩、浅灰色粉砂岩、砂岩、含砾砂岩不等厚互层，夹两套不同厚度的灰黑色玄武岩、杂色火山角砾岩；上段为深灰色、褐色泥岩、砂质泥岩、粉砂岩、含砾砂岩互层，夹灰色页岩及两层厚度不同的灰黑色、紫色玄武岩、安山玄武岩。

3）下白垩统银根组（K_1y）

银根组在本区没有地层出露，主要是石油钻探揭示而命名的。本区主要见于查干德勒苏凹陷，该套地层与下伏苏宏图组及上覆地层呈不整合接触，为一套褐灰色、灰色碎屑岩建造。上部岩性为暗褐色、褐灰色、灰色、灰绿色泥岩、砂质泥岩与砂岩、含砾砂岩、砂砾岩不等厚互层；下部岩性为灰色、深灰色泥岩、砂质泥岩，夹砂砾岩、砂岩、泥质粉砂岩、炭质页岩，含煤屑及条状砂体，分布于盆地北东部，地层视厚度为 749m。

表 2.3　巴音戈壁盆地沉积盖层特征表

<table>
<tr><th colspan="6">地层</th><th rowspan="2">厚度/m</th><th rowspan="2">岩性描述</th></tr>
<tr><th>界</th><th>系</th><th>统</th><th>组</th><th>段</th><th>代号</th></tr>
<tr><td rowspan="2">新生界</td><td>第四系</td><td></td><td></td><td></td><td>Q</td><td>180</td><td>湖沼沉积的土黄色黏土、淤泥、食盐、芒硝及风成砂</td></tr>
<tr><td>古近系</td><td>始新统</td><td>阿力乌苏组</td><td></td><td>E_2a</td><td>356</td><td>红色、棕红色砂泥岩、砂砾岩夹灰绿色砂砾岩透镜体，主要分布于盆地北东部</td></tr>
<tr><td rowspan="8">中生界</td><td rowspan="6">白垩系</td><td>上统</td><td>乌兰苏海组</td><td></td><td>K_2w</td><td>400</td><td>上部为砖红色、杂色泥质粉砂岩、泥岩、钙质砂岩、含砾砂岩，夹泥砂质灰岩和石膏层，并产脊椎动物化石，在鄂下塔塔、可可陶勒海地区见玄武岩；下部为砖红色、褐红色泥质含砾砂岩、泥质砂砾岩、砾岩等</td></tr>
<tr><td rowspan="5">下统</td><td>银根组</td><td></td><td>K_1y</td><td>749</td><td>岩性上部为暗褐色、褐灰色、灰色、灰绿色泥岩、砂质泥岩与砂岩、含砾砂岩、砂砾岩不等厚互层；下部为灰色、深灰色泥岩、砂质泥岩，夹含砾砂岩、砂岩、泥质粉砂岩、炭质页岩，含煤屑及条状砂体，分布于盆地北东部</td></tr>
<tr><td rowspan="2">苏宏图组</td><td>上段</td><td>K_1s^2</td><td>860</td><td>暗褐色、棕褐色、深灰色泥岩、砂质泥岩与灰色、浅灰色含砾砂岩、砂岩、粗砂岩不等厚互层，夹深灰色页岩、灰黑、棕紫色玄武岩</td></tr>
<tr><td>下段</td><td>K_1s^1</td><td>650</td><td>深灰色、灰黑色、灰色泥岩、粉砂质泥岩与浅灰色泥质粉砂岩不等厚互层，夹玄武岩、凝灰岩、火山角砾岩等</td></tr>
<tr><td rowspan="2">巴音戈壁组</td><td>上段</td><td>K_1b^2</td><td>>911</td><td>砖红色、紫红色、黄色砂砾岩、砂岩，灰色、黄色砂岩与砖红色粉砂岩、灰色泥岩、粉砂岩不等厚互层</td></tr>
<tr><td>下段</td><td>K_1b^1</td><td>1418</td><td>大套砖红色、深灰色砾岩、砂砾岩，夹深灰色泥岩、砂岩</td></tr>
<tr><td>侏罗系</td><td>中下统</td><td></td><td></td><td>J_{1-2}</td><td>4000</td><td>上部为深绿灰色中砾岩，夹浅褐黄色薄层砂砾岩及砂岩透镜体；下部为灰红色粗-细砾岩、砂砾岩、含砂砾岩</td></tr>
<tr><td>三叠系</td><td>上统</td><td></td><td></td><td>T_3</td><td>1975</td><td>紫红色、灰紫色砾岩、含砾钙质长石砂岩及钙质长石砂岩，只分布于盆地北西部</td></tr>
</table>

4）下白垩统巴音戈壁组（K_1b）

下白垩统巴音戈壁组（K_1b）主要为一套三角洲-湖相砂泥岩建造，其厚度大于2329m，可分为两个岩性段。

下段（K_1b^1）：出露于盆地边部，下部为红色、灰白色砾岩、砂砾岩，上部为杂色砂岩、砾岩夹薄层泥岩，局部可见灰色细碎屑岩，见不完全正韵律层，为冲洪积-河流相沉积。该段厚度变化较大，岩性稳定，反映了盆地形成初期气候干旱、地形起伏大的特点，沉积以填平补齐为特征。

上段（K_1b^2）：地表以灰色细碎岩为主，具有水平层理，局部见页理。下部为灰色砂岩、砾岩，上部为碳质泥岩、粉砂岩互层及暗色泥岩、黑色页岩，夹泥灰岩和石膏层。砂岩层主要分布于该段的中下部，砂体发育，砂粒较粗，结构致密。反映了早白垩世中期已经进入了气候温湿、雨水充沛、地势逐渐夷平、湖盆进一步扩大、构造活动相对稳定的地质环境。该岩性段中富含动、植物化石，有机质含量较高，为浅湖相和半深湖相沉积，具有泥岩-砂岩-泥岩韵律结构。

5）上白垩统乌兰苏海组（K_2w）

该地层分布广泛，地表露头广泛分布于盆地各拗陷、凹陷，以河流相红色碎屑岩建造为特征，岩性以砖红色、橘红色砾岩、砂砾岩、砂岩、泥岩为主，夹砂质泥灰岩和石膏层。沉积厚度从数米至数百米，具干旱环境下形成的河湖相特征。产脊椎动物化石 *Protoceratops* sp.、*Ceratopsidae* sp.、*Bactrosaurus* sp. 等。由于早白垩世末期的构造抬升，乌兰苏海组在区域分布上范围变小，沉积中心产生偏移，往往沿袭早白垩世的湖盆中心或由下白垩统组成的宽缓向斜轴部分布，并直接角度不整合于巴音戈壁组之上。

6）古近系阿力乌苏组（E_2a）

该地层零星分布于苏宏图、查干德勒苏等拗陷中，其他拗陷中均缺失。古近系阿力乌苏组为一套河流相红色碎屑岩建造为特点，岩性为红色、棕红色砂质泥岩、砂砾岩夹灰绿色透镜体，主要分布于盆地北东部，地层厚度为400m。

7）第四系（Q）

该地层盆地内广泛分布，下部主要有洪积扇和河流冲积的砂砾石层，上部以冲积、洪积、洼地湖相沉积及化学沉积物为特征。其中以全新统风成砂出露面积最大，上更新统次之，下更新统仅零星分布，沉积厚度一般为数米至十余米。

2.5.3　侵入岩

区内岩浆岩分布广泛，占基岩出露面积的50%以上，岩浆活动强烈，多旋回特点明显，从加里东期至燕山期均有活动，由深成侵入相至喷出相，从超基性岩至酸性岩均较发育，以海西晚期花岗岩分布最为广泛。

加里东晚期岩浆岩：分布于盆地的南部和中部宗乃山隆起一带，由花岗岩、黑云母花岗岩组成。

海西中期岩浆岩：主要出露于盆地的东部，以基性岩、超基性岩为主体，次为中性和中酸性岩体。超基性岩有斜辉辉橄岩、橄榄岩、二辉岩、橄榄辉长岩。基性辉长岩主要由角闪辉长岩、微晶辉长岩、辉长闪长岩等组成。中酸性岩体由花岗闪长岩、花岗闪长玢岩、微晶黑云闪长岩、石英闪长玢岩等组成。

海西晚期岩浆岩：海西晚期岩浆岩是区内规模最大的一次岩浆活动，形成横亘区内的巨大花岗岩基，分布于盆地南部、东部以及中部宗乃山-沙拉扎山一带。以灰红色中粒斑状黑云母花岗岩、二长花岗岩、斜长花岗岩、钾长花岗岩及细中粒黑云母斜长花岗岩为主，含少量中细粒黑云母花岗闪长岩。岩体相带不发育，以中粒结构的过渡相为主，可见细粒结构的边缘相，岩性较均一，局部有分异现象，岩体从边缘至过渡相，石英含量逐渐增多，黑云母等铁镁质暗色矿物含量逐渐减少。

印支期岩浆岩：分布于盆地的中部、东部和南部地区，主要为肉红色、砖红色中粒花岗岩类岩体。

燕山期岩浆岩：在盆地北部零星出露，岩浆岩不发育，属燕山早期浅成-超浅成-喷出酸性岩，呈小岩株、岩枝等产出，属次火山-火山岩相。主要岩石类型有石英斑岩、霏细岩、花岗斑岩、流纹岩、流纹质角砾熔岩等。岩石呈肉红色、灰红色斑状结构、霏细结构。火山角砾岩具晶屑结构，块状、流纹状构造。另外可见花岗岩、钾长花岗岩零星分布。

2.6　预选区地球物理特征

岩石物性是地球物理与地质建立直接联系的纽带，也是地球物理方法选择与资料解释的基础。鉴于研究区半戈壁、厚第四系覆盖层的地形地貌条件，已有的岩石物性资料非常少，项目组充分利用已有的钻孔岩心，采用标本测定法测量了典型岩石的密度、磁化率、电阻率，并进行了统计，为地球物理资料综合解释提供参考。

2.6.1　岩石标本物性参数测量

1. 密度测量

岩矿石的密度是指单位体积物质的质量，其单位为 g/cm^3 或 kg/m^3。地下不同地质体之间存在的密度差异是开展重力勘探工作的地球物理前提条件，地质体的密度也是对重力测量结果进行地形校正、中间层校正，以及重力异常的正演计算、反演解释的重要参数。因此，对岩石密度的测定及对测定结果的分析研究是重力勘探工作的一个重要内容。

若标本质量用 m 表示，当它的体积为 v 时，其密度 σ 可用式（2.1）计算：

$$\sigma=\frac{m}{v} \tag{2.1}$$

标本的体积可根据阿基米德原理确定，即与物体相同体积水的重量等于物体在空气中的重量减去在水中的重量。这样，便可以计算出物体的比重，从而求出密度。

本次采用的标本密度测定仪器为电子静水天平 MP61001J，该仪器的主要性能及技术指标见表 2. 4。

表 2. 4　电子静水天平 MP61001J 密度测定仪主要技术指标

主要参数	量程/g	精度/g	线性/g	重复性/g	秤盘尺寸/mm	外形尺寸/mm	缸内尺寸/mm	吊篮尺寸/mm
典型值	6100	0. 1	±0. 2	±0. 1	174×143	300×330×336	186×220	150×152

标本密度测量步骤如下。

（1）测量之前用砝码对电子静水天平进行了标定；

（2）样品在测试之前在清水中浸泡到水饱和，浸泡时间约 24h，取出样品后晾干约 2h；

（3）把晾干的岩石放在秤盘上，测量岩石样品的干重 m_1（单位：g）；

（4）取下岩石样品放进吊篮里，水必须完全淹没样品，测量岩石样品的湿重 m_2（单位：g）；

（5）在保证干重、湿重测量精度的前提下密度 $\rho=m_1/[(m_1-m_2)/\rho_{水}]$。

同时为了确保测量结果的可靠性，选定不少于测定总样品数的 10% 作为检查点，进行第二次测量，并计算每天检查点的平均相对误差，且在测量班报记录测量数据。

2. 磁化率测量

地壳浅部的岩石和矿石，从它们形成时起就被地磁场所磁化。岩矿石被地磁场磁化的原理和物质的磁化是一样的。所不同的是地磁场对岩矿石的磁化是长期的，在磁化过程中岩矿石又可能经历了各种变化，其磁性变得更复杂。岩矿石的磁性常用磁化率、感应磁化强度及剩余磁化强度表示。

岩矿石被现代地磁场磁化而具有的感应磁化强度可表示为

$$J_i=\kappa T \tag{2.2}$$

式中，T 为地磁场总强度；J_i 为感应磁化强度，用以表示岩矿石被磁化的程度；κ 为岩矿石的磁化率，用以表示物质被磁化的难易程度，其值取决于岩矿石的性质。其中磁化率 κ 无量纲，单位为 SI（κ）。

本次标本磁化率测定采用的是 SM30 磁化率仪，该仪器具有高灵敏度，可用来测量磁化率较低的岩石，也可用来测量反磁性物质，仪器的主要技术指标见表2.5。

表2.5　SM30磁化率仪主要技术指标

主要参数	测量范围 /10^{-3}SI	灵敏度 /10^{-3}SI	工作频率 kHz	测量时间 /s	内存 /个	温度 /℃	环境湿度/%
典型值	0.000～999	0.001	8	≤5	250	−20～50	100

标本磁化率测量步骤如下。

（1）选择没有磁干扰的测定地点；

（2）使用磁性标准样进行仪器调试、校正，用多台测试进行横向比对；

（3）将标本紧靠仪器测量面上，逐一进行标本上、下、左、右四个方向的测量，并及时记录岩石样品磁化率的大小；

（4）读数记录在班报记录纸上，按照要求做不少于样品10%的检查点，计算出平均相对误差，保障测量的误差均在误差允许的范围之内。

3. 电阻率测量

电阻率是表征物质导电性的基本参数，某种物质的电阻率是当电流垂直通过由该物质所组成的边长为1m的立方体时呈现的电阻。显然，物质的电阻率越低，其导电性就越好；物质的电阻率越高，其导电性就越差。在电法勘探中，电阻率的单位采用欧姆·米来表示（记作Ω·m）。岩矿石标本的电阻（R）与沿电流方向的长度（L）成正比，与垂直于电流方向的横截面面积（S）成反比，其表达式为

$$\rho = R\frac{S}{L} \tag{2.3}$$

加工好的标本放在水中完全浸泡，松散标本在浸泡过程中容易破裂，不宜浸泡太久，轻拿轻放，不可堆积在一起，以免压坏，致密岩心标本一般浸泡24h。为避免表面电流的影响，经过浸泡后的标本要经过一段时间的自然风干。

此次岩矿石电阻率测量仪器选用的是3522-50LCR测试仪，仪器的各项指标如下。

（1）测量方法测量源：恒流10μA～100mA（AC/DC），或恒压10mV～5V（AC/DC），检测电压、AC或DC；

（2）测量频率DC或者1mHz～100kHz；

（3）测量时间：$|Z|$的典型值，5（快速）～828ms（慢速）；

（4）电源供应：100～240V，AC，50/60Hz；

标本电阻率测量步骤如下。

（1）测试前对已知电阻进行测试，保障仪器测试结果准确性；

（2）测量每个样品的长度（L）和底面积（S）；

（3）电阻率测试时，把样品固定在专门制作的样品标准架上，为了保证标准架与样品之间的接触关系，接触侧用海绵夹住，并在测试的时候往海绵里注入硫酸铜溶液，保证两者之间良好的接触导电关系；

（4）读出 1Hz 时的样品两端的电压（U）、电流（I），以及 1Hz 的电阻（R），通过计算可知样品电阻率；

（5）班报记录测试数据，做不少于测试样品 10% 的检查点，计算误差。

2.6.2　岩石物性特征分析

1. 电阻率特征

由于区内大部分区域被第四系（Q）干燥的风成砂覆盖，绝大部分岩石标本只能通过钻孔获取，而本区中最深的钻孔只有 800m，故仅对 800m 以浅的岩石标本的物性进行了统计分析。

下白垩统巴音戈壁组砂岩的电阻率主要集中在 2.5～15Ω · m，但 20～70Ω · m 也有少量的分布，均值为 8.5Ω · m，下白垩统砂岩明显属中（低）阻岩石；浅层下白垩统巴音戈壁组泥岩岩石标本电阻率分布在 10Ω · m 以下，呈明显的正态分布，其常见值为 3～5Ω · m，均值为 4.1Ω · m，属低阻岩石；深层下白垩统巴音戈壁组泥岩岩石电阻率主要集中在 5～40Ω · m，平均电阻率为 21Ω · m，属中高阻。由此可以看出预选区内的岩石电阻率均存在着一定的差异。

2. 密度特征

综合文献给出了巴音戈壁盆地地层岩石密度特征，由表 2.6 可知，新生界第四系沉积地层密度最低，只有 2.10g/cm^3；上白垩统、下白垩统、侏罗系从上到下地层密度逐渐增加，但仍属中低密度体；元古宇和古生界岩石密度较高，属高密度体；花岗岩、安山岩及玄武岩密度偏低，花岗闪长岩密度居中，而辉长岩的密度较高。

下白垩统巴音戈壁组砂岩、浅层下白垩统巴音戈壁组泥岩、深层下白垩统巴音戈壁组泥岩的分布均呈正态分布，主峰特征明显，三类岩石的密度平均值和常见值一致，分别为 2.26g/cm^3、2.43g/cm^3 和 2.45g/cm^3，砂岩与泥岩存在着 −0.17g/cm^{3}的明显密度差，浅层下白垩统巴音戈壁组泥岩与深层下白垩统巴音戈壁组泥岩之间存在−0.02g/cm^{3}密度差。

表 2.6　巴音戈壁盆地地层岩石密度特征表

<table>
<tr><th colspan="2">地层年代</th><th>岩性</th><th colspan="2">密度/（g/cm^3）</th></tr>
<tr><td>新生界</td><td>Q</td><td>风成砂、砂砾、黏土</td><td colspan="2">2.10</td></tr>
<tr><td rowspan="3">中生界</td><td>K_2</td><td>泥岩、砂岩、砾岩</td><td>2.26</td><td rowspan="3">2.41</td></tr>
<tr><td>K_1b</td><td>泥页岩、砂岩、砾岩</td><td>2.43</td></tr>
<tr><td>J_{1+2}</td><td>砂岩、砾岩</td><td>2.45</td></tr>
<tr><td>古生界</td><td>Pz</td><td>板岩、砂岩、砾岩、火山碎屑岩</td><td>2.63</td><td rowspan="2">2.67</td></tr>
<tr><td>元古界</td><td>Pt</td><td>片麻岩、片岩、黑云角闪岩、石英岩、混合岩</td><td>2.70</td></tr>
<tr><td rowspan="4">太古界</td><td></td><td>花岗岩</td><td colspan="2">2.58</td></tr>
<tr><td></td><td>花岗闪长岩</td><td colspan="2">2.64</td></tr>
<tr><td></td><td>安山岩、玄武岩</td><td colspan="2">2.55</td></tr>
<tr><td></td><td>辉长岩</td><td colspan="2">2.87</td></tr>
</table>

注：数据引自《内蒙古自治区巴音戈壁盆地可地浸砂岩铀矿选区》。

3. 磁化率特征

根据《内蒙古阿拉善右旗塔木素地区–阿拉善左旗银根地区 1∶25 万比例尺铀矿区调》，区内出露的主要岩性的磁化率参数如表 2.7 所示。

表 2.7　巴音戈壁盆地塔木素–银根地区地层（体）磁化率统计表

<table>
<tr><th colspan="2">地层年代</th><th>岩性</th><th>磁化率/×10^{-6}×4π% SI</th></tr>
<tr><td>新生界</td><td>Q</td><td>风成砂、砂砾黏土</td><td>0</td></tr>
<tr><td rowspan="3">中生界</td><td>K_2w</td><td>泥岩、砂岩、砾岩</td><td>0 ~ 20</td></tr>
<tr><td>K_1b</td><td>泥页岩、砂岩、砾岩</td><td>0 ~ 120</td></tr>
<tr><td>J_{1-2}</td><td>砂岩、砾岩</td><td>210 ~ 220</td></tr>
<tr><td>古生界</td><td>Pz</td><td>板岩、砂岩、砾岩、火山碎屑</td><td>0 ~ 220</td></tr>
<tr><td>元古宇</td><td>Pt</td><td>片麻岩、片岩、黑云母角闪岩、大理岩、石英岩、混合岩</td><td>0 ~ 6200</td></tr>
<tr><td rowspan="4">太古界</td><td></td><td>花岗岩</td><td>0 ~ 200</td></tr>
<tr><td></td><td>花岗闪长岩</td><td>600 ~ 1500</td></tr>
<tr><td></td><td>安山岩、玄武岩</td><td>660 ~ 3960</td></tr>
<tr><td></td><td>辉长岩</td><td>1800 ~ 6800</td></tr>
</table>

由表 2.7 可知以下几点。

(1) 第四系和白垩系碎屑沉积岩磁化率较低，属无磁性或弱磁性层。

(2) 侏罗系砂岩、砾岩磁化率中等，属中等磁性层。

(3) 基底太古宇、元古宇、古生界变质岩磁性变化较大，副变质岩磁化率较低，为弱磁性；正变质岩磁化率较高，为强磁性。总体而言，前中生代地层具有磁性或有较强磁性。

(4) 侵入岩的磁化率从酸性到基性逐渐增大，从无磁性或弱磁性至强磁性。

总之，中新生代地层为无磁性或弱磁性；而侵入岩和前中生代地层具有磁性或较强磁性，是盆地的磁性基底层。由于采集到的样品均属于中新生代地层，测量后确认为无磁性岩体，本书就不再给出岩石样品的磁化率统计直方图。

2.6.3　区域重力场、磁场特征

图 2.4 是银–额盆地航磁 ΔT 化极区域异常平面图，从图 2.4 中可以看出，银–额盆地可划分为三大磁异常区，即西部额济纳旗–特罗西滩–因格井北负磁异常区、中部苏亥图–苏宏图高磁异常区和东部银根–查干德勒苏负磁异常区。

额济纳旗–绿园–特罗西滩–因格井北一带和银根–查干德勒苏一带宏观表现为低磁异常区，前者区域磁异常呈平缓变化，分布范围广，异常虽有起伏，但是梯度平缓，幅值变化不大；后者面积较小，但异常梯度较大，异常宏观呈北东走向。这两个低磁异常区周缘及区内出露岩体皆处于区域低磁场区，且研究区前二叠系为一套中浅变质岩系，磁性相对较弱，推测此两条低磁异常带为前二叠系中浅变质岩系的反映，构成盆地的弱磁性基底。

苏亥图–乌力吉–苏宏图一带表现为高磁异常带，幅值高、梯度陡，走向为北东向。磁力高异常带周缘及带内出露岩体几乎都处于区域负异常部位，且盆地西部北山地区已见强磁性的北山群深度变质岩系，推测此磁力高异常带为古元古界深变质岩系的反映，是盆地基底的组成部分。

图 2.5 和图 2.6 分别是银–额盆地航磁 ΔT 化极局部异常平面图和银–额盆地布格重力局部异常平面图，对研究区航磁 ΔT 化极局部异常特征、局部重力异常特征、区域地质等资料进行分析可知，局部磁异常、局部重力异常与岩浆岩分布关系密切。

额济纳旗地区和哨马营北–特罗西滩一带局部磁值高异常，呈串珠状分布，异常连线与周围出露岩体走向一致。苏亥图西、因格井–乌力吉–查干德勒苏一带局部磁力高异常幅值高、梯度陡，多呈条带状，走向明显，与周围出露岩体走向一致。此三个区域局部磁力高异常皆位于局部重力高与重力低过渡部位，这些局部磁力高异常主要由中酸性岩引起。

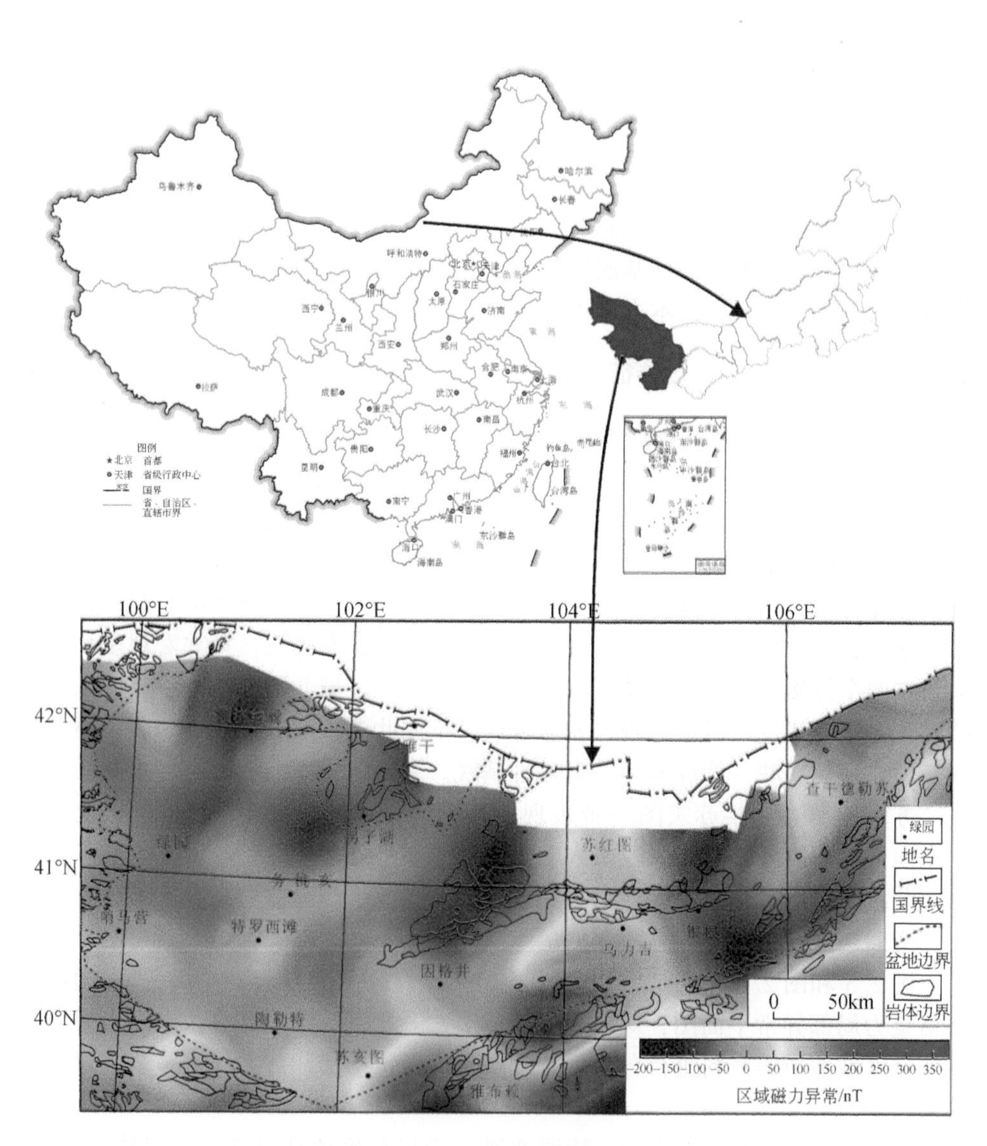

图 2.4　银-额盆地航磁 ΔT 化极区域异常平面图（据张春灌等，2012）

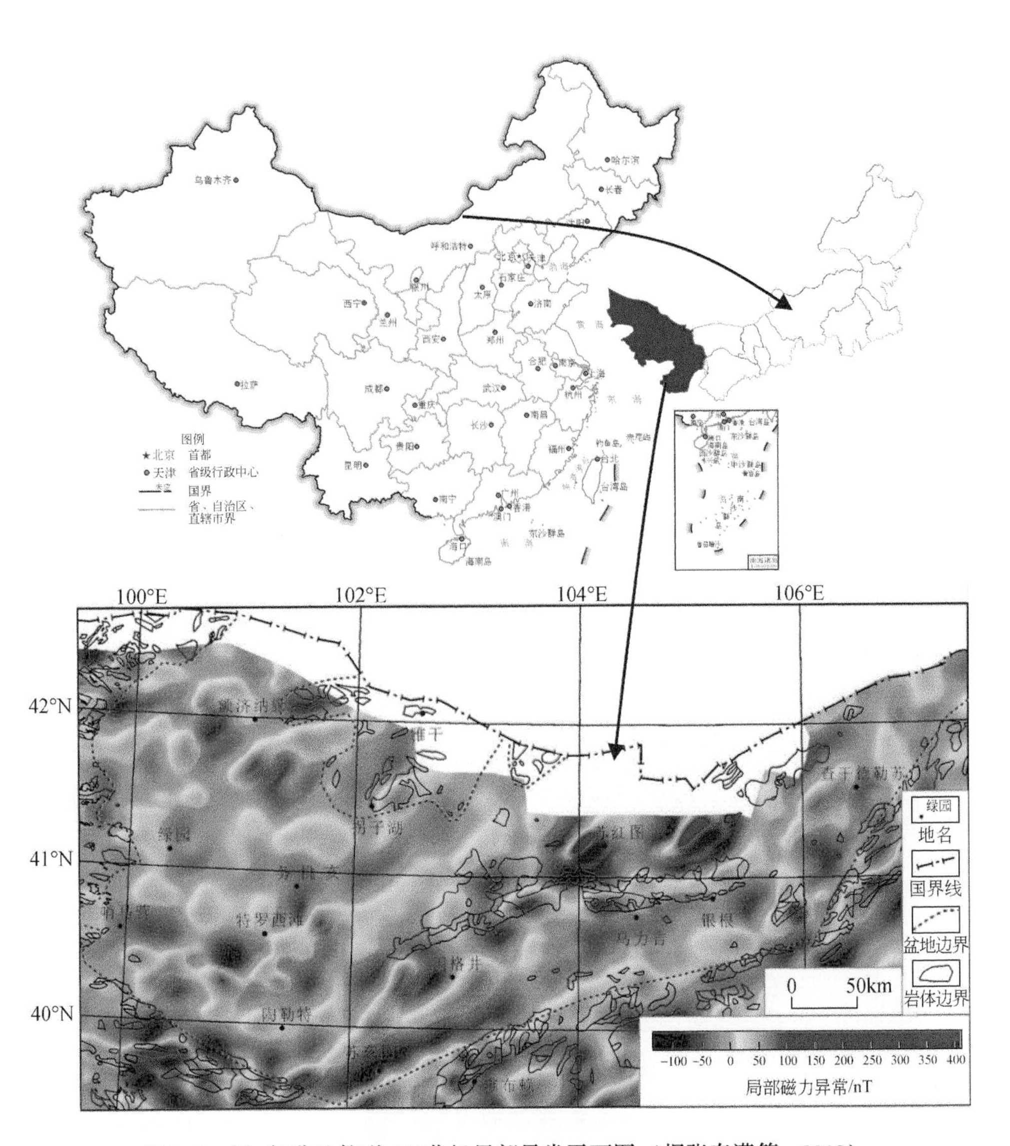

图2.5 银-额盆地航磁 ΔT 化极局部异常平面图（据张春灌等，2012）

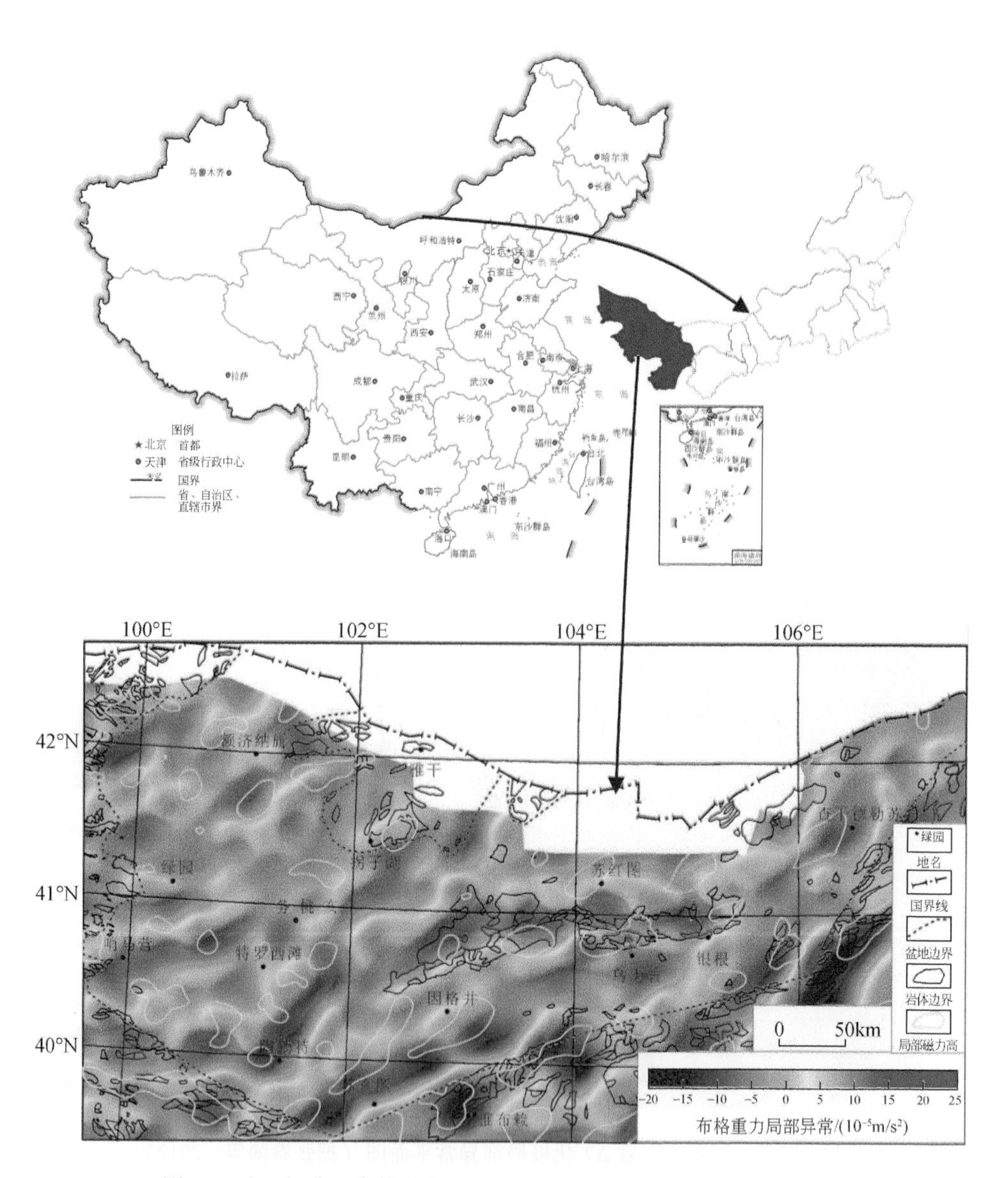

图 2.6　银-额盆地布格重力局部异常平面图（据张春灌等，2012）

哨马营-陶勒特-特罗西滩一带局部磁力高、变化较杂乱，幅值较高，梯度较陡。哨马营—陶勒特一线局部磁力高，与其南侧岩体走向一致；陶勒特—特罗西滩东一线则与其东侧岩体走向一致。哨马营东南侧出露石炭纪闪长岩，其位于局部磁力高异常区域，且局部磁力高几乎都位于局部重力高部位，该带局部磁力高异常主要由中性岩引起。

绿园-务桃亥-因格井北一带局部高磁异常幅值较低，梯度平缓，分布比较散乱，规律不明显。该区局部磁力高与局部重力异常亦无明显对应关系，该区局部磁力高主要由沉积盖层中的磁性物质引起。

第3章　重磁数据处理及反演解释

重、磁异常是由物性不同、规模不同和形态不同的地质体或构造单元产生的位场叠加，重、磁数据处理的目的就是将不同场源引起的叠加异常分离或者突显出所需地质体或者目标体引起的重、磁异常，使其信息便于识别解释（王彦国，2013）。

3.1　重磁数据处理方法

针对不同的研究目的，选用的处理方法不同。要分析数据是否可以满足该方法的应用前提和精度要求，还要分析选用的方法是否可以达到预期效果，因此采用何种方法对数据进行处理十分重要。

3.1.1　位场分离的迭代滤波技术

令叠加异常 $u(x, y)$ 的波谱为 $U(u, v)$，假设算子 $H(u, v, \alpha)$ 是一低通滤波器且满足 $0 \leqslant H \leqslant 1$，那么将 $H(u, v, \alpha)$ 作用于 $U(u, v)$ 可以达到场分离的目的，即有：

$$U_{reg}(u,v,\alpha)=U(u,v)\cdot H(u,v,\alpha) \tag{3.1}$$

这里 u、v 分别是 x、y 方向上的波数，α 是算子 H 的滤波参数。按照滤波参数 α 的选取可以将场分离情况分为以下三种：①滤波参数 α 选取不当使得分离出的区域场 u_{reg}（$u_{reg}=F^{-1}[U_{reg}]$，F^{-1}是 Fourier 反变换）中含有局部场成分；②滤波参数 α 选取恰当使得叠加异常 u 分离较为彻底；③滤波参数 α 选取不当使得分离出的局部场 $u_{red}=u-u_{reg}$中含有区域场成分。在实际应用中，由于滤波参数 α 不易确定而使得场的分离容易出现第一种或第三种情况，使得位场分离效果不理想。

将方案改进为：固定参数 α 使得局部场 u_{red}含有较多的区域场成分，那么此时需要将局部异常波谱中的区域场成分剥离出来“返还”给区域场，即

$$U_{reg}^{2}=U_{reg}+(U-U_{reg})\cdot H=U\cdot H\cdot[1+(1-H)] \tag{3.2}$$

此时局部异常波谱变为

$$U_{reg}^{2}=U_{reg}+(U-U_{reg})\cdot H=U\cdot H\cdot[1+(1-H)] \tag{3.3}$$

若局部场中仍有区域场信息，则继续对局部场进行剥离并“返还”给区域场，如此一直进行下去，直到剥离“返还” n 次时，满足局部场中没有或几乎没有区域场成分时终止，此时，区域异常波谱 U_{reg}^{n}和局部异常谱 U_{red}^{n}分别为

$$U_{\text{reg}}^{n}=U_{\text{reg}}^{n-1}+(U-U_{\text{reg}}^{n-1})\cdot H=U\cdot H\cdot[1+(1-H)+(1-H)^{2}+\cdots \tag{3.4}$$

$$U_{\text{red}}^{n}=U\cdot(1-H)^{n} \tag{3.5}$$

3.1.2　Theta map 边界识别方法

2005 年 Wijins 等率先提出 Theta 图边界识别方法，是利用解析信号的振幅对总水平导数做归一化处理，对平面网格数据 $f(x,\ y)$，其 Theta 图的形式为

$$\cos\theta=\frac{\sqrt{\left(\frac{\partial f}{\partial x}\right)^{2}+\left(\frac{\partial f}{\partial y}\right)^{2}}}{\sqrt{\left(\frac{\partial f}{\partial x}\right)^{2}+\left(\frac{\partial f}{\partial y}\right)^{2}+\left(\frac{\partial f}{\partial z}\right)^{2}}} \tag{3.6}$$

用计算出来的 θ 值画出的平面等值线图称 Theta 图。Theta 图是根据导数的比值而来，可以利用极大值位置确定目标体的边缘位置，因此可以很好地平衡高、低幅值异常，强化边缘效果。

3.1.3　改进导数归一化标准差（TASD）边界识别方法

2008 年 Cooper 和 Cowan 提出利用导数标准差归一化形式进行场源边界识别的方法。通过实验发现，随着地下地质体埋深的增大，大多数边缘识别方法的识别能力会下降，且地质体边缘位置偏离实际位置也越大，归一化标准差和总水平导数也受埋深影响，但是对于浅部地质体边界的识别，效果明显，此外该法受地形起伏影响较小。

$$\text{NSTD}=\frac{\sigma\left(\frac{\partial f}{\partial z}\right)}{\sigma\left(\frac{\partial f}{\partial x}\right)+\sigma\left(\frac{\partial f}{\partial y}\right)+\sigma\left(\frac{\partial f}{\partial z}\right)} \tag{3.7}$$

2013 年王彦国等对其进行了改进，改进的归一化标准差定义为

$$M_{\text{NSTD}}=\tan^{-1}\left(\frac{\sigma\left(\frac{\partial f}{\partial z}\right)}{\sigma\left(\sqrt{\left(\frac{\partial f}{\partial x}\right)^{2}+\left(\frac{\partial f}{\partial y}\right)^{2}}\right)}\right)^{m} \tag{3.8}$$

其中改造因子 $m\geqslant 1$。

3.1.4　解析信号法

1972 年，Nabighian 最早提出了解析信号法（AS），是利用解析信号极大值位置来确定目标体的边缘位置，又称为总梯度模量，适用于重力异常和磁力异常。对于剖面数据及平面网格数据 $f(x,\ y)$，可表示为

$$AS=\sqrt{\left(\frac{\partial f}{\partial x}\right)^2+\left(\frac{\partial f}{\partial y}\right)^2+\left(\frac{\partial f}{\partial z}\right)^2} \tag{3.9}$$

该方法可以通过异常极大值较好地识别出场源位置，且由于在于在二维空间中不受磁化方向影响，在三维空间中也受磁化方向影响较小，因此，解析信号是目前磁法数据处理最为常用的方法之一。

3.1.5 方向 Tilt 梯度的总水平导数及方向 Tilt-Euler 法

1. 方向 Tilt 梯度及其导数

Tilt 梯度（Salem et al., 2007）是一种可以均衡不同异常强度的位场数据处理方法，其理论公式为

$$\theta=\arctan\left(\frac{\partial T}{\partial z}\Big/\frac{\partial T}{\partial h}\right) \tag{3.10}$$

式中，$\frac{\partial T}{\partial h}=\sqrt{\left(\frac{\partial T}{\partial x}\right)^2+\left(\frac{\partial T}{\partial y}\right)^2}$，其中$\frac{\partial T}{\partial x}$、$\frac{\partial T}{\partial y}$、$\frac{\partial T}{\partial z}$为磁异常在 x、y、z 方向的导数。

方向 Tilt 梯度的表达式为

$$\theta^x=\arctan\left(\frac{\partial T}{\partial z}\Big/\frac{\partial T}{\partial x}\right) \tag{3.11}$$

$$\theta^y=\arctan\left(\frac{\partial T}{\partial z}\Big/\frac{\partial T}{\partial y}\right) \tag{3.12}$$

θ^x、θ^y 分别为 x、y 方向上的方向 Tilt 梯度。

对式（3.11）、式（3.12）分别求 x、y、z 三个方向的导数，并对分母进行均方根处理，则得

$$\begin{cases}
S\theta^x_x=\left(\frac{\partial^2 T}{\partial x\partial z}\frac{\partial T}{\partial x}-\frac{\partial T}{\partial z}\frac{\partial^2 T}{\partial x^2}\right)\Big/\sqrt{\left(\frac{\partial T}{\partial x}\right)^2+\left(\frac{\partial T}{\partial z}\right)^2}\\
S\theta^x_y=\left(\frac{\partial^2 T}{\partial y\partial z}\frac{\partial T}{\partial x}-\frac{\partial T}{\partial z}\frac{\partial^2 T}{\partial x\partial y}\right)\Big/\sqrt{\left(\frac{\partial T}{\partial x}\right)^2+\left(\frac{\partial T}{\partial z}\right)^2}\\
S\theta^x_z=\left(\frac{\partial^2 T}{\partial z^2}\frac{\partial T}{\partial x}-\frac{\partial T}{\partial z}\frac{\partial^2 T}{\partial x\partial z}\right)\Big/\sqrt{\left(\frac{\partial T}{\partial x}\right)^2+\left(\frac{\partial T}{\partial z}\right)^2}\\
S\theta^y_x=\left(\frac{\partial^2 T}{\partial x\partial z}\frac{\partial T}{\partial y}-\frac{\partial T}{\partial z}\frac{\partial^2 T}{\partial x\partial y}\right)\Big/\sqrt{\left(\frac{\partial T}{\partial y}\right)^2+\left(\frac{\partial T}{\partial z}\right)^2}\\
S\theta^y_y=\left(\frac{\partial^2 T}{\partial y\partial z}\frac{\partial T}{\partial y}-\frac{\partial T}{\partial z}\frac{\partial^2 T}{\partial y^2}\right)\Big/\sqrt{\left(\frac{\partial T}{\partial y}\right)^2+\left(\frac{\partial T}{\partial z}\right)^2}\\
S\theta^y_z=\left(\frac{\partial^2 T}{\partial z^2}\frac{\partial T}{\partial y}-\frac{\partial T}{\partial z}\frac{\partial^2 T}{\partial y\partial z}\right)\Big/\sqrt{\left(\frac{\partial T}{\partial y}\right)^2+\left(\frac{\partial T}{\partial z}\right)^2}
\end{cases} \tag{3.13}$$

式（3.13）中的每一个表达式单位为 nT/m² 或 nT/km²，与公式中使用的导数阶次相一致。王彦国等（2019）指出，利用方向 Tilt 梯度水平导数模可以进行磁异常识别，其表达式为：

$$\mathrm{THS}\theta=\sqrt{(S\theta_x^x)^2+(S\theta_y^y)^2} \tag{3.14}$$

2. 方向 Tilt-Euler 法

三维欧拉反褶积（Reid et al.，1990）的公式为

$$(x-x_0)\frac{\partial T}{\partial x}+(y-y_0)\frac{\partial T}{\partial y}+(z-z_0)\frac{\partial T}{\partial z}=-NT \tag{3.15}$$

式中，x、y、z 为观测点的坐标，x_0、y_0、z_0 为场源的位置坐标；N 是构造指数。

式（3.15）对 x、y、z 三个方向求导，得

$$(x-x_0)\frac{\partial^2 T}{\partial x^2}+(y-y_0)\frac{\partial^2 T}{\partial x\partial y}+(z-z_0)\frac{\partial^2 T}{\partial x\partial z}=-(N+1)\frac{\partial T}{\partial x} \tag{3.16}$$

$$(x-x_0)\frac{\partial^2 T}{\partial x\partial y}+(y-y_0)\frac{\partial^2 T}{\partial y^2}+(z-z_0)\frac{\partial^2 T}{\partial y\partial z}=-(N+1)\frac{\partial T}{\partial y} \tag{3.17}$$

$$(x-x_0)\frac{\partial^2 T}{\partial x\partial z}+(y-y_0)\frac{\partial^2 T}{\partial y\partial z}+(z-z_0)\frac{\partial^2 T}{\partial z^2}=-(N+1)\frac{\partial T}{\partial z} \tag{3.18}$$

将式（3.18）乘以$\frac{\partial T}{\partial x}$与式（3.16）乘以$\frac{\partial T}{\partial z}$相减，得

$$(x-x_0)\left(\frac{\partial^2 T}{\partial x\partial z}\frac{\partial T}{\partial x}-\frac{\partial T}{\partial z}\frac{\partial^2 T}{\partial x^2}\right)+(y-y_0)\left(\frac{\partial^2 T}{\partial y\partial z}\frac{\partial T}{\partial x}-\frac{\partial T}{\partial z}\frac{\partial^2 T}{\partial x\partial y}\right)$$
$$+(z-z_0)\left(\frac{\partial^2 T}{\partial z^2}\frac{\partial T}{\partial x}-\frac{\partial T}{\partial z}\frac{\partial^2 T}{\partial x\partial z}\right)=0 \tag{3.19}$$

将式（3.18）乘以$\frac{\partial T}{\partial y}$与式（3.17）乘以$\frac{\partial T}{\partial z}$相减，得

$$(x-x_0)\left(\frac{\partial^2 T}{\partial x\partial z}\frac{\partial T}{\partial y}-\frac{\partial T}{\partial z}\frac{\partial^2 T}{\partial x\partial y}\right)+(y-y_0)\left(\frac{\partial^2 T}{\partial y\partial z}\frac{\partial T}{\partial y}-\frac{\partial T}{\partial z}\frac{\partial^2 T}{\partial y^2}\right)$$
$$+(z-z_0)\left(\frac{\partial^2 T}{\partial z^2}\frac{\partial T}{\partial y}-\frac{\partial T}{\partial z}\frac{\partial^2 T}{\partial y\partial z}\right)=0 \tag{3.20}$$

将式（3.13）中的六个表达式带入式（3.19）和式（3.20）中，得

$$\begin{cases}x_0\cdot S\theta_x^x+y_0\cdot S\theta_y^x+z_0\cdot S\theta_z^x=x\cdot S\theta_x^x+y\cdot S\theta_y^x+z\cdot S\theta_z^x\\ x_0\cdot S\theta_x^y+y_0\cdot S\theta_y^y+z_0\cdot S\theta_z^y=x\cdot S\theta_x^y+y\cdot S\theta_y^y+z\cdot S\theta_z^y\end{cases} \tag{3.21}$$

式（3.21）即为方向 Tilt-Euler 反演方程组。给定一个滑动计算窗口 D（文中均选为 5），通过求解超定方程组获得窗口下的场源位置反演解（x_0，y_0，z_0）。获得场源位置后（x_0，y_0，z_0），将式（3.16）、式（3.17）和式（3.18）两边取平

方，相加后取平方根，则得构造指数计算公式为

$$N = \frac{1}{M}\sum_{i=1}^{i=M} \frac{\sqrt{\begin{array}{l}\left((x_i - x_0)\dfrac{\partial^2 T}{\partial x^2} + (y_i - y_0)\dfrac{\partial^2 T}{\partial x \partial y} + (z - z_0)\dfrac{\partial^2 T}{\partial x \partial z}\right)^2 + \\ \left((x_i - x_0)\dfrac{\partial^2 T}{\partial x \partial y} + (y_i - y_0)\dfrac{\partial^2 T}{\partial y^2} + (z - z_0)\dfrac{\partial^2 T}{\partial y \partial z}\right)^2 + \\ \left((x_i - x_0)\dfrac{\partial^2 T}{\partial x \partial z} + (y_i - y_0)\dfrac{\partial^2 T}{\partial y \partial z} + (z - z_0)\dfrac{\partial^2 T}{\partial z^2}\right)^2\end{array}}}{AS_i} - 1 \tag{3.22}$$

式中，$(x_i,\ y_i)$ 为计算窗口中的第 i 点坐标；M 为计算窗口的总点数。

通过逐步滑动窗口直至完成全区的数据覆盖，则可以获得大量的反演解。然而，远离场源位置的反演解是不可靠的，需要进行有效的剔除处理。由于方向 Tilt 梯度水平导数模 THSθ 极大值可作为磁性体的有效水平位置，因此可以剔除离 THSθ 极大值较远的反演解（文中删除了偏离 THSθ 极大值大于计算窗口宽度 D 的解），另外，还需要剔除反演深度小于 0 及构造指数大于 4 的反演解。

3.2　塔木素地区重磁数据处理及解释

3.2.1　重力数据处理及解释

1. 重力场特征

图 3.1 是收集到的塔木素地区 1∶20 万重力异常，从图 3.1 中可以看出，塔木素地区布格重力异常在−196 ~ −155mGal 之间，如此大的负异常主要是与该地区莫霍面较深有关，重力异常整体从南到北逐渐升高，可能是莫霍面逐渐变浅的一种反映，局部的重力变化则与浅部沉积岩和火山岩分布有关。西部的相对重力高可能与相对较老的地层有关，东北部的重力高则可能与老地层或年龄较老的岩浆岩有关，西北部的重力低很可能是密度较低的花岗岩引起的，东南侧的重力低可能反映的是沉积层较厚。

图 3.2 和图 3.3 是塔木素地区区域重力异常和剩余重力异常图，可以看出，区域重力异常整体表现为西部、东北部高，中部低的异常特征，剩余重力异常突出了布格重力异常的局部信息，进一步增强了中浅部地质体的异常特征，中部存在的 NE 向重力高，这可能是东北部的岩浆岩在地下向南扩张引起的。由于收集到的重力资料比例尺太小，所以难以评价预选区沉积层厚度，仅能区域上反映中深部地质单元的变化情况。

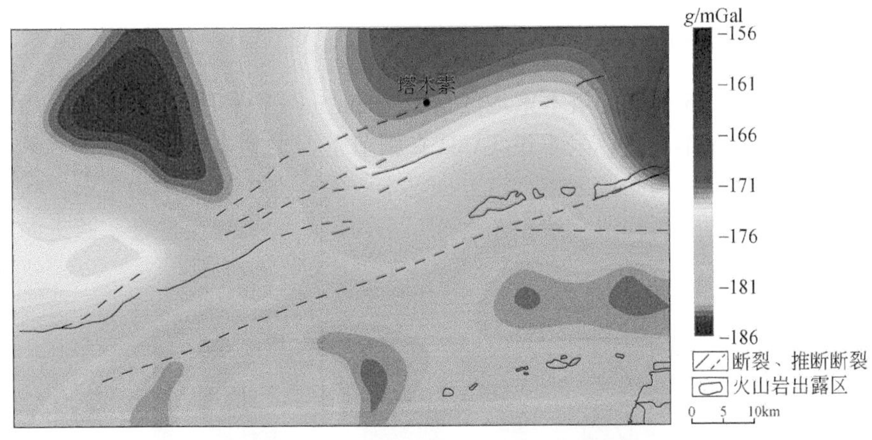

图 3.1　塔木素地区布格重力异常图

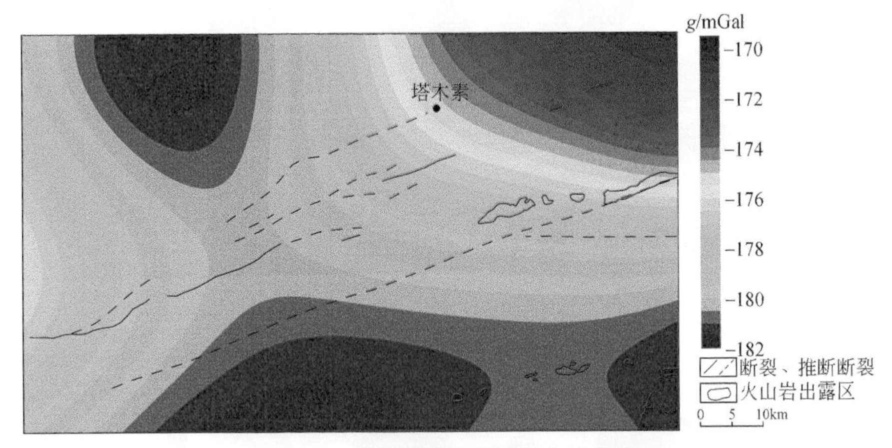

图 3.2　塔木素地区区域重力异常图

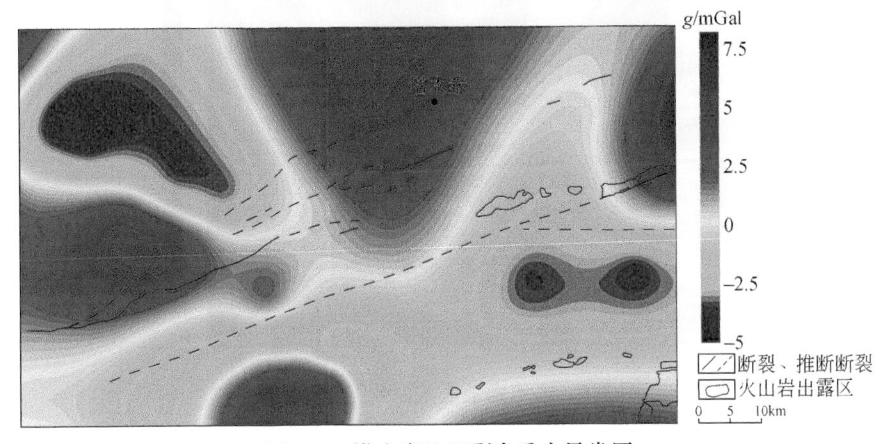

图 3.3　塔木素地区剩余重力异常图

2. 重力边界识别

图 3. 4 和图 3. 5 分别是塔木素地区重力 Theta map 图和 TASD 图，可以看出，两者极大值位置基本一致，只不过 TASD 在细节上面更为丰富些。在西北侧，极大值主要呈西北向，与相应区域构造方向基本一致；在中部呈东北走向，与沉积层中出露或推测的断裂构造一致；东南侧呈东西走向，推测存在近东西走向的断裂构造。

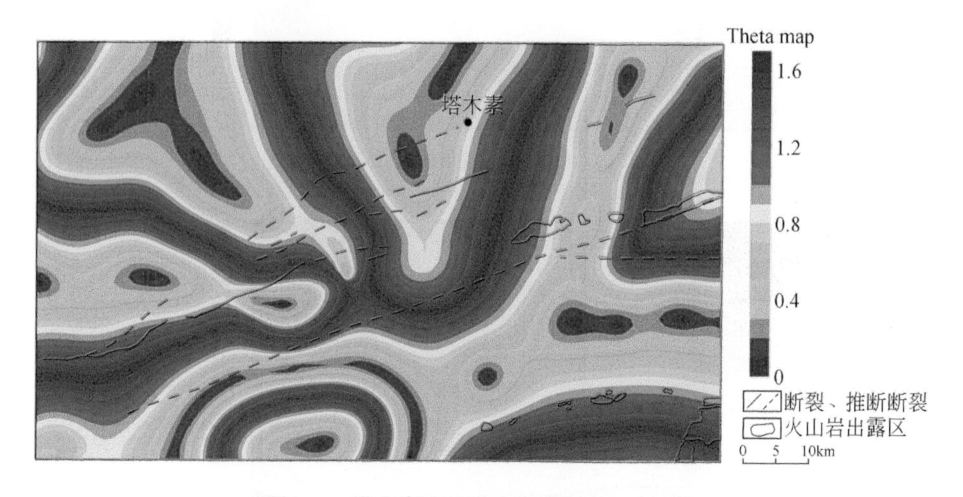

图 3. 4　塔木素地区重力异常 Theta map 图

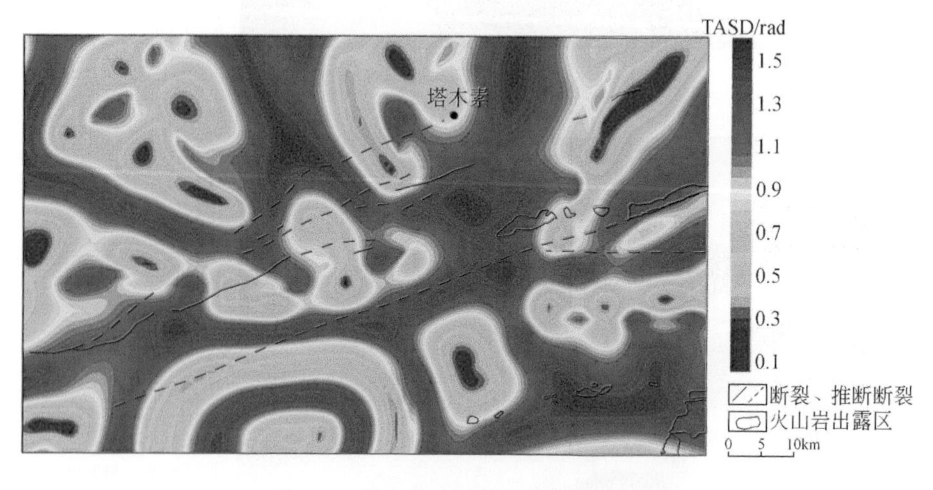

图 3. 5　塔木素地区重力数据 TASD 图

上述重力边界识别结果表明，重力可以较好地识别大型断裂构造的位置及走向，但对沉积层分布区中的小规模断裂则难以有效识别，可能是因重力数据比例尺过小导致的。

3. 剩余重力异常相关成像反演

鉴于本区重力数据没有深度上的约束信息，本书对收集到的重力数据经预处理后做了定性的概率成像反演，用于大致判断地下不同密度体的展布，确定区内可能存在的构造分区或断裂带特征。

图 3.6 为塔木素地区剩余重力异常相关成像反演图，可以看出，0～1000m 的概率成像结果基本在 0 值左右，表明这个深度层的上地质体几乎没有引起重力异常的变化，也就是说重力异常难以确定 0～1000m 的地质体变化情况；1000～2000m 的概率成像结果表现出了明显的高低分布，显示了地下地质体密度的横向变化情况，中部东西走向的概率成像高值区应是其西侧出露的老地层向东延伸引

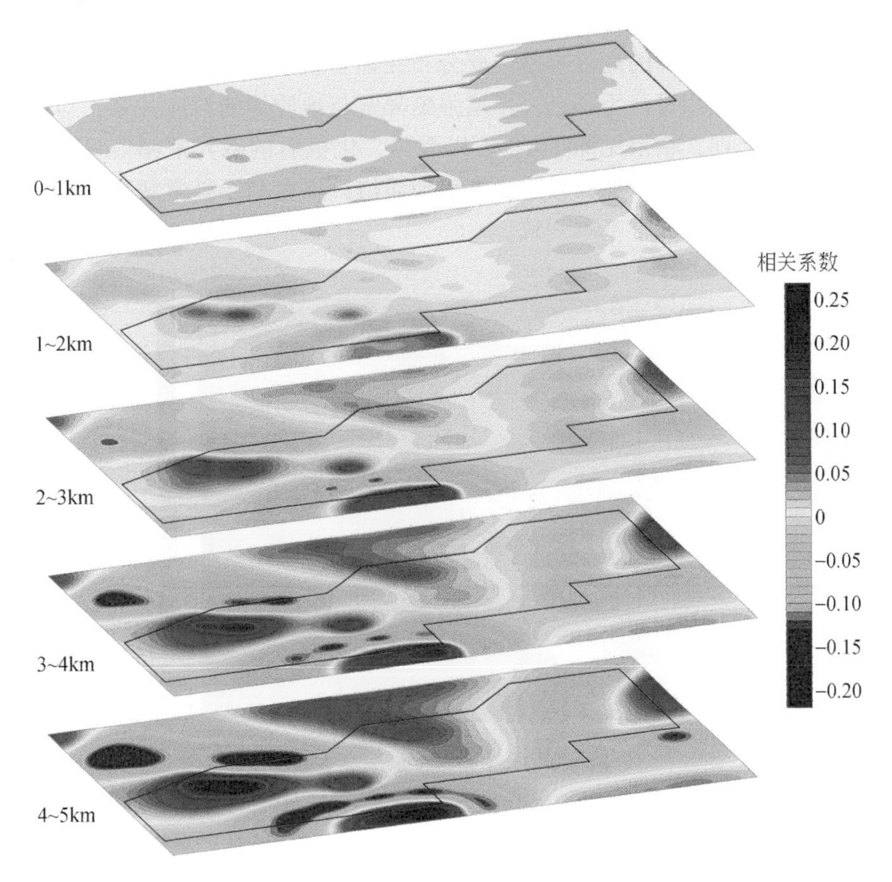

图 3.6　塔木素地区剩余重力异常相关成像反演图

起的；2000m 深度层以下，北侧高值区数值开始随着深度的增加而逐渐变大，反映的则是高密度岩浆岩（尤其闪长岩）的分布及延伸情况，西北侧的概率成像低值区也是随着深度的增加而继续降低，体现的应是低密度的花岗岩分布。另外，中部东西走向的高值区同样随着深度的增加而逐渐增加，可能表明该地区老地层规模较大，中东侧的高值区也可能反映密度相对偏高的老地层，且反映出随着深度增加规模持续增大的趋势。东北角呈现出的低值区随深度增加而呈现出先增大后减小的特征，在 1000～2000m 密度基本为零，而之上和之下均为负值，可能表明该区域沉积层厚度较大。

3.2.2 磁法数据处理及解释

1. 磁场特征

图 3.7 是塔木素地区航磁异常图，航磁异常整体呈现西南低、东部高的异常特征，这种区域变化可能与居里面起伏有关，黏土岩预选区北侧和南侧的高磁异常与火山岩有关，内部的高磁异常主要分布在黏土岩预选区东侧，这与地表零星出露的火山岩位置相符。为了进一步增强磁异常与地质体的对应关系，对航磁异常进行了化极处理，结果见图 3.8。可以看出，化极后的磁异常幅值整体向北移动，异常幅值获得明显增加，异常形态更加简洁，更有利于异常解释，化极磁异常整体特征与原航磁异常基本一致。

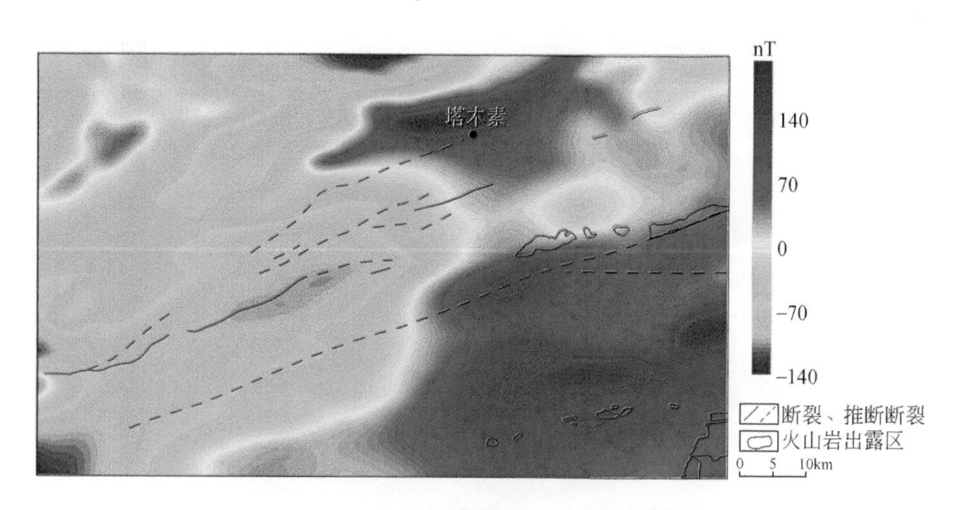

图 3.7 塔木素地区航磁异常图

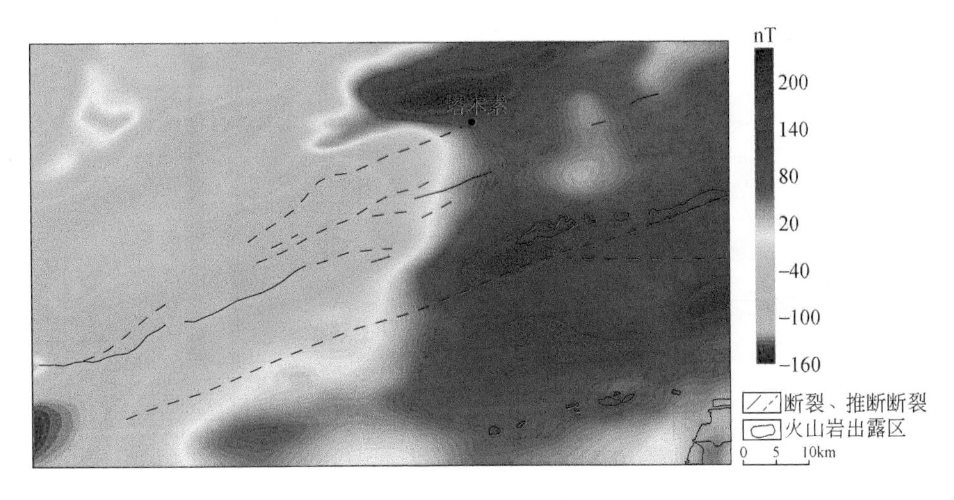

图 3.8　塔木素地区化极磁异常图

2. 磁性体圈定

高磁异常往往与岩浆岩或含有火山岩物质的沉积岩，以及断裂构造有关，因此圈定高磁性体对于研究火山岩分布及断裂构造展布具有重要研究意义。这里采用了受磁化角度影响小的一阶解析信号和方向 Tilt 梯度的水平导数对磁异常数据进行处理。图 3.9 是塔木素地区磁异常一阶解析信号，从图中可以明显看出，整个塔木素预选区的北侧呈现出大面积的高值区，这也恰与火山岩的分布直接对应，在预选区内高磁异常同样广泛分布，主要呈现为东北走向、条带状的高磁异常圈闭，推测大多磁异常条带可能与断裂构造有关，图 3.9 中给出了已知断裂和利用地震资料推测出的断裂构造的分布情况，可以明显看出，这些断裂构造的位置或附近均存在着高磁异常圈闭，显然预示着预选区内磁性源与断裂构造的密切关系，另外，也可以利用条带异常来推测隐伏断裂。图 3.10 是塔木素地区磁异常方向 Tilt 梯度水平总梯度对数图，可以看出该方法所表现出的异常细节特征较丰富，异常的紧凑性和连续性也更高，可以为细小磁性体分布提供依据。在沉积岩分布区内，断裂构造附近，方向 Tilt 梯度水平导数模表现出明显的信息，且这些异常信号恰出现在构造倾向方向上，因此认为断裂构造带是磁性物质来源的一个通道，即改进 Tilt 梯度水平导数模图上具有一定走向的异常圈闭应与断裂带有关，以此为特征可以进行隐伏断裂带的推断。在研究区东南部，高值区范围远大于地表零星分布的岩浆岩或含有火山成分沉积岩的分布范围，因此推断地下存在大规模的隐伏高磁性岩体，甚至地表零星分布的岩浆岩在地下可能是连通的。

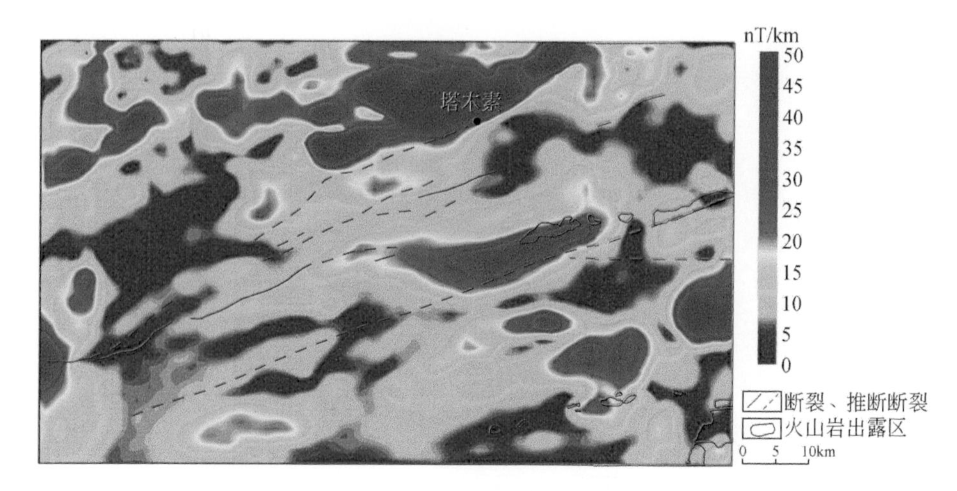

图 3.9　塔木素航磁数据一阶解析信号

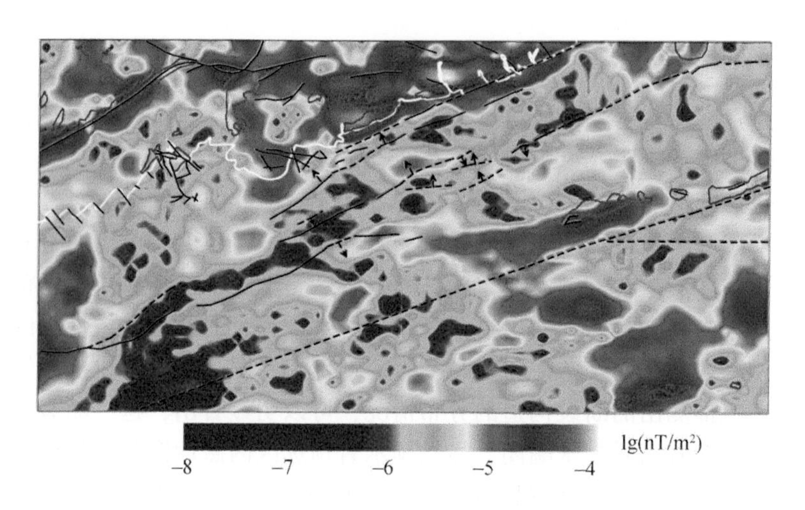

图 3.10　塔木素航磁数据方向 Tilt 梯度水平总梯度对数图

图 3.11 是方向 Tilt-Euler 法的反演结果。从整体上来看，反演解的水平位置基本上为条带状，反演深度值大多在 0 ~ 2000m 之间，构造指数则主要分布在 −0.6 ~ 1.4 之间，尤其沉积岩分布区内的构造指数大部分在 0 值附近。这些信息表明了沉积岩分布区的磁异常主要是由断裂构造产生的。另外，可根据方向 Tilt-Euler 法反演结果，推断隐伏断裂构造及地下磁性体分布，为研究该地区地下地质结构特征提供了一种依据。

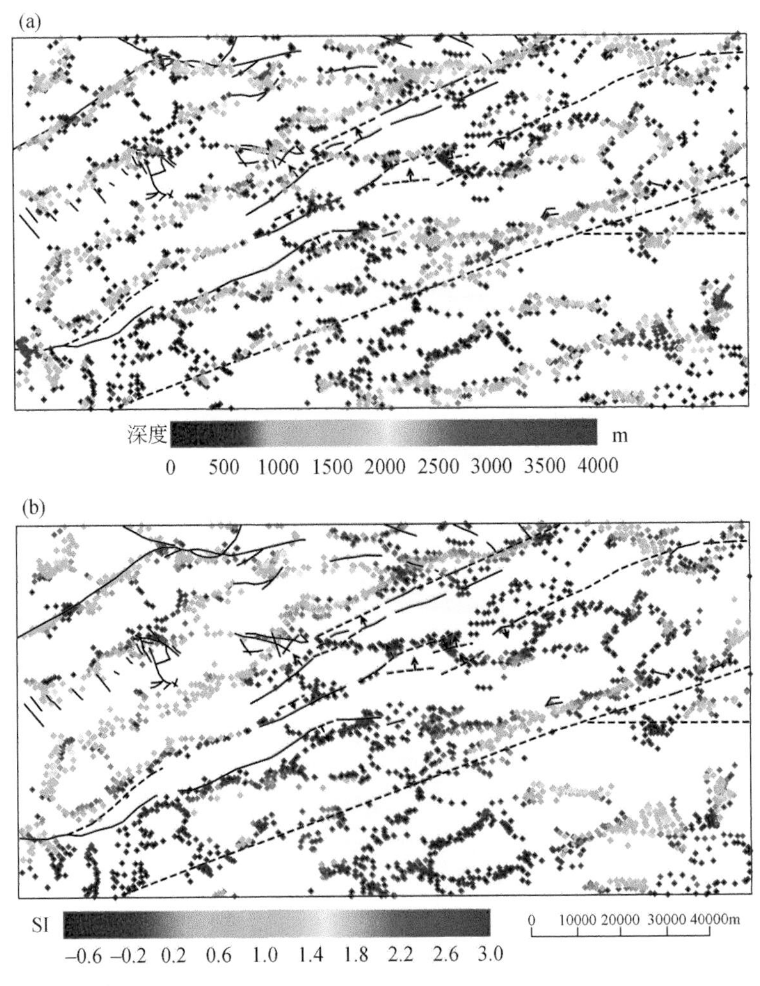

图 3. 11　塔木素地区航磁异常方向 Tilt-Euler 法反演结果

（a）方向 Tilt-Euler 法反演位置解；（b）方向 Tilt-Euler 反演构造指数解

3. 剩余磁异常相关成像反演

对收集到的磁测数据经过数据预处理后做了定性的概率成像反演，用于大致判断地下不同磁性体的展布，确定区内可能存在的构造分区或断裂带。图 3. 12 为塔木素地区剩余磁异常相关成像图，从图中可以看出，0 ~ 1km 的概率成像结果将整个研究分为三个高值区夹两个低值区，北部的高值区与火山岩有关，中部和南部的高值区数值较小，且呈条带状，可能与火山岩分布或断裂构造有关。随着概率成深度的加深，三个高概率成像区的数值逐渐增加，表明深部磁性体对磁异常的贡献更大些。整个预选区北部的概率成像低值区随着深度的增加明显降低，这很可能表明该区域的无磁性沉积岩厚度较大。

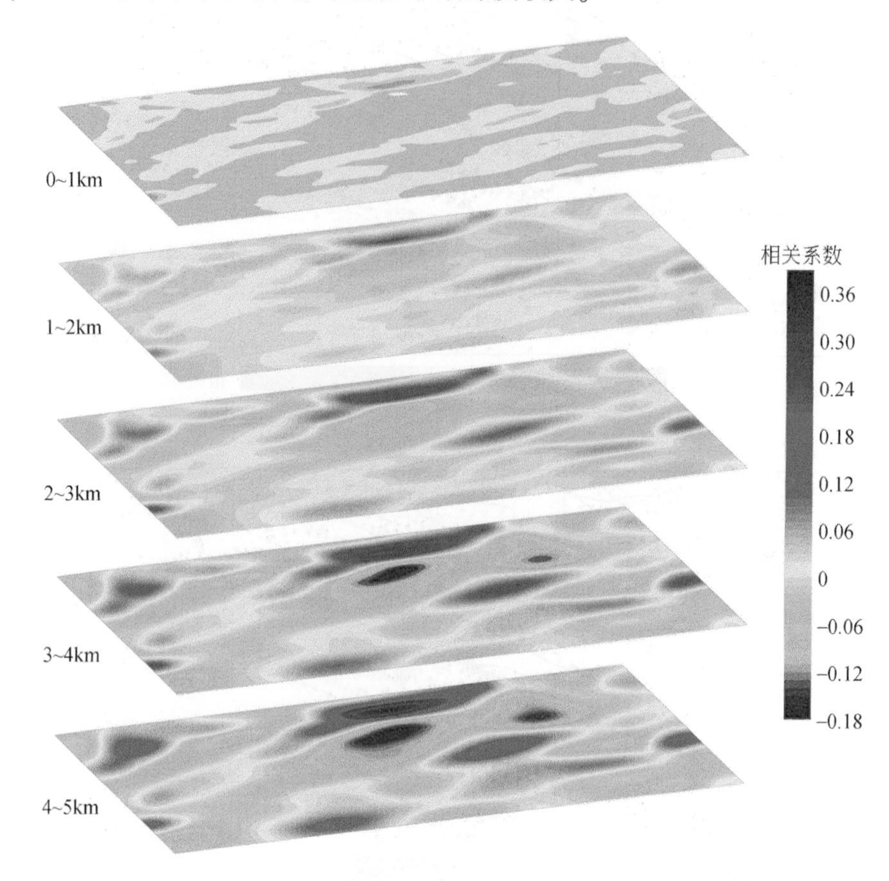

图 3.12　塔木素地区剩余磁异常相关成像图

收集到的重力资料仅能反映深部地质结构，难以有效地反映深 1000m 以浅的地质体密度变化，难以用于推测预选区内的核废物处置库有利选址位置，因此利用航磁资料进行地质解译。图 3.13 是塔木素地区磁法解译成果图，根据上述磁数据处理结果，推断出三条规模较大的断裂构造，其中北侧的推断断裂与其东侧和西侧的已知断裂同属一条断裂，只是在该部位隐伏于地层之下。另外，推测出了两个黏土岩有利区，这两个有利区均处于化极磁异常、一阶解析信号对数和方向 Tilt 梯度水平总梯度的低值区域，因此推断为无磁性沉积层，另外有利区 II 在剩余重力场上也表现为明显的负异常区，推测有利区 II 的沉积层厚度更深。有利区 I 呈东北走向条带状，可能是断陷区，该有利区平均宽度约 3.5km，长度约 57km，面积约 $200km^2$；有利区 II 呈近东西走向，面积约 $250km^2$。

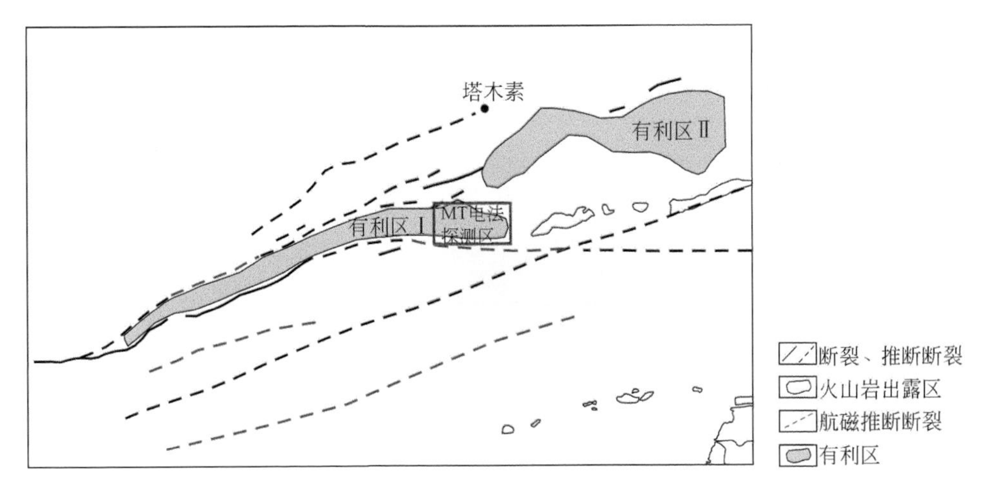

图3.13 塔木素地区磁法解译成果图

3.3 苏宏图地区重磁数据处理与解释

苏宏图地区共收集1:20万重力资料21000km^2，1:10万航磁资料10000km^2，处理方法与塔木素地区方法相同。

3.3.1 重力数据处理与解释

1. 重力异常特征

图3.14是收集到的苏宏图预选区及外围1:20万重力异常，图中可以看出，重力场整体表现为西低东高的异常特征，这种区域性变化主要反映的是深部地质结构特征甚至是莫霍面的起伏，在整个研究区西南部、西北部和中东部存在三个明显的重力低值异常圈闭区，西侧的两个重力低值区可能与低密度的花岗岩分布有关，东侧的重力低值区可能是低密度沉积岩的厚度较大引起的。苏宏图预选区基本都处于重力高值区内，这可能是地表出露密度较高的老地层引起的。图3.15是提取出的剩余重力异常，可以看出剩余重力异常可以较好地反映原始重力异常的局部异常特征，更清晰地展示出了异常细节信息，整体上展示出南、北两侧各存在一条东西走向的条带重力高值异常区，预选区中部则存在的是一条南北走向的重力高值区，东部则存在一条东西走向的重力低值区，高值区应反映的是密度较高老地层的分布特征，而低值区则可能指示地下低密度沉积层较厚。

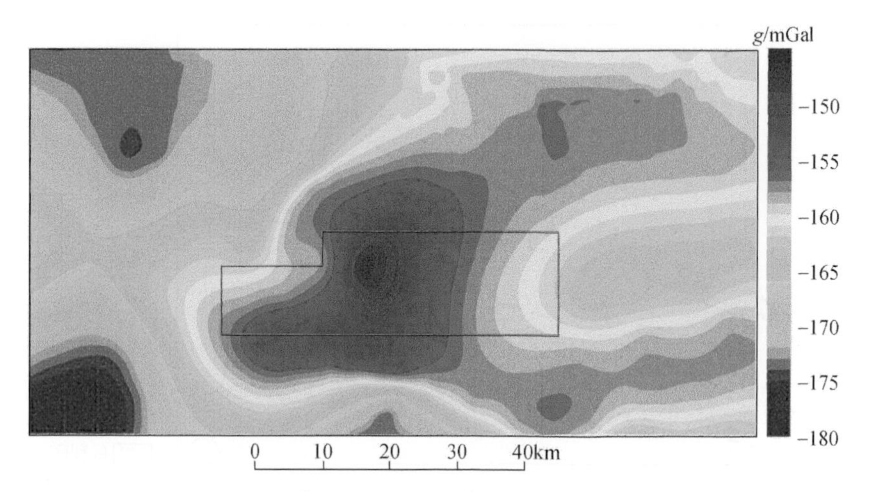

图 3.14 苏宏图预选区及其外围布格重力异常

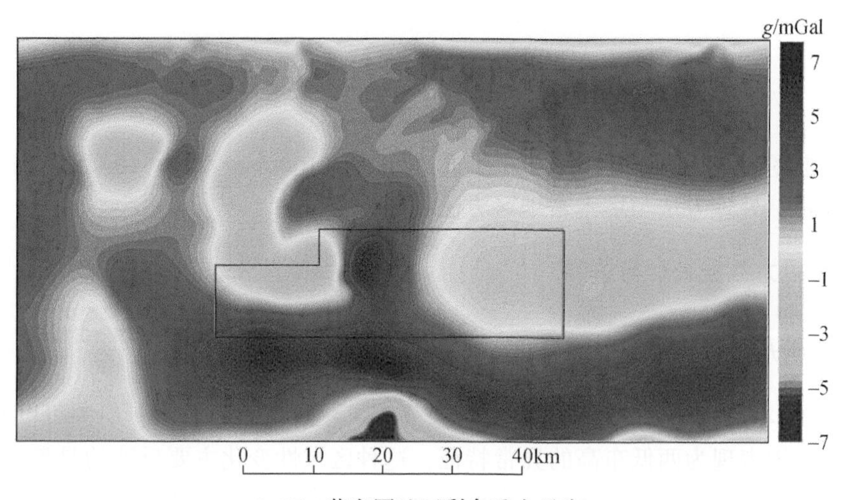

3.15 苏宏图地区剩余重力异常

2. 重力边界识别

图 3.16 和图 3.17 是苏宏图地区及其外围重力异常 Theta map 和重力数据 TASD，可以看出，Theta map 能够较好地反映大型重力梯度带的位置，较好地反映了近东西向的构造延伸情况，而 TASD 则进一步增强了边界识别能力，可以有效地识别局部边界信息。图 3.18 是利用图 3.16 和图 3.17 中的极大值勾画的断裂构造（或岩性接触带）分布图，根据重力 Theta 图和重力 TASD 图识别的断裂构造走向总体上为北东向、北西向和近东西向，共有 5 条断裂穿过预选区，其

中，F7、F8、F9断裂为近南北走向，F11断裂带为北东东走向，F4断裂则为北西西走向。

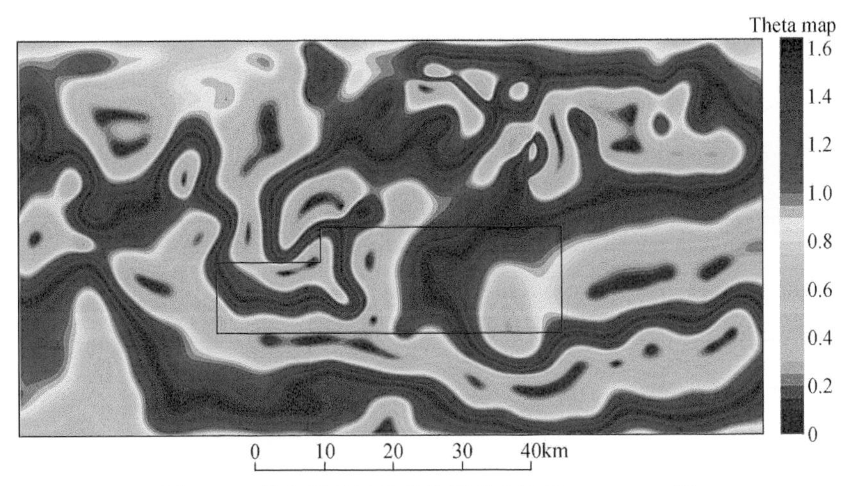

图3.16 苏宏图地区及其外围重力异常 Theta map 图

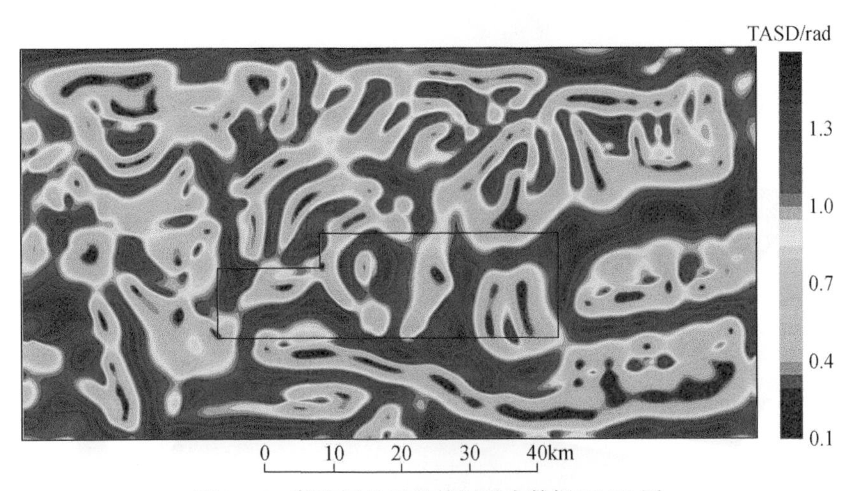

图3.17 苏宏图地区及外围重力数据 TASD 图

3. 剩余重力异常相关成像反演

图3.19是苏宏图地区剩余重力异常相关成像，从图中可以看出，0～1000m的成像结果主要表现为中部的高值区，表明这里的0～1000m的老地层已经对重力异常有所贡献；2000～5000m，随着深度的增加，中部的概率成像高值区逐渐加大，表明老地层的厚度较大，预选区东侧存在一个明显的概率成像低值区，且随着深度的增加先减小后增大，在3000～4000m存在极小值，表明该区域的低密

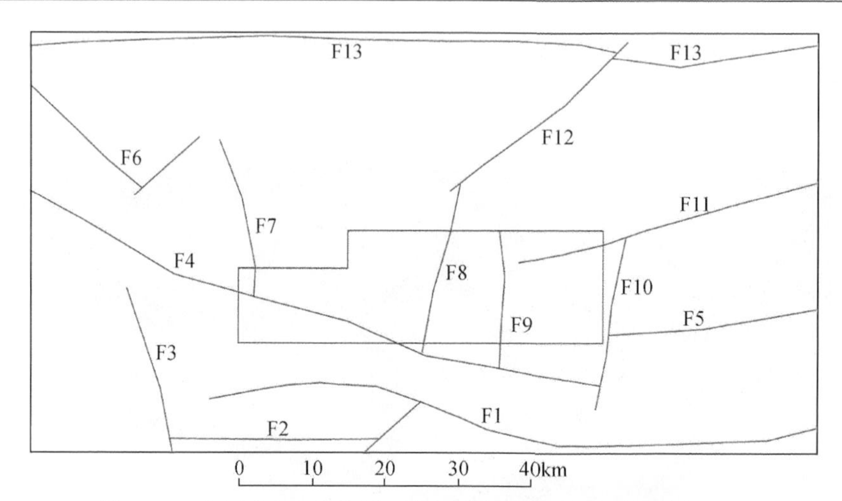

图 3.18　苏宏图地区及外围重力识别出的断裂（或岩性接触带）

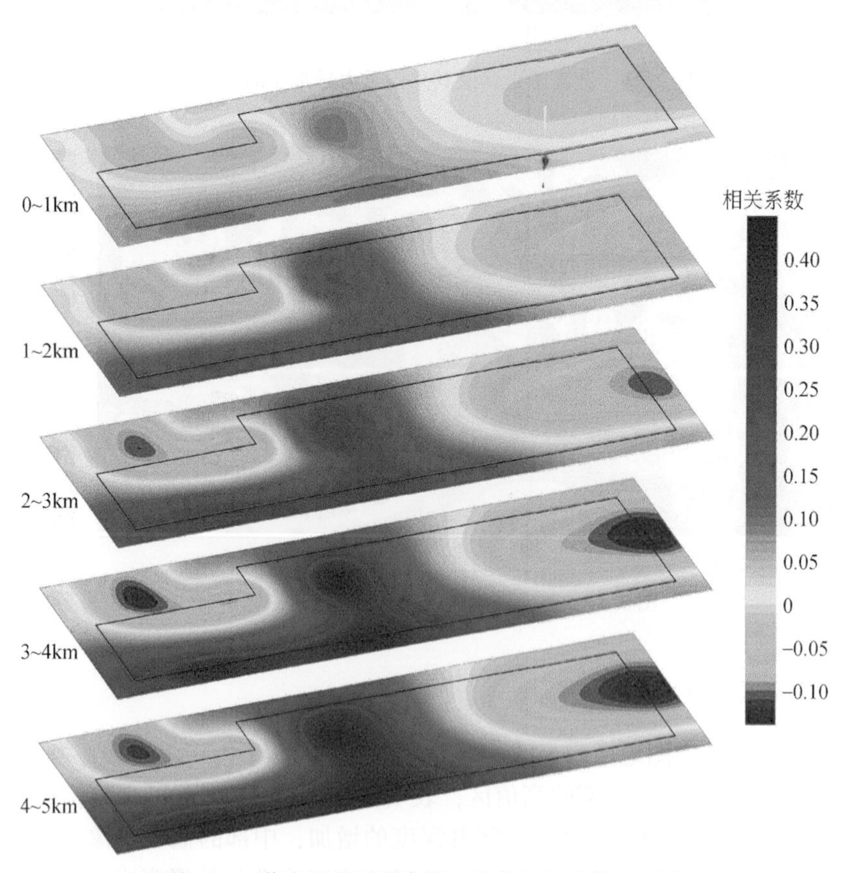

图 3.19　苏宏图地区剩余重力异常相关成像反演图

度沉积层质心在这个层位上。

从重力资料处理结果中，可以得知，苏宏图地区可以作为黏土岩有利预选区的主要位置应在 F8 以东的重力低区域，位于 F8、F9、F10 和 F11 这几条断裂的夹持部位。

3.3.2　航磁数据处理与解释

1. 磁异常特征

图 3.20 是苏宏图地区航磁异常，可以看出，该地区磁异常较为复杂，强磁异常基本遍布整个研究区，南侧高磁异常呈东西走向，中部和东部分别存在一个明显的强磁异常区，从地质图中可以看出这两个地区强磁异常应是凌乱分布的多条小型断裂和地表出露的强磁性苏宏图组共同引起的，北部也存在一条东西走向的弱强磁异常带。为了进一步使得磁异常与地质体相对应，对苏宏图航磁异常进行了化极处理，图 3.21 是该地区化极磁异常图，可以看出，相对于原始航磁异常，化极磁异常整体向北偏移，且数值明显增加；另外磁异常也大大简化，异常特征更加清晰。

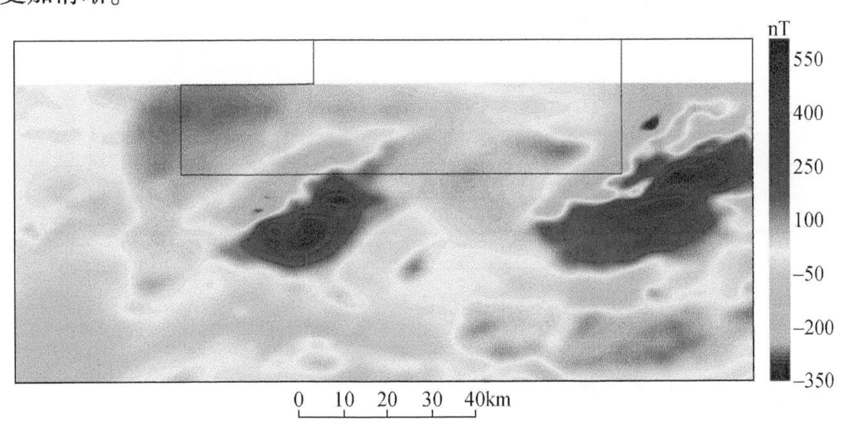

图 3.20　苏宏图地区航磁异常图

2. 磁性体圈定

图 3.22 为苏宏图地区磁异常一阶解析信号图，可以看出，解析信号主要反映出了研究区中部和东北部的高磁苏宏图组，解析信号异常还在南侧表现出了近东西走向零星分布的磁性体信号，可能与断裂构造有关。

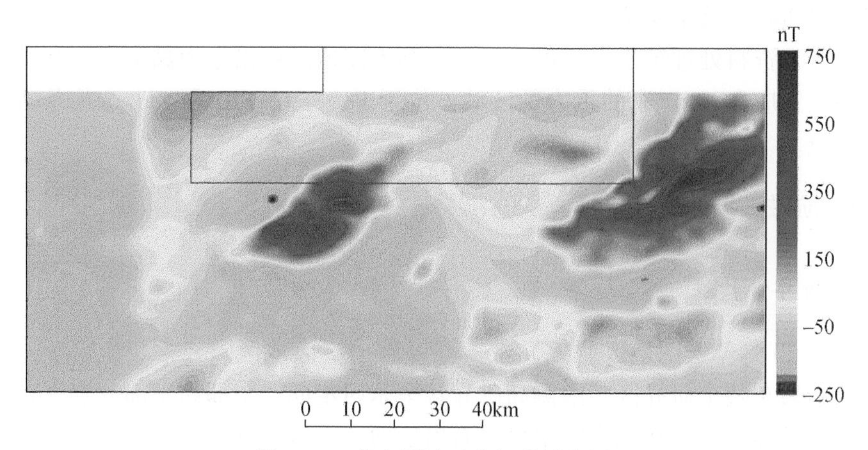

图 3. 21 苏宏图地区化极磁异常图

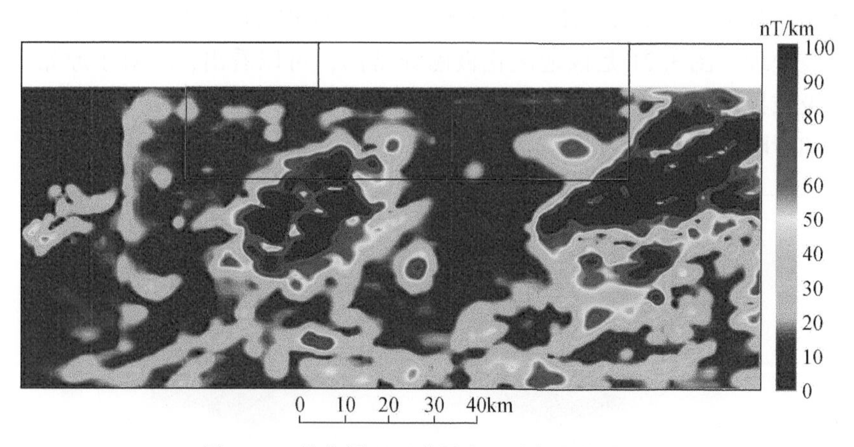

图 3. 22 苏宏图地区磁异常一阶解析信号图

3. 剩余磁异常相关成像

图 3. 23 为苏宏图地区剩余磁异常相关成像图，可以看出，0 ~ 1000m 概率成像值在整个研究区基本上处于零值上下小幅度波动，但在中南部也存在一个明显的概率成像高值区；1000m 以下，随着深度层的加深，高值区范围较大，数值逐渐增加，表明该区的磁源不仅范围大，而且深度也较大。概率成像中的负值异常区事实上是强磁异常在外围产生的，因此其应作为强磁体存在的一种依据。

图 3. 24 是苏宏图地区重、磁综合解译图，其中断裂构造是由重力资料推测的，可以看出，苏宏图地区断裂构造丰富，断裂主要呈东西向和南北向，从图 3. 22 可以看出，预选区内磁异常体广泛分布，存在的两个强磁异常体是小型断裂

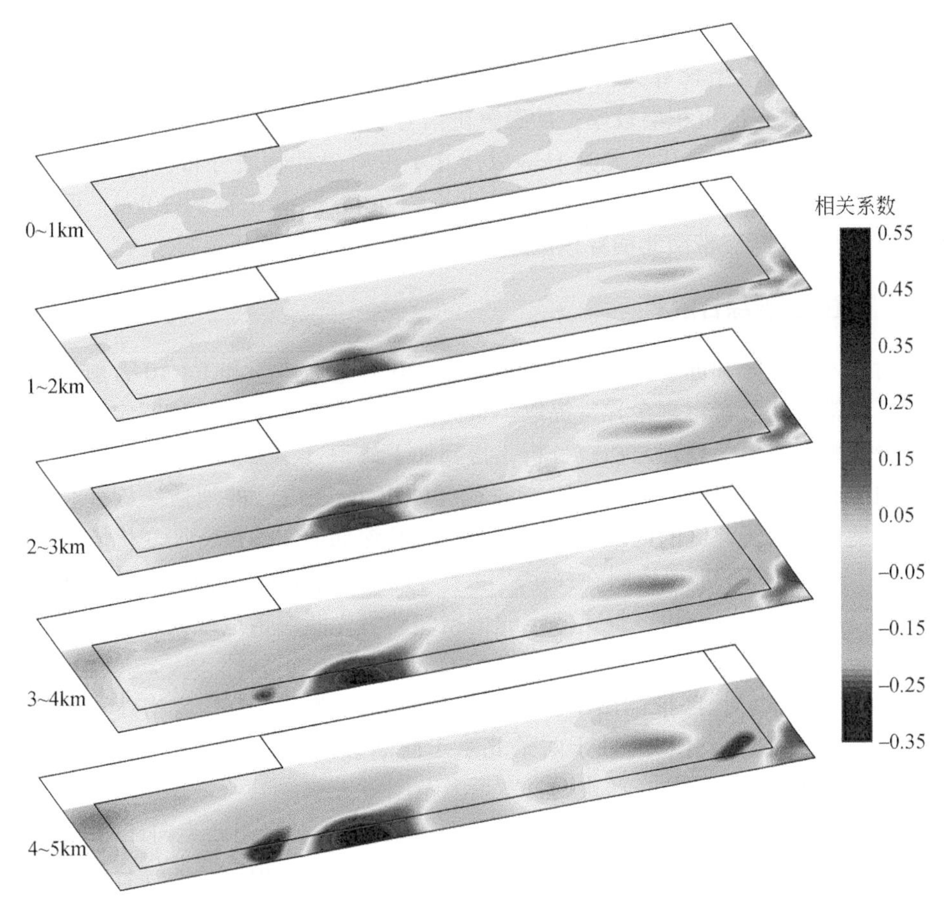

图3.23　苏宏图地区剩余磁异常相关成像图

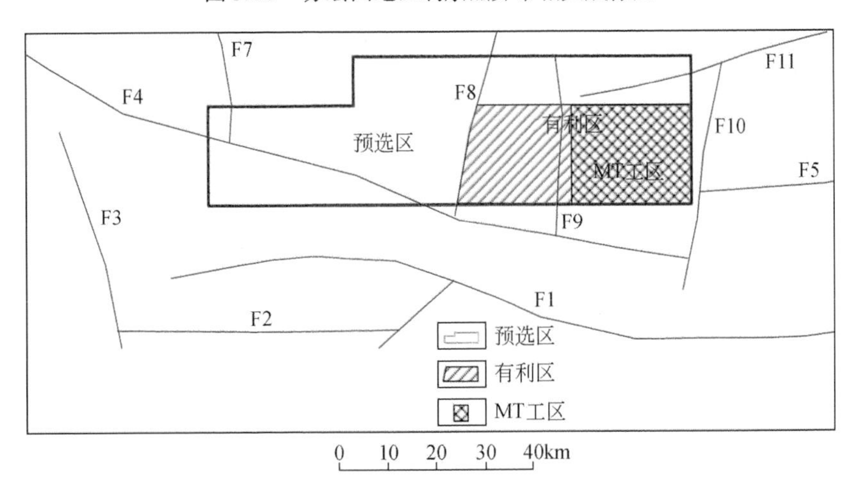

图3.24　苏宏图地区重、磁综合解译图

带和强磁性苏宏图组地层的组合，而其他弱磁异常体几乎分布在整个预测区内，推测其可能是地层中含有火山岩成分导致的。根据剩余重力场及其相关成像结果，认为F8以东的沉积层较厚；从磁解析信号及磁相关成像结果易看出，F8以东的区域磁异常相对较弱，尤其1km以浅几乎没有磁性物质分布，因此将F8以东地区作为有利区对待，该有利区东西长约40km，南北宽约20km，面积约800km^2，但F9断裂带南北横穿该区域，需要进一步查明该断裂带。

3.3.3　重磁资料综合解释

对塔木素地区和苏宏图地区收集到的1∶20万重力资料和1∶10万航磁资料进行了异常特征分析、剩余异常提取、重力边界识别检测、磁性体圈定及重、磁剩余异常相关成像等处理与相应分析，得到如下认识：

（1）1∶20万的重力异常难以有效地反映出1000以浅的地质结构变化，但可以有助于了解研究区的区域性断裂构造分布及深部地质构造特征变化情况。

（2）1∶10万的航磁资料在一定程度上可以反映1000m以浅的磁性体分布情况，对浅部磁性体分布可以提供一定的依据，即可为断裂构造或火山岩，甚至含有火山岩成分的沉积岩的分布情况提供参考依据。

（3）在塔木素地区推测出了三条隐伏断裂，预测了两个核废物处置库选址有利区，其中西侧的有利区处于两条北东走向断裂的夹持部位，可能属于断陷区；东侧的有利区呈近似东西走向，宽度及范围更大些。

（4）在苏宏图地区推测出了13条断裂构造，基本上呈东西走向和南北走向；推测出了两个强磁异常区，为断裂构造与含火山岩成分沉积地层的综合反映；还推测出了一些弱磁性异常区，推断可能是地下某些地层中含有磁性物质导致的；另外预测出了一个处置库选址有利区，位于苏宏图预选区的东部，面积均约800km^2。

重、磁资料的解译结果可为下一步电法勘探的位置选择和测线合理布设提供参考依据。然而由于收集到的重、磁资料比例尺过小，难以有效地识别浅部（1000m以浅）地质结构的精细变化，建议今后在条件允许情况下开展大比例尺的重、磁测量工作，为深入研究浅部地质情况提供更为科学的依据。

第4章 大地电磁测深综合研究

黏土岩岩体的层位、厚度、深度及内部存在的不良地质结构都会影响高放废物地质处置库预选地段的稳定性和安全性。大地电磁测深技术已成为研究深部地质构造，获取处置库选址地区地下地质环境资料和数据，查明此类地质问题的重要手段之一。在开展MT工作之前，项目组通过区域重、磁资料解译，进行了重、磁异常特征分析和边界识别，初步查明了预选区断裂空间特征及其向深部延伸的情况，理清了黏土岩岩体附近地区各种构造及其伴生构造的局部特征，对筛选地段的区域地质背景进行了综合评价，进而为MT测线的布设提供了参考依据。

本章介绍了MT法野外数据采集、资料处理和反演解释的基本过程；进行了非线性共轭梯度二维反演参数的试验研究，得出本区最佳反演参数组合，结合已知地质资料、钻孔资料，对反演结果进行了地质解释推断；为有效识别电性边界识，开展了基于不同稳定泛函的MT极值边界反演。研究表明，综合利用不同稳定泛函的上下边界比值曲线可有效识别地下地质体的电性边界，圈定目标层的厚度。

4.1 数据采集与数据质量评价

4.1.1 测线设计

为查明控制黏土岩层分布的大断裂向深部延伸情况、圈定目标黏土岩层的空间分布及形态，在分析预选区重磁解译结果、区域地质资料以及与其他项目专题沟通的基础上，对塔木素地区与苏宏图地区的MT测线进行了设计。分别在塔木素与苏宏图预选地段按“井”形布设4条剖面开展MT数据采集，点距均为1km。

在塔木素地区根据初步地质调查结果推测，研究区内目标层巴音戈壁组上段地层中心地点位于陶勒盖西南约5km地段。根据重、磁数据解译结果可知，该地段处于磁异常低值区域，无磁性沉积层分布，且远离深大断裂构造带，与推荐的有利地段Ⅰ位置相符。因此，在筛选地段根据地质和重、磁资料开展MT测线的布置工作。L01～L04测线设计长度分别为20km、20km、20km、30km，方位角分别为 345°、331°、60°、65°，测点具体位置见图 4.1。

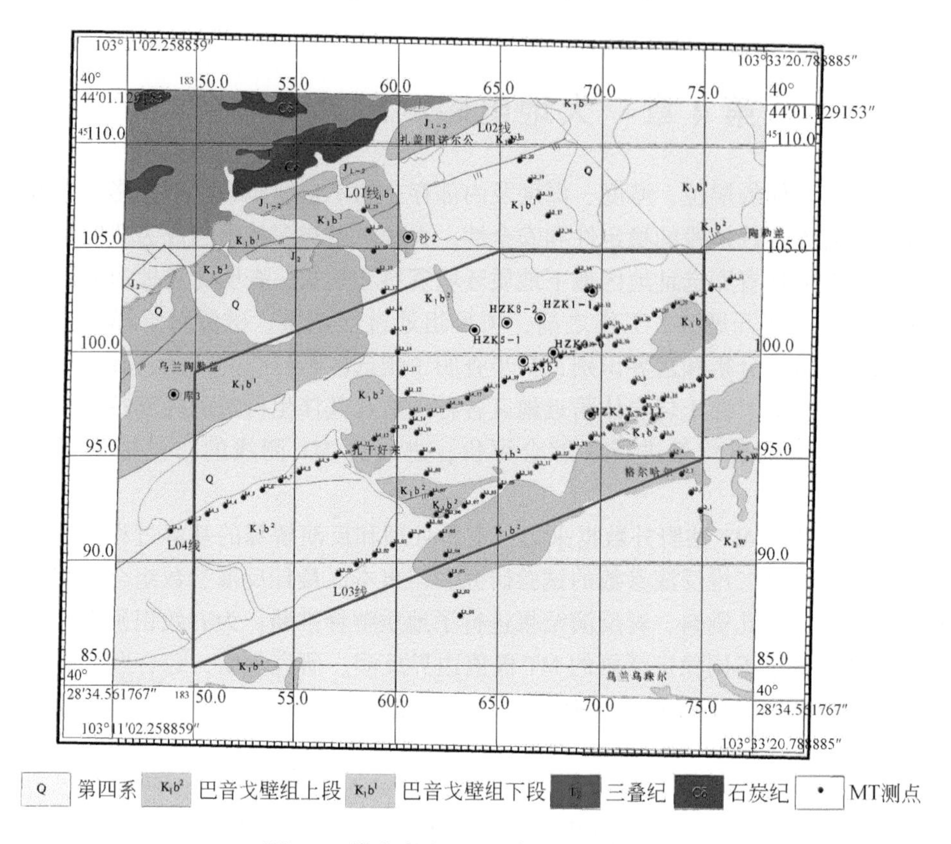

图 4.1　塔木素地区 MT 实际工作部署图

在苏宏图地区根据黏土岩赋存条件及水文地质特征推测，目标层为下白垩统巴音戈壁组泥岩，中心地点位于乌兰刚格附近。根据重、磁数据解译结果可知，该地段处于弱磁异常体上，不存在高密度老地层，且无深大断裂经过，与推荐的有利地段Ⅰ位置相符。因此，综合地质调查和重、磁资料，在本地段开展了 MT 测线的布置工作。L01 ~ L04 测线设计长度分别为 19km、24km、14km、15km，方位角分别为 15°、90°、20°、90°，测点具体位置见图 4.2。

4.1.2　数据采集参数

根据 IAEA 推荐的核废料处置库场址筛选普通标准，本次 MT 探测重点获取 2km 以浅电性结构。以博斯蒂克（Bostick）深度计算，即电阻率为 1Ω · m，频率 0.01Hz 的探测深度为 3.5km，完全满足核废料处置库场址筛选要求。当电阻率为 10Ω · m 时，0.25Hz 即可满足 2km 的探测深度要求。本次 MT 探测工作采

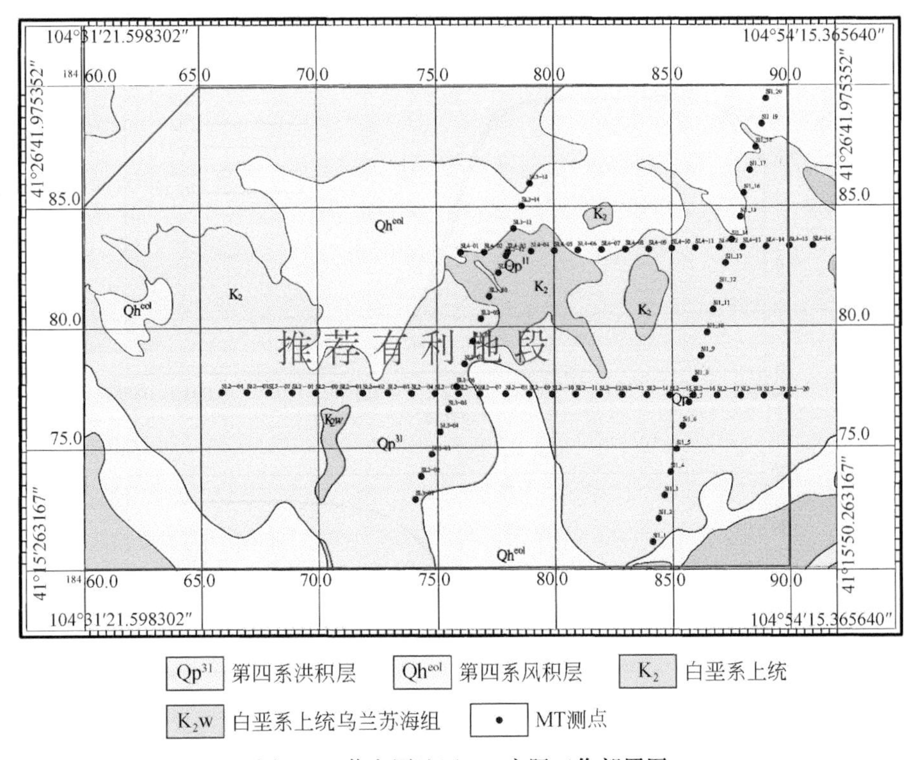

图 4.2　苏宏图地区 MT 实际工作部署图

用加拿大凤凰公司的 V8 和 MTU-5A，配 MTC-80 磁探头，频率范围定为 320 ~ 0.01Hz，为保证低频段数据信噪比，必须保证足够的单点采集时间，具体单点采集时间通过工前试验确定，确保所采集数据的最低频率平均可以达到 0.01Hz。

数据采集由于高频采样率较高，如果全时间段采集，数据量将会很大，因此高频采集采取抽样采集的办法，采集的起止时间段与低频起止时间段相同，采用 2-16-1 模式，即每 1min 采集一次高频和中频的样（高频和中频交替采集），其中有 2s 的高频数据和连续 16s 的中频数据，低频数据（采样率 24 个样/s）为全时间段采集。电道和磁道均为 4 倍增益，滤波频率设为 50Hz。

4.1.3　仪器标定和仪器一致性试验

按规范要求，在工区开展 MT 探测工作前，需对每一台仪器主机及磁探头进行标定，并对所有仪器进行一致性实验，确保每台仪器都满足规范要求。本次 MT 野外采集工作共投入了 5 套 V8 和 MTU-5A 接收机以及 10 根 MTC-80 磁探头，开工前对每一套接收机和对应的磁探头进行了标定，开工前仪器标定结果如图 4.3 和图 4.4 所示，标定结果表明仪器的准确度（精度）符合标准。

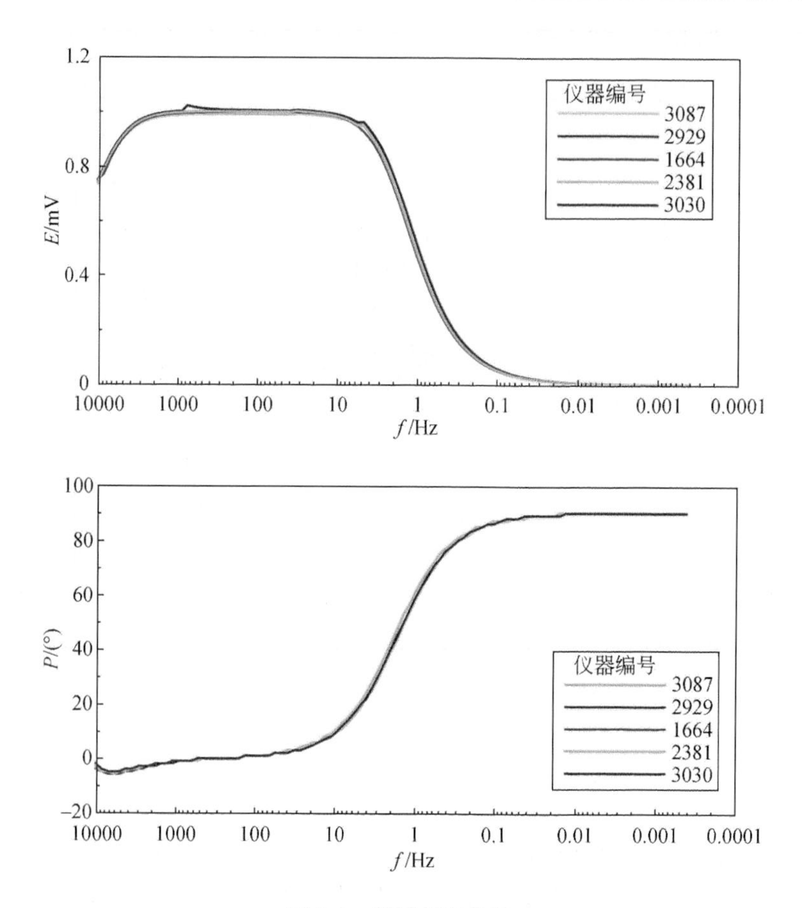
1.2
0.8
0.4
0
E/mV
10000
1000
100
10
1
0.1
0.01
0.001
0.0001
f/Hz
仪器编号
3087
2929
1664
2381
3030
100
80
60
40
20
0
−20
P/(°)
10000
1000
100
10
1
0.1
0.01
0.001
0.0001
f/Hz
仪器编号
3087
2929
1664
2381
3030

图 4.3　仪器标定曲线

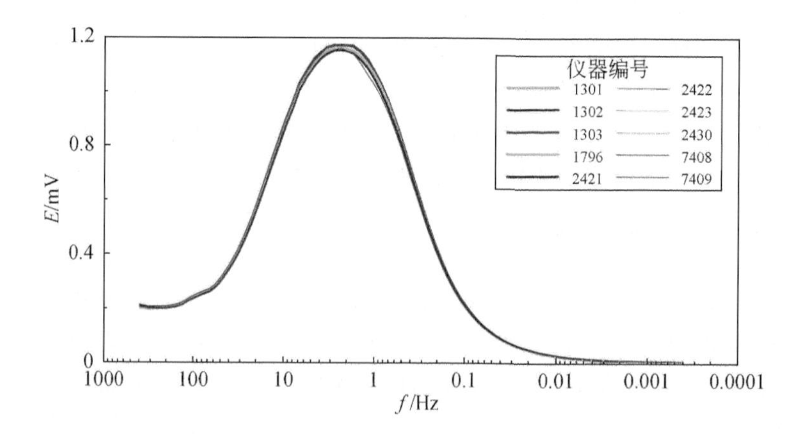
1.2
0.8
0.4
0
E/mV
1000
100
10
1
0.1
0.01
0.001
0.0001
f/Hz
仪器编号
1301
2422
1302
2423
1303
2430
1796
7408
2421
7409

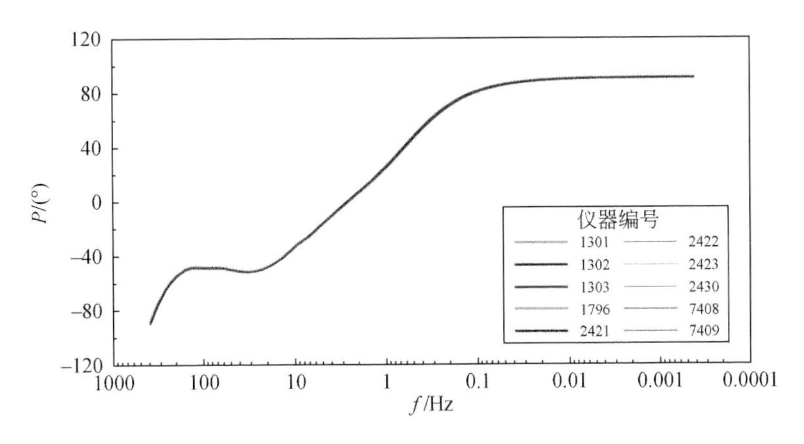

图 4.4　磁棒标定曲线

在仪器标定的基础上，按照设计要求，在工区附近选择电磁干扰较小的地点，进行了仪器一致性实验，如图 4.5 所示。通过处理计算，一致性相对误差均

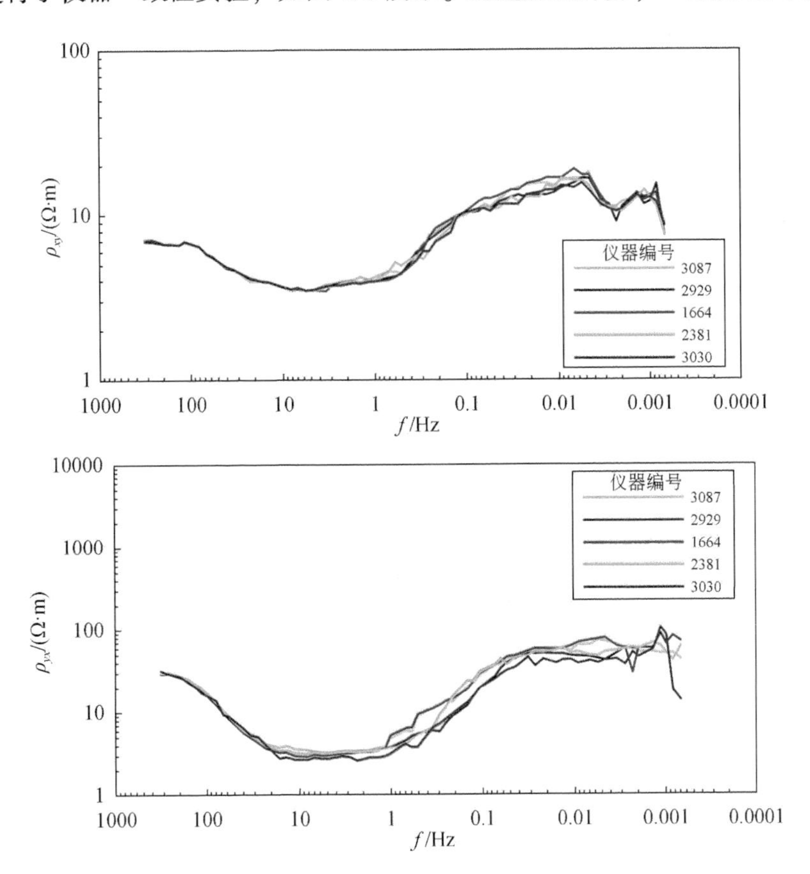

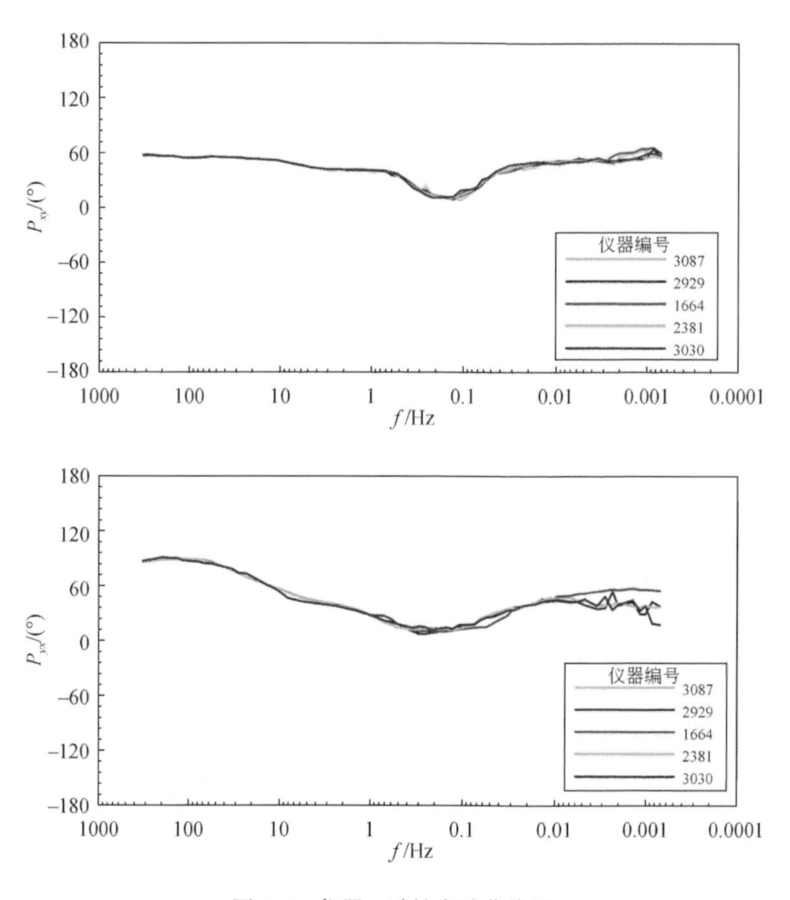

图 4.5　仪器一致性实验曲线图

小于 5%，符合规范要求。

4.1.4　极距试验

电场测量实际上是测量两点间的电位差，因此极距需要一定的长度。一般而言，电极距过短则输入信号变弱，直接影响资料信噪比，降低了资料品质；在电磁干扰区，电极距过大，易造成记录数据饱和。布设测点会受到诸多不利因素的限制，因此通过试验来确定本工区地形条件下野外施工的电极距范围。根据测区的地形地貌和地电条件，在测区选择一处存在较弱电磁干扰、较缓山脊的地方进行了试验，试验方法是同一测点分别布设 40m、60m、70m、100m 四种长度的电极距，进行数据采集试验。

从采集的资料的质量情况来看，不同电极距所观测的视电阻率和相位曲线形态基本一致，四种极距所采集的资料质量均能取得优良的原始曲线。以 100m 的采集数据作为参考，分别将 40m、60m 和 70m 的采集数据与 100m 的采集数据作误差统计，均方根相对误差分别为 1.86%、1.64% 和 1.52%。经过综合考虑，最终确定本次电极距基本长度为 60m，在地形起伏较大或存在明显电磁噪声的测点依据具体情况，适当缩小电极距。

4.1.5　采集时间试验

资料品质随着采集时间的延长而逐步提高，但是，在持续受到干扰的情况下，随着采集时间延长，对资料中低频质量的改善作用减小。资料采集时间的长短关系到资料品质，也关系到施工效率。因此，需要通过试验寻求最佳的采集时间。在塔木素附近，选择同一测点的数据分别截取 3h、5h、10h、20h、30h 五种时间段进行处理。高频部分数据观测 3h 即可获得高质量数据，随着采集时间长度的增加，曲线低频部分形态越光滑，数据质量越好，如图 4.6 所示。但采集时长大于 10h 后，低频数据质量提高变得不明显，故本次 MT 采集时长不应小于 10h，若测点附近存在明显人为干扰，应适当增大时长。

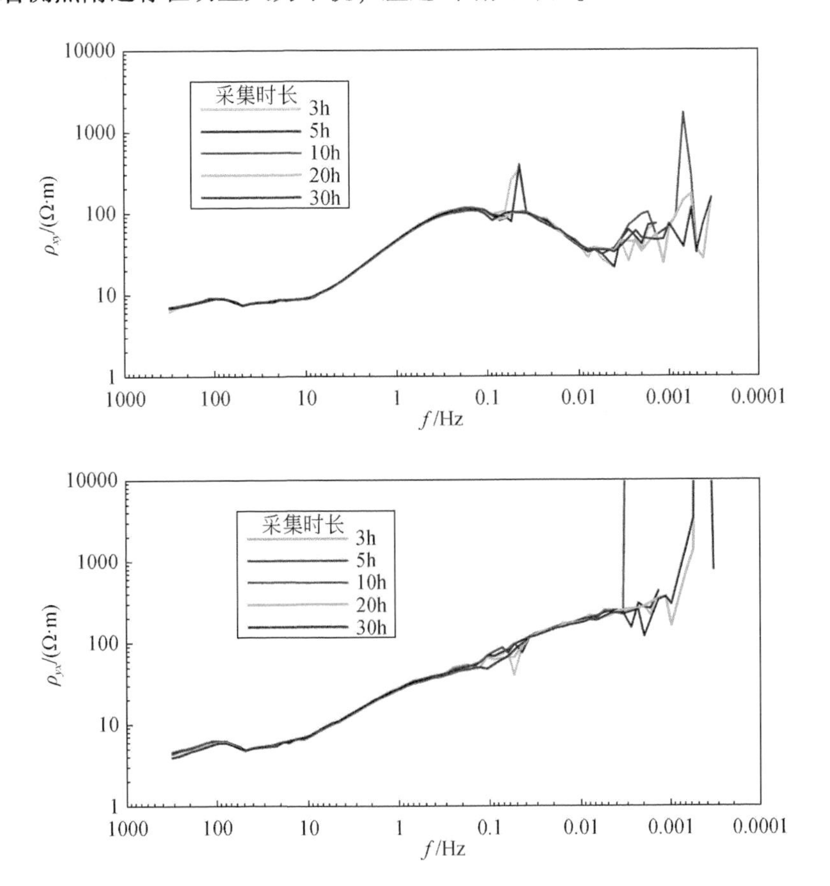

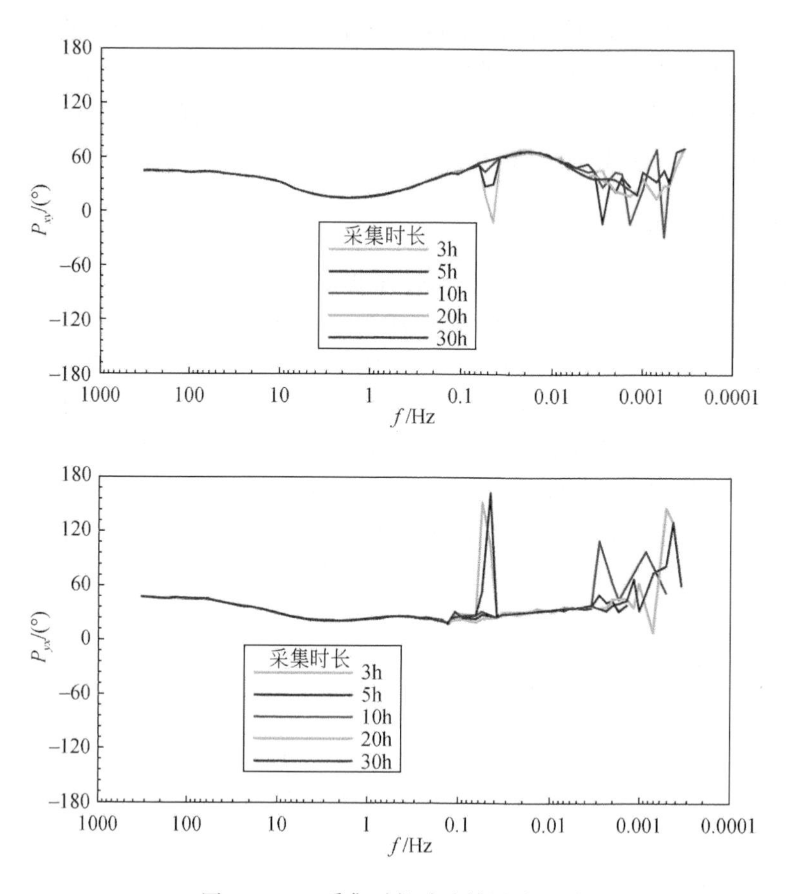

图 4.6 MT 采集时长试验结果对比图

4.1.6 数据质量评价

按规范要求，开展野外数据采集的同时，必须在测区内布置一定比例的质量检查点，随时监控野外小组的工作情况及仪器状态。本次 MT 工作，在塔木素地区共完成 94 个物理点野外数据采集工作，在整个区域上相对均匀地布置了 8 个检查点，检查率为 8.5%，相同测点同一极化模式的视电阻率和相位误差均小于 5%，最大相对误差为 4.2%。在苏宏图地区共完成了 76 个物理点的采集工作，布置了 7 个检查点，检查率为 9.2%，相同测点同一极化模式的视电阻率和相位误差均小于 5%，最大相对误差为 4.6%。图 4.7 和图 4.8 给出了两个检查点的视电阻率及相位曲线。由图 4.7 和图 4.8 可知，除个别飞点有微小差别外，视电阻率和相位的曲线前后的形态完全一致，连续性和规律性较强，表明本次野外数据质量可靠。

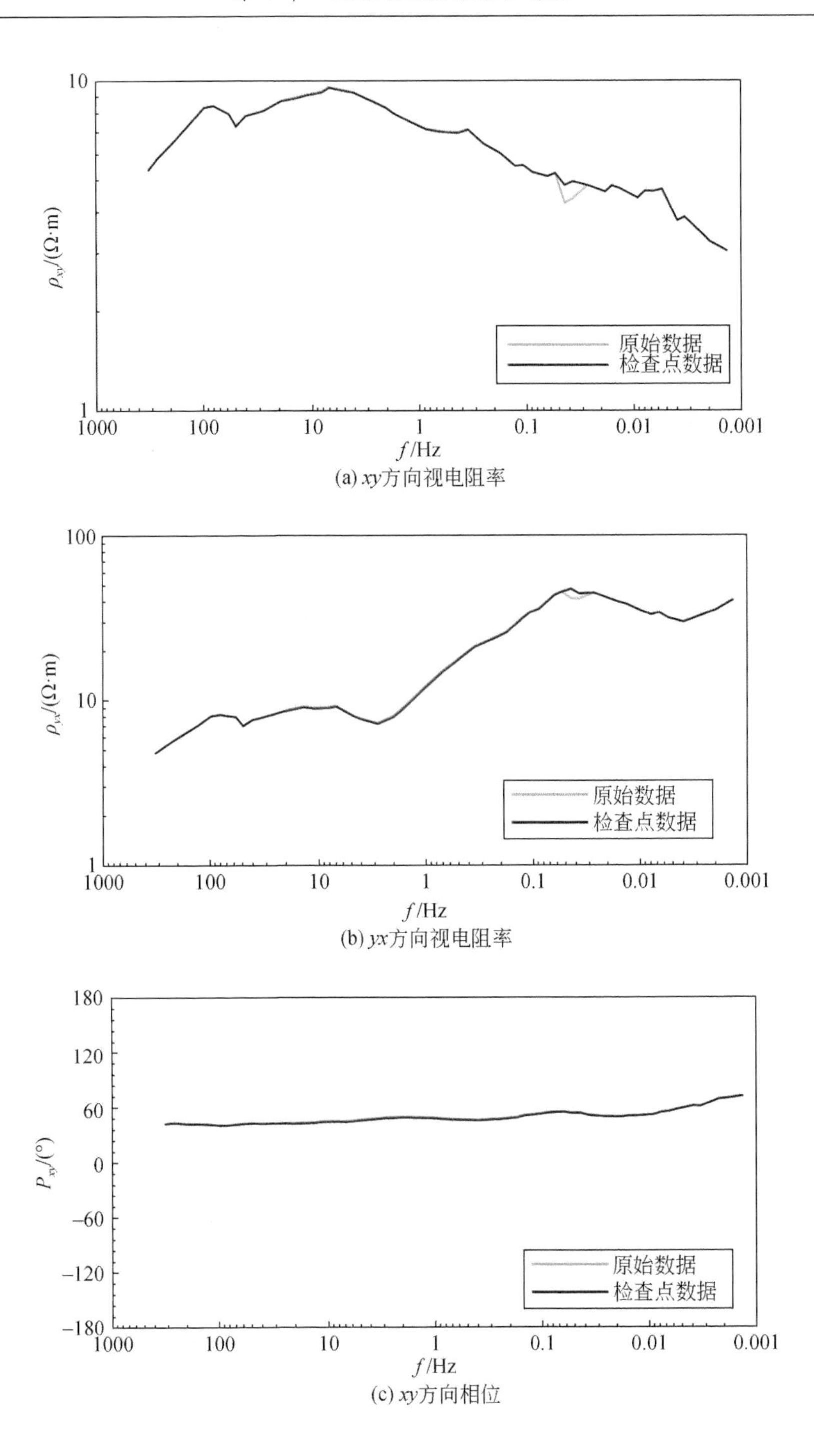

(a) xy方向视电阻率

(b) yx方向视电阻率

(c) xy方向相位

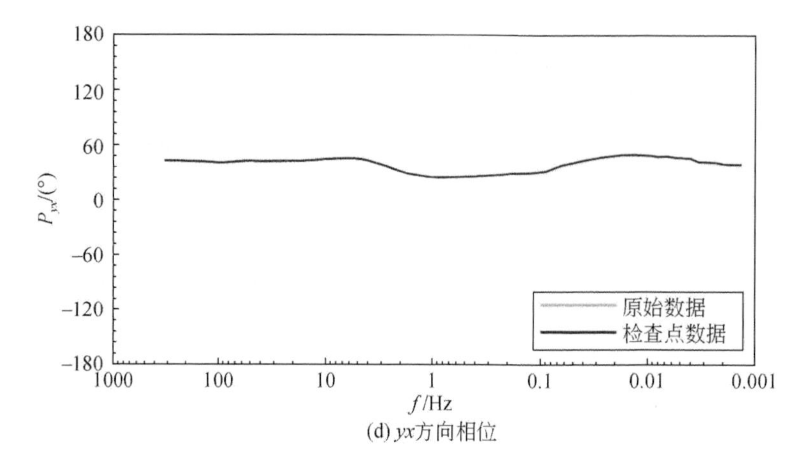

(d) yx方向相位

图 4.7　塔木素地区 L01 线 05 号检查点视电阻率与相位曲线图

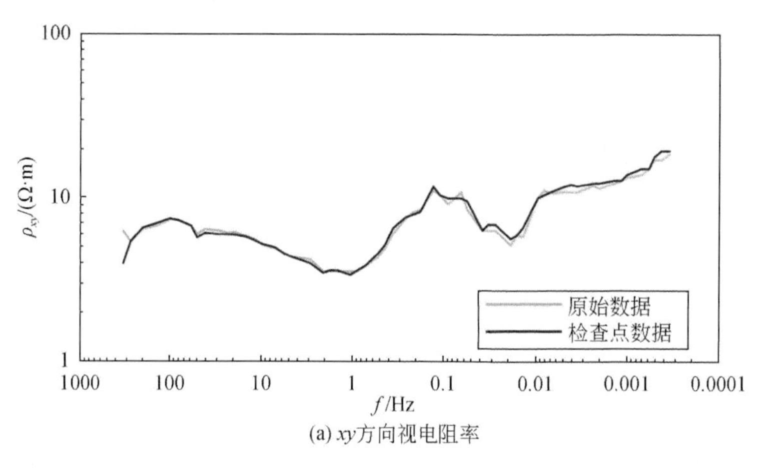

(a) xy方向视电阻率

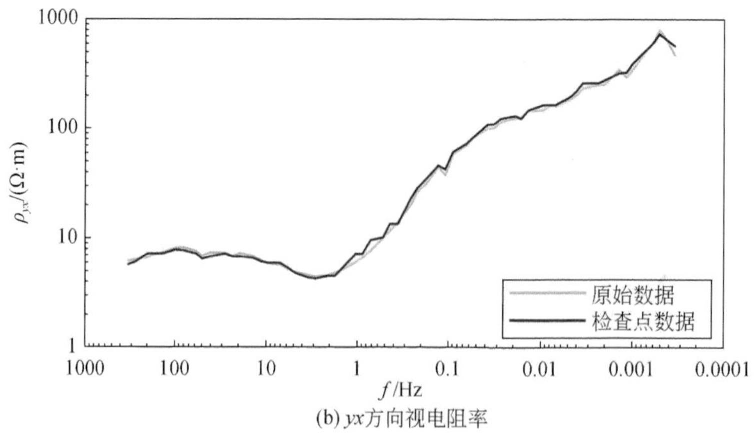

(b) yx方向视电阻率

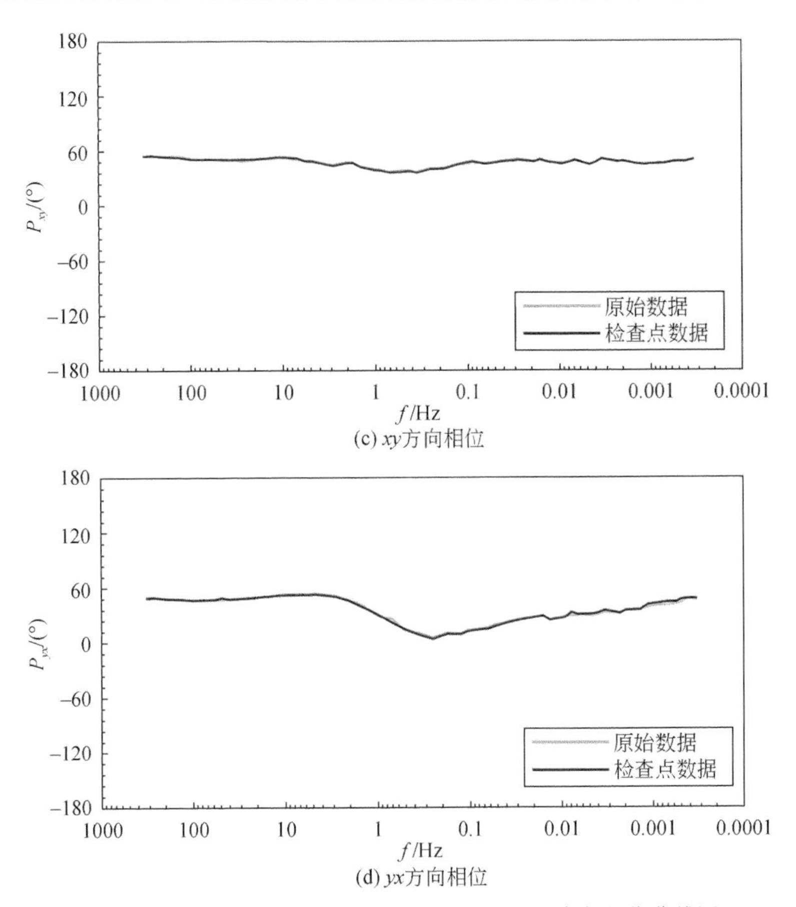

图 4.8　苏宏图地区 L02 线 13 号检查点视电阻率与相位曲线图

依据中华人民共和国地质矿产行业标准《大地电磁测深法技术规程》（DZ/T 0173—2022）以及中华人民共和国石油天然气行业标准《石油大地电磁测深法采集技术规程》（SY/T 5820—2014）对完成的 MT 数据进行质量评价。根据相关规范中的质量分级标准，塔木素地区和苏宏图地区共采集了 170 个物理点，其中有 162 个数据 Ⅰ 级点，占总数的 95.3%；8 个 Ⅱ 级点，占总数的 4.7%；无 Ⅲ 级点。本次 MT 数据在野外严格施工、室内精心处理的基础上，按规范进行了严格的质量评价，评价结果达到了设计要求，完全满足本项目的探测任务要求。

4.2　数 据 处 理

所有测点采用鲁棒（Robust）方法参数计算，对实测视电阻率处理结果进行综合分析和编辑，经处理后确保物理点的合格率为 100%。数据采集过程中及时记录采集时间和结束时间，并简要描述相应测点周围地质概况和地貌环境。

4.2.1　数据预处理

1. 时间序列数据及时频转换

时间序列数据记录了地球表面天然交变电、磁场的随机变化，而这些变化的平均值在时间上是稳定的。假设没有局部变化，则不论在什么地方记录的 MT 数据都与时间无关，因此我们可以在野外采集大量的 MT 实测数据。

MT 野外测量是在时间域进行的，得到的是时间域信号，而阻抗计算、视电阻率计算都是在频率域进行，因此需要将时间域电磁场信号先变为频率域信号。将野外测量的时间序列数据转换到频率域估算电磁阻抗函数的过程称为时间序列处理。傅里叶分析是获取频谱信息的基本方法，在 MT 数据处理中广泛使用。

显然，在实际工作中我们无法写出电磁场的函数形式 $f(t)$，故采用离散采样值来逼近场随时间的变化，即以时间序列 Vt、$2Vt$、$3Vt\cdots nVt$ 对应值。显然，当 $Vt\to 0$ 时，$f(nVt)\to f(t)$，离散化的傅里叶变换为

$$F(\omega)=\sum_{n=0}^{N-1}f(nVt)e^{-\mathrm{i}\omega_0 nVt}Vt \tag{4.1}$$

式中，N 为总离散取样个数；$f(nVt)$ 为电场 E_x、E_y 或磁场 H_x、H_y 按 nVt 时间序列的取样值。

频谱分析中采用快速傅里叶变换。采样时间间隔越小，选用的记录资料越长，计算结果越接近客观真实的频谱。实际上，采样毕竟是有限的，采样的时间间隔必须满足采样定理的要求，即 $V\leqslant f_c$(f_c 为截止频率)，否则会产生假频现象。大地电磁场信号 $f(t)$ 在（$-\infty$，$+\infty$）区间上均存在，但在实际工作中记录信号的时间长度总是有限的，截断效应总是存在，MT 资料处理中应采取适当的措施以减少截断效应的影响。

电磁阻抗描述的是时变电场对时变磁场的响应，然而测量的 MT 数据包含噪声，因此需要找寻合适的方法来获取电磁阻抗的精确估算方法。目前计算传递函数的估值大都基于假设统计误差遵循高斯分布的最小二乘法和 1986 年埃格伯特（Egbert）和布克（Booker）提出的鲁棒算法。本书所有时间序列数据均采用仪器配套的 SSMT2000 软件进行处理。

2. 远参考处理

由于各种噪声的存在，MT 野外资料的实测值（E，H）由真实信号和干扰信号两部分组成，可以表示为

$$
\begin{aligned}
E_x &= E_{sx} + E_{nx} \\
E_y &= E_{sy} + E_{ny} \\
H_x &= H_{sx} + H_{nx} \\
H_y &= H_{sy} + H_{ny}
\end{aligned}
\tag{4.2}
$$

式中，s、n 分别为真实信号和干扰信号。

然而 MT 场的线性关系只对真实信号项才成立，含有噪声的信号并不满足。在处理实测数据时，一般根据最小二乘法原理估算阻抗张量值（不设远参考道，进行单点测量），可以通过求取以下方程实现：

$$
\begin{aligned}
Z_{xx} &= \frac{\overline{E_x H_x^*} \cdot \overline{H_y H_y^*} - \overline{E_x H_y^*} \cdot \overline{H_y H_x^*}}{\overline{H_x H_x^*} \cdot \overline{H_y H_y^*} - \overline{H_x H_y^*} \cdot \overline{H_y H_x^*}} \\
Z_{xy} &= \frac{\overline{E_x H_y^*} \cdot \overline{H_x H_x^*} - \overline{E_x H_x^*} \cdot \overline{H_x H_y^*}}{\overline{H_x H_x^*} \cdot \overline{H_y H_y^*} - \overline{H_x H_y^*} \cdot \overline{H_y H_x^*}} \\
Z_{yx} &= \frac{\overline{E_y H_x^*} \cdot \overline{H_y H_y^*} - \overline{E_y H_y^*} \cdot \overline{H_y H_x^*}}{\overline{H_x H_x^*} \cdot \overline{H_y H_y^*} - \overline{H_x H_y^*} \cdot \overline{H_y H_x^*}} \\
Z_{yy} &= \frac{\overline{E_y H_y^*} \cdot \overline{H_x H_x^*} - \overline{E_y H_x^*} \cdot \overline{H_x H_y^*}}{\overline{H_x H_x^*} \cdot \overline{H_y H_x^*} - \overline{H_x H_y^*} \cdot \overline{H_y H_x^*}}
\end{aligned}
\tag{4.3}
$$

假设噪声信号是随机独立的，则

$$
\begin{aligned}
\overline{E_x E_x^*} &= \overline{E_{sx} E_{sx}^*} + \overline{E_{nx} E_{nx}^*} \\
\overline{H_y H_y^*} &= \overline{H_{sy} H_{sy}^*} + \overline{H_{ny} H_{ny}^*} \\
\overline{E_x H_x^*} &= \overline{H_{ny} E_{sx}^*} + \overline{E_{sx} H_{ny}^*}
\end{aligned}
\tag{4.4}
$$

于是有

$$
Z_{xy} = \frac{\overline{E_{sx} E_{sx}^*} + \overline{E_{nx} E_{nx}^*}}{\overline{H_{ys} E_{sx}^*}} \tag{4.5}
$$

$$
Z_{yx} = \frac{\overline{E_{sx} H_{sy}^*}}{\overline{H_{sy} H_{sy}^*} + \overline{H_{ny} H_{ny}^*}} \tag{4.6}
$$

式中，$*$ 为相应分量复共轭；$\overline{AB^*}$ 为互功率谱算数平均值；$\overline{AA^*}$ 为自功率谱算数平均值（下同）。

从式（4.5）和式（4.6）我们可以看出，在计算阻抗张量时必须计算功率谱，而噪声影响会引起互功率谱值的变化，从而导致张量阻抗估值的上下偏移，具体表现为磁噪声导致估值向下偏移，以及电噪声导致估值向上偏移。因此当电磁各分量之间的噪声相互独立时，张量阻抗值估算质量有所好转。但是在单点MT测量中，满足式（4.6）是不可能的，而且我们发现，阻抗张量的表达式中都含有电磁分量的自功率谱。

虽然在某一频段内可以利用多组数据的谱平均值抑制不相关噪声，但仍然不能消除其对功率谱的影响，致使张量阻抗估值偏移。为了避免使用自功率谱，并减小互功率谱的噪声，Gamble 等（1979）和陈高等（2001）提出在相距较远的两个测点对电场分量和磁场分量进行观测，即远参考 MT 法。

选用远参考处的磁场信号作为测点处的磁分量估算阻抗张量时，一般有

$$
\begin{aligned}
&\overline{H_{yr}H_{yr}^{*}}=\overline{H_{yrs}H_{yrs}^{*}}=\overline{H_{ys}H_{ys}^{*}}\\
&\overline{E_{x}H_{yr}^{*}}=\overline{H_{ym}H_{yn}^{*}}=0\\
&\overline{H_{yrs}E_{xs}^{*}}=\overline{E_{xs}H_{ys}^{*}}
\end{aligned}
\tag{4.7}
$$

式中，r 为远参考点；s、n 分别为测点真实信号和干扰信号；ys 和 yn 分别为远参考点的真实信号和干扰信号。

由此可求解四个张量阻抗元素表达式：

$$
\begin{aligned}
&Z_{xx}=\frac{\overline{E_{x}H_{rx}^{*}}\cdot\overline{H_{y}H_{ry}^{*}}-\overline{E_{x}H_{ry}^{*}}\cdot\overline{H_{y}H_{rx}^{*}}}{\overline{H_{x}H_{rx}^{*}}\cdot\overline{H_{y}H_{ry}^{*}}-\overline{H_{x}H_{ry}^{*}H_{y}H_{rx}^{*}}}\\
&Z_{xy}=\frac{\overline{E_{x}H_{ry}^{*}}\cdot\overline{H_{x}H_{rx}^{*}}-\overline{E_{x}H_{rx}^{*}}\cdot\overline{H_{x}H_{ry}^{*}}}{\overline{H_{x}H_{rx}^{*}}\cdot\overline{H_{y}H_{ry}^{*}}-\overline{H_{x}H_{ry}^{*}H_{y}H_{rx}^{*}}}\\
&Z_{yx}=Z_{yy}=\frac{\overline{E_{y}H_{ry}^{*}}\cdot\overline{H_{x}H_{rx}^{*}}-\overline{E_{y}H_{rx}^{*}}\cdot\overline{H_{x}H_{ry}^{*}}}{\overline{H_{x}H_{rx}^{*}}\cdot\overline{H_{y}H_{ry}^{*}}-\overline{H_{x}H_{ry}^{*}H_{y}H_{rx}^{*}}}\\
&Z_{yy}Z_{yy}=\frac{\overline{E_{y}H_{ry}^{*}}\cdot\overline{H_{x}H_{rx}^{*}}-\overline{E_{y}H_{rx}^{*}}\cdot\overline{H_{x}H_{ry}^{*}}}{\overline{H_{x}H_{rx}^{*}}\cdot\overline{H_{y}H_{ry}^{*}}-\overline{H_{x}H_{ry}^{*}H_{y}H_{rx}^{*}}}
\end{aligned}
\tag{4.8}
$$

由此我们可以看出，远参考法在野外施工中与普通 MT 法并无多大区别，只是在资料处理时，利用两个测点同时记录的磁道（电道也可作为参考，但一般不用）互为参考。此时，张量阻抗表达式中的每一对互功率谱都包含参考道的磁分量，且参考点跟测量点在相应频段内的噪声是相关的。所以远参考处理能有效抑制电、磁噪音影响，提高张量阻抗的估算精度。

图 4.9 为 L02 线 MT 测点远参考处理前后对比图，上部为常规鲁棒处理，下

部为远参考处理。相对来说 MT 高频段勘探范围较小，两条视电阻率曲线 ρ_{xy} 和 ρ_{yx} 的高频部分应当平行或者重合，但是由于地面各种人为噪声干扰，往往实测数据的高频段会出现 45°倾角下掉或者突变现象。通过对比分析我们发现，正常处理的两支视电阻率曲线高频段 320Hz、265Hz、240Hz、229Hz 和 194Hz 频点数据明显偏低，经过远参考处理的两条视电阻率曲线的高频段数据得到了很好的改善，增强了数据的真实性与可靠性。当测点附近存在固定干扰源，特别是干扰源产生的电场、磁场相关时，由于干扰会使实测数据的视电阻率曲线产生突变或者出现畸形曲线。图 4.9 中常规鲁棒处理 0.1Hz 附近曲线上下跳动是典型的突变，分析认为是由外界干扰引起。经过远参考处理，干扰源的电场、磁场等相关噪声基本消除，0.1Hz 附近的数据得到了有效校正，曲线形态得到了很好的改善。对

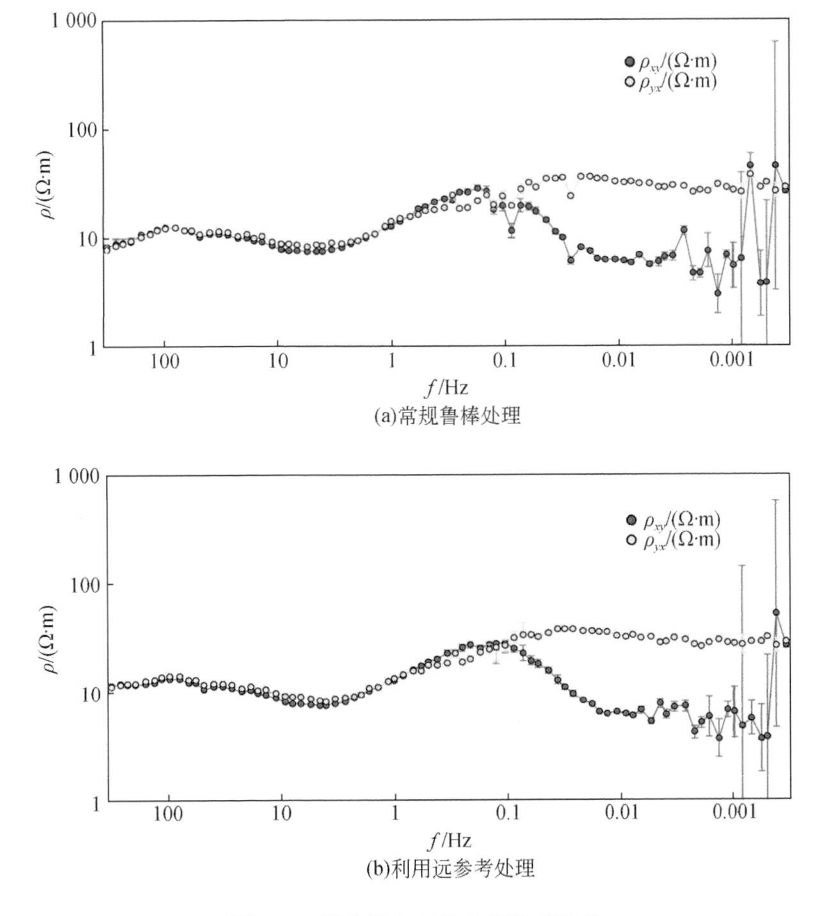

(a)常规鲁棒处理

(b)利用远参考处理

图 4.9　测点远参考处理前后对比图

比远参考前后的整条视电阻率曲线 ρ_{xy} 和 ρ_{yx}，远参考处理可以改善高频段数据质量，受干扰的突变频点得到有效校正，提高曲线的整体形态，使曲线的连续性优于常规的鲁棒处理，但曲线低频段（0.01Hz 以后）的形态及误差大小并无明显变化。

3. 阻抗张量计算

经过傅里叶变换得到电场 $E_x(\omega)$、$E_y(\omega)$ 和磁场 $H_x(\omega)$、$H_y(\omega)$。在一维大地上，电场水平分量只跟与其垂直的磁场水平分量有关，电磁场之间的关系可表示：

$$Z_{xy}=\frac{E_x}{H_y}=-Z_{yx}=-\frac{E_y}{H_x} \tag{4.9}$$

可以写为以下形式：

$$\begin{bmatrix} E_x \\ E_y \end{bmatrix}=\begin{bmatrix} 0 & Z_{xy} \\ Z_{yx} & 0 \end{bmatrix}\begin{bmatrix} H_x \\ H_y \end{bmatrix} \tag{4.10}$$

但对于二维大地构造，电场水平分量不仅跟与其垂直的磁场水平分量有关，还跟与其平行的磁场水平分量有关。电磁场之间的一般关系式为

$$\begin{aligned} E_x &= Z_{xx}H_x+Z_{yx}H_y \\ E_y &= Z_{yx}H_x+Z_{yy}H_y \end{aligned} \tag{4.11}$$

改写成以下形式：

$$\begin{bmatrix} E_x \\ E_y \end{bmatrix}=\begin{bmatrix} Z_{xx} & Z_{xy} \\ Z_{yx} & Z_{yy} \end{bmatrix}\begin{bmatrix} H_x \\ H_y \end{bmatrix}=Z\begin{bmatrix} H_x \\ H_y \end{bmatrix} \tag{4.12}$$

其中：

$$Z=\begin{bmatrix} Z_{xx} & Z_{xy} \\ Z_{yx} & Z_{yy} \end{bmatrix} \tag{4.13}$$

式中，Z 为阻抗张量；元素 Z_{xy} 和 Z_{yx} 为主阻抗；Z_{xx} 和 Z_{yy} 为辅阻抗。这样，对于二维大地，我们必须使用二阶张量以代替标量阻抗。

由式（4.12）可以看出，阻抗张量是初始场方向、传感器轴方向与地电参数的函数。可以证明，如果已知两个垂直的 x、y 方向上的阻抗值 Z。那么就可以计算出任何 x' 和 y' 方向上的阻抗值 Z'。也就是说阻抗 Z_{xy}、Z_{yx}、Z_{xx} 和 Z_{yy} 唯一地确定了非均匀介质中的面阻抗。因此，如果我们知道了任何一对 x、y 方向上的一组阻抗值，那么为了获得 x' 和 y' 方向上的阻抗值。只要将坐标旋转一定的角度即可，而无须沿着这对新方向再作附加的电磁场测量了。这一事实也说明电磁场 E_x、E_y、H_x 和 H_y 包含了平面阻抗的所有信息。

4. 坐标旋转与电性主轴上视电阻率计算

利用构造电性主轴上的响应函数，更利于清晰地展示二维构造的电性特征。在实际的工作中，不可能事先准确地知道构造的方向，因而也就不可能沿着它们进行测量。然而我们可通过一定的判别准则估计出二维构造的走向方向，然后通过旋转一定角度方式计算出走向方向的阻抗。

假设在二维构造情况下，有一初始场相对于构造的走向 x 轴是任意定向的，因为 MT 法只研究场源为横电磁波 TEM 的情况，则初始场沿构造的走向和倾向可解耦为 TE 极化和 TM 极化两种模式。可以证明，此时沿着走向和倾向方向的辅阻抗 $Z_{xx}=Z_{yy}=0$。因此，在实际工作中，要将测得的电磁场数据按照使 Z_{xx} 和 Z_{yy} 最小或 Z_{xy} 和 Z_{yx} 最大的原则换算成为坐标轴绕 Z 轴旋转一个角度的数据，使旋转后的 x、y 轴平行或垂直于构造走向。这样就消除了测量坐标选择不当而使阻抗张量烦杂化的影响，从而求出反映垂直或平行构造走向的视电阻率：

$$\rho_{xy}=\frac{1}{\omega\mu}|Z_{xy}|^2=\frac{1}{\omega\mu}\left|\frac{E_x}{H_y}\right|^2 \tag{4.14}$$

$$\rho_{yx}=\frac{1}{\omega\mu}|Z_{yx}|^2=\frac{1}{\omega\mu}\left|\frac{E_y}{H_x}\right|^2 \tag{4.15}$$

这样为我们的解释工作提供了两条曲线，一条是反映沿构造走向方向不同频率的视电阻率的变化，一条则是反映该点倾向方向视电阻率的垂向的变化。一维情况下 $\rho_{xy}=\rho_{yx}$；二维情况下，$\rho_{xy}\neq\rho_{yx}$。且二维性越强，ρ_{xy} 和 ρ_{yx} 的差异越大。由于阻抗张量的电性主轴有 90°的不确定性，实际工作中需要根据其他地质-地球物理特征划分 TE 极化和 TM 极化。在三维情况下，Z_{xy} 和 Z_{yx} 均较大，可以以此来判定大地的三维性质。

我们知道，磁场 H 和电场 E 矢量端点在 x、y 平面内在随时间变化的轨迹为一椭圆。这样，根据阻抗公式所定义的视电阻率曲线，同一周期内由于场的椭圆极化改变会引起阻抗的变化，这就是根据多组记录得到的视电阻率曲线分散的主要原因。

4.2.2 视电阻率及阻抗相位特征分析

1. 曲线特征分析

视电阻率和相位曲线随时间的变化特征可以定性的反映出地下地质情况随深度的变化特点，从而可以很直观地对研究区域的电性结构做出初步判断。在对实测数据进行二维反演之前，先对每条测线上各个测点为 TE 和 TM 模式的视电阻率和阻抗相位曲线的形态和数值进行定性分析，再对整条测线的形态和数值进行对比分析，有助于正演模型的构建和反演成果解释。由于测线布置时，L01、L02测线为南北走向，L03、L04测线为东西走向，且在四条测线的96个测点中，除个别点质量较差，大多数测点的视电阻率和相位曲线对应较好，两种模式（TE、TM）的视电阻率曲线在高频段变化基本一致，曲线形态合理。因此在L01测线、L02测线、L03测线和L04测线剖面上分别等距选取了4个MT测点的视电阻率和阻抗相位曲线进行分析，如图4.10所示，图中蓝色频点和红色频点分别表示TE、TM模式的视电阻率，蓝色曲线和红色曲线分别表示TE、TM模式的二维反演得到的理论响应值。

南北走向L01测线、L02测线：8个测点的曲线形态基本一致，总曲线形态为H型，曲线类型都为合离式，两种极化模式的高频段视电阻率曲线基本重合，视电阻率值都在100Ω · m左右浮动，随着时间的增加，视电阻率值稍微下降，然后逐渐升高，周期1秒以后视电阻率值升高慢慢放缓，两支曲线分离，TM模式

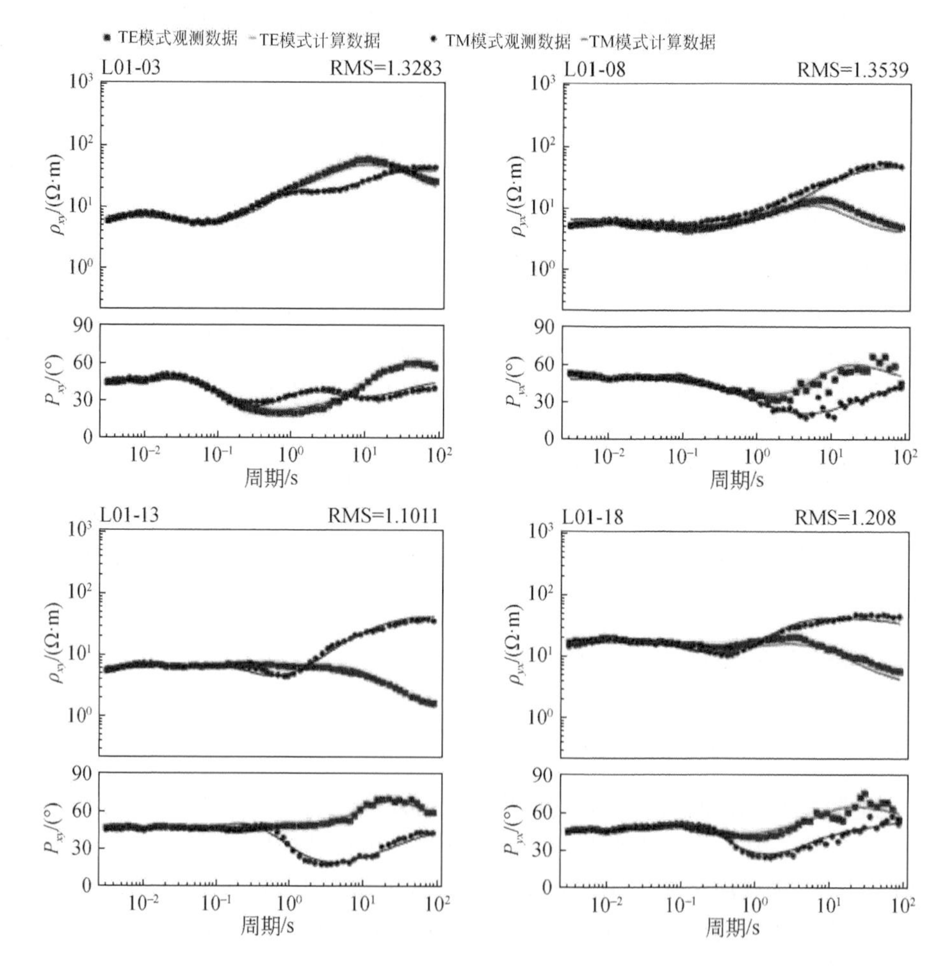

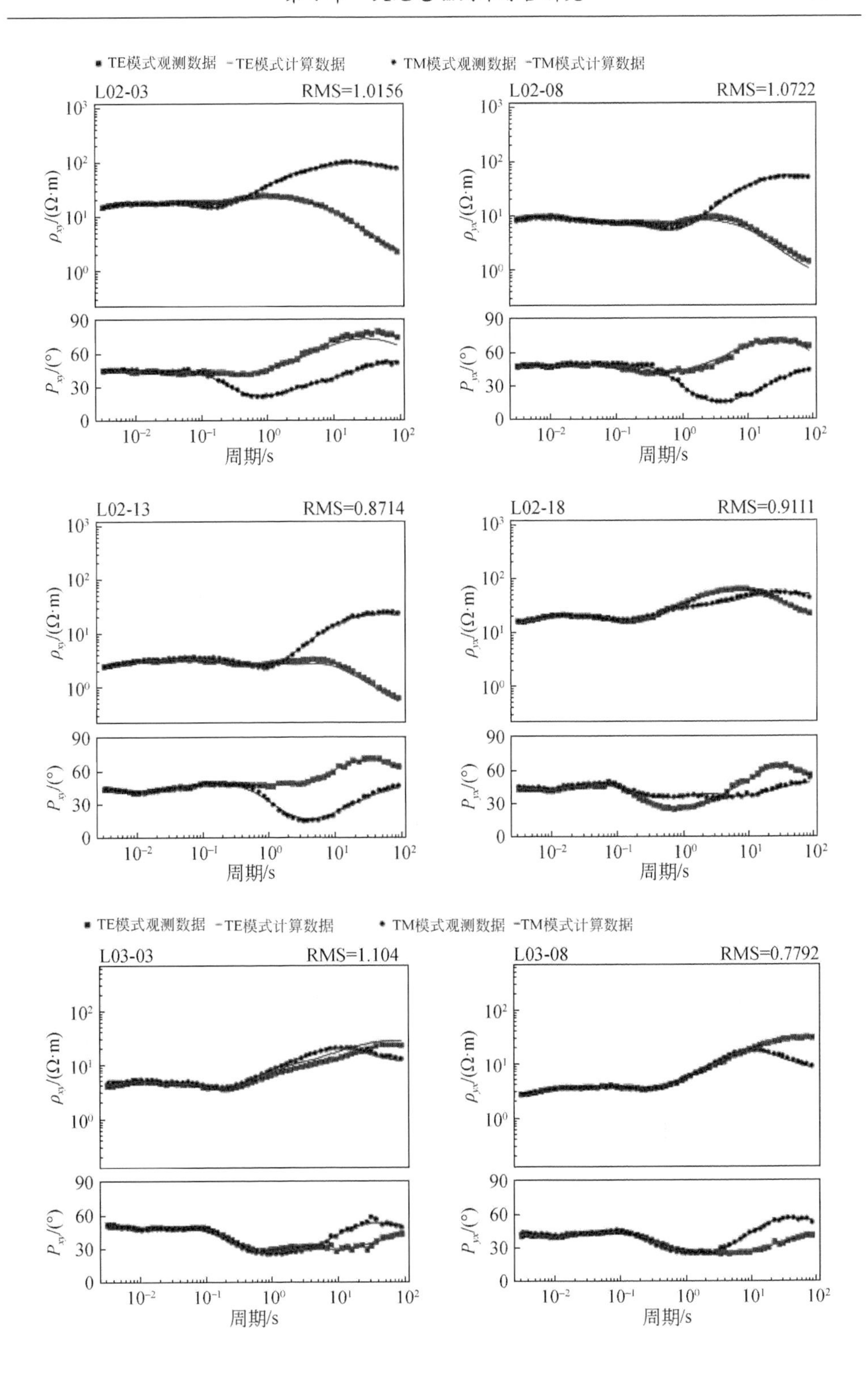

TE模式观测数据 TE模式计算数据 TM模式观测数据 TM模式计算数据
L02-03 RMS=1.0156
L02-08 RMS=1.0722
L02-13 RMS=0.8714
L02-18 RMS=0.9111
L03-03 RMS=1.104
L03-08 RMS=0.7792
ρ_{xy}/(Ω·m)
ρ_{yx}/(Ω·m)
P_{xy}/(°)
P_{yx}/(°)
周期/s

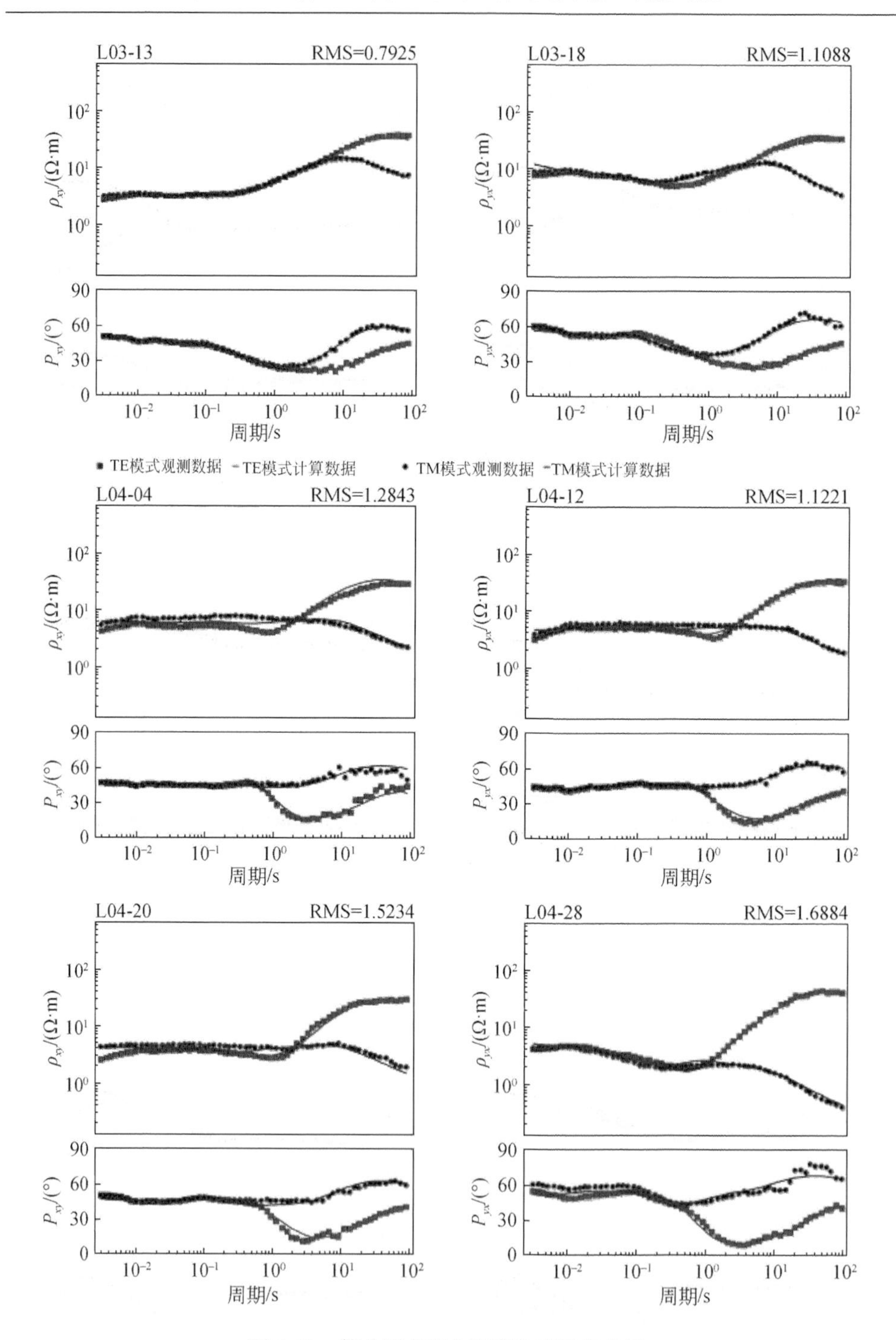

图 4.10　部分测点视电阻率和阻抗相位图

的视电阻率继续缓慢增大，TE 模式先增大再缓慢减小，视电阻率总体形态相对稳定。相位曲线在 1Hz 以前频段两支曲线重合，相位值都在 45 度左右，1Hz 以后两支曲线分开，TE 模式的值高于 TM 模式，跟视电阻率值高阻低相位（或低阻高相位）对应较好。

东西走向 L03、L04 测线：L03、L04 测线与 L01、L02 测线垂直，其 TM 模式的方向跟 L01、L02 测线的 TE 模式方向一致，因此 L03、L04 测线的 TE、TM 两支视电阻率曲线在形态上和 L01、L02 测线两种模式曲线形态相反。选取的 8 个测点的曲线形态基本一致，总曲线形态为 H 形，曲线在高频段重合，在低频段分开，为合离式曲线类型。高频段视电阻率值基本都在 100Ω · m 上下浮动，周期 1s 以后曲线分开，TE 模式的视电阻率大于 TM 模式，视电阻率总体形态稳定。相位曲线在 1Hz 以前频段两支曲线重合，相位值都在 45°左右，1Hz 以后两支曲线分开，TM 模式的值高于 TE 模式，跟视电阻率值高阻低相位（或低阻高相位）对应较好。

2. 拟断面图分析

图 4. 11 给出了研究区内 4 条测线视电阻率和相位的拟断面图，为了方便对比，成图时将 L03、L04 测线与 L01、L02 测线平行放置，且 L04 测线成图的纵横长度取值与其他三条测线一致。各图从上到下依次为 L01、L02、L03、L04 测线，断面图横向为点距，纵向为频率常数，每条测线横向网格步统一为 500m，根据电磁趋肤效应可知拟断面图纵向从上至下是深度上由浅至深。拟断面图 4. 11 中的（a）、（b）分别为 TE、TM 模式的视电阻率，其中红色代表高阻，蓝色代表低阻；图 4. 11（c）、（d）分别为 TE、TM 模式的相位，其中度数由大到小对应图中由红色到蓝色渐变。

如图 4. 11 所示，TE 模式下 L03、L04 测线和 TM 模式下 L01、L02 测线视电阻率拟断面图整体相差不大，从上到下呈现出低阻-高阻的电性结构，低阻分布在 320 ~ 0. 1Hz 内，高阻分布在频率小于 0. 1Hz 的范围内，高低视电阻率值整体分布范围与上述视电阻率特征曲线基本一致，也与研究区域的岩性分布大体一致。与其对应的相位拟断面图整体也相差不大，从上到下呈现出明显的层状特征，浅部为高度，中下部为中低度，其中在 1Hz 附近的低度带推测是由于岩性接触带造成。TE 模式下 L01、L02 测线和 TM 模式下 L03、L04 测线视电阻率分层不明显，且基本上整个剖面都呈现低阻值，相位图分层明显，但是高阻低相位（或低阻高相位）的对应关系紊乱。

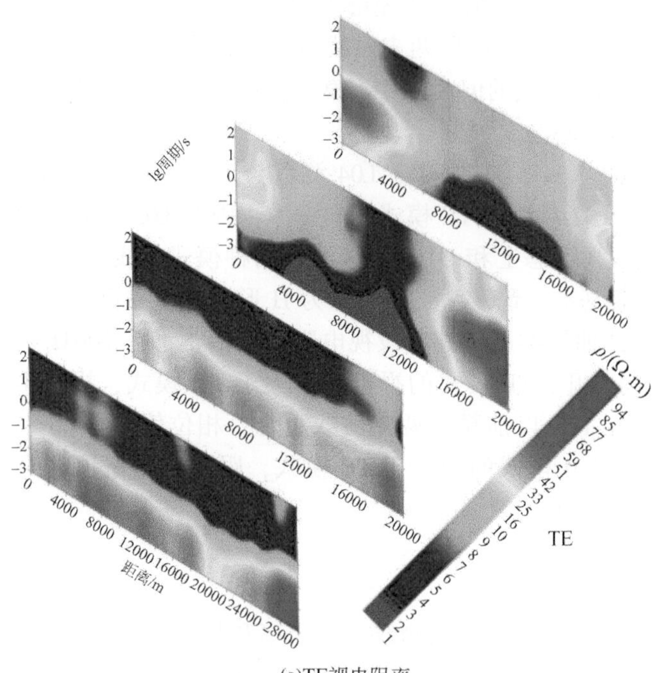

(a)TE视电阻率

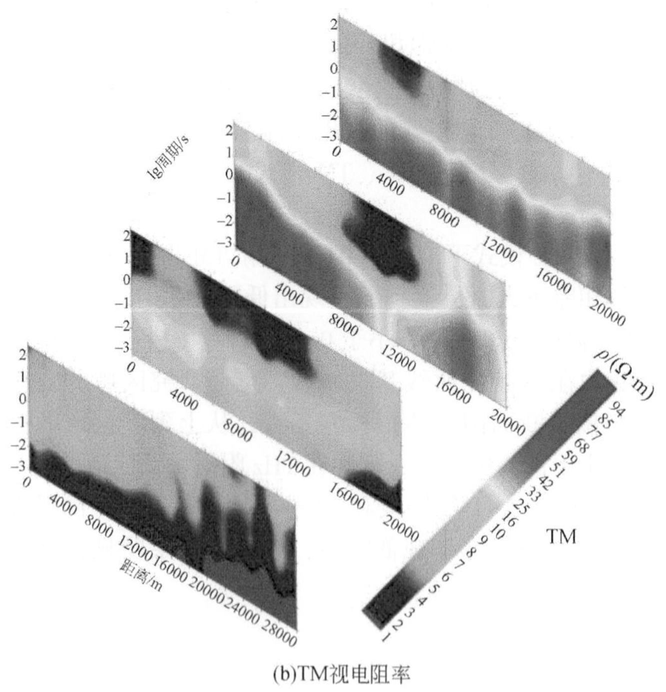

(b)TM视电阻率

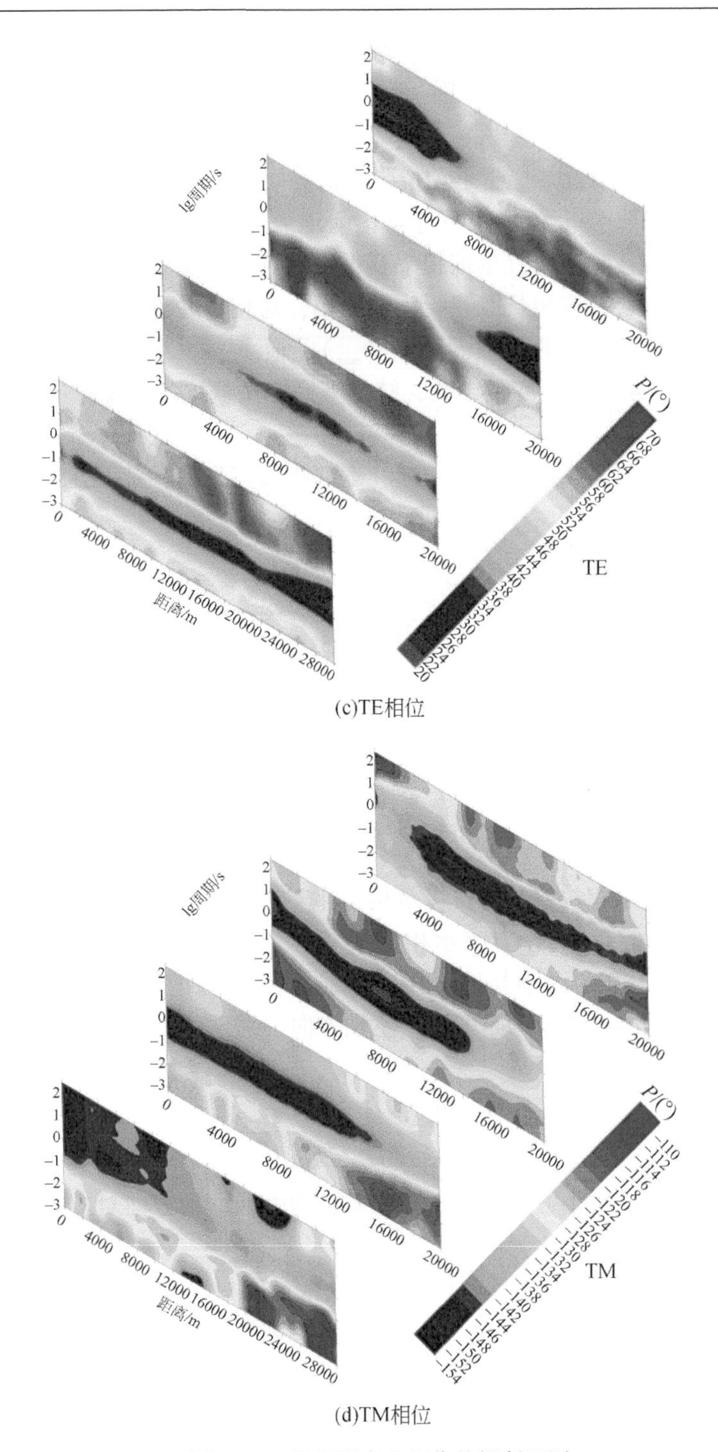

(c)TE相位

(d)TM相位

图 4.11　视电阻率和相位的拟断面图

4.2.3 数据维性分析

对于构造复杂的区域，在进行反演之前首先要进行剖面下方地下介质的维性分析。Caldwell 等（2004）提出了相位张量圆分解法，认为观测阻抗和区域阻抗之间存在一种关系，使得相位张量分解不受地表不均匀电性分布的电流畸变影响，且在不需要假设地下维性的前提下获得区域阻抗信息。在频率较低时，电流畸变带来的影响只会改变阻抗张量元素的振幅，对相位并没影响。对相位张量进行二阶张量分解，可以获得包含最大（$\Phi_{\max}$）、最小（$\Phi_{\min}$）张量不变量和偏离度（β）在内的三个旋转不变量参数，结合坐标定义阻抗张量的公式为

$$Z = X + iY \tag{4.16}$$

相位张量表达式是由阻抗张量实部和虚部相比得到的，其表达式为

$$\Phi = \begin{bmatrix} \Phi_{11} & \Phi_{12} \\ \Phi_{21} & \Phi_{22} \end{bmatrix} = X^{-1}Y \tag{4.17}$$

定义变量 α、β、Π_1、Π_2：

$$\begin{aligned} \tan 2\alpha &= (\Phi_{12}+\Phi_{21})/(\Phi_{11}-\Phi_{22}) \\ \tan 2\beta &= (\Phi_{12}-\Phi_{21})/(\Phi_{11}+\Phi_{22}) \\ \Pi_1 &= \frac{1}{2}[(\Phi_{11}-\Phi_{22})^2+(\Phi_{12}+\Phi_{21})^2]^{1/2} \\ \Pi_2 &= \frac{1}{2}[(\Phi_{11}+\Phi_{22})^2+(\Phi_{12}-\Phi_{21})^2]^{1/2} \end{aligned} \tag{4.18}$$

以椭圆形式表示相位张量，α 表示构造主轴方向与观测坐标系之间的夹角，α 的选择通常和坐标系有关；β 表示相位张量椭圆主轴与构造主轴方向之间的夹角（二维偏离度），β 的大小与地下介质的维性有关，β 值越大，表明地下介质的三维特性越强。$\alpha-\beta$ 表示的是椭圆的主轴方向。椭圆长半轴 $\Phi_{\max}$、短半轴 $\Phi_{\min}$ 分别为

$$\begin{aligned} \Phi_{\max} &= \Pi_1 + \Pi_2 \\ \Phi_{\min} &= \Pi_2 - \Pi_1 \end{aligned} \tag{4.19}$$

相位张量椭圆长短轴方向分别与互相垂直的电性主轴方向对应，在理想一维情况下，相位张量椭圆退化为圆形。

图 4.12 给出了塔木素地区 L01 剖面相位张量圆极小值图，椭圆内充填的颜色代表了相位张量最小值（$\Phi_{\min}$）的变化情况，该参数能够反映地下电性的变化特征，图中相位张量椭圆由蓝色到红色的渐变过程指示地下电性由高阻特征转为低阻特征。从图 4.12 中的颜色变化可以看出，整体呈现蓝色和浅黄色，且浅黄色偏多，说明该剖面地下电阻率整体偏低。不同颜色的相位张量椭圆明显呈层状

结构堆积，从而显示出沉积岩层的成层性，在$10^{-2}\sim10^{0}$s内，相位张量圆被浅黄色和浅绿色充填，表现出中低的电阻率特征。在$10^{-1}\sim10^{2}$s内，相位张量圆被蓝色充填，表现出中高的电阻率特征，蓝色条带整体呈“U”字形，在剖面两侧明显更靠近高频，剖面中部更靠近低频，这与L01线横穿巴音戈壁盆地，盆地两侧埋深浅、中间埋藏深相符。

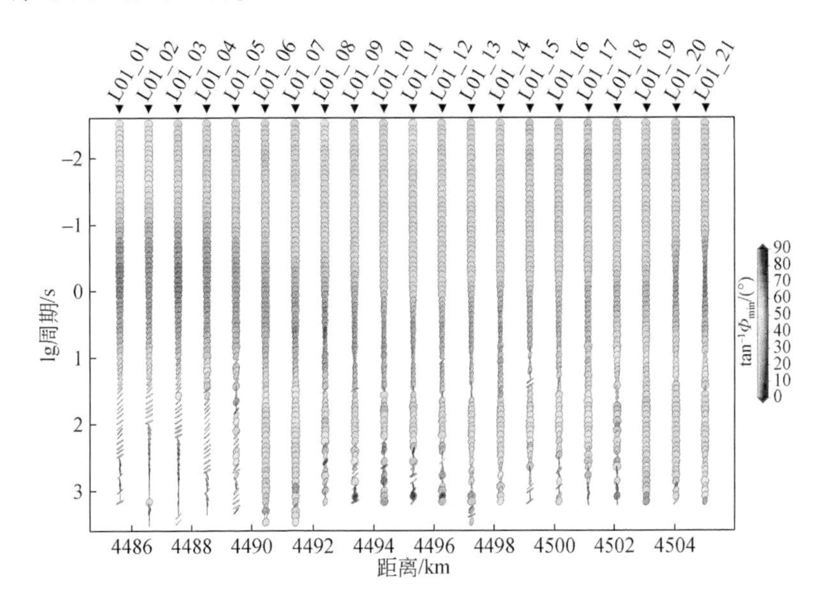

图4.12 塔木素地区L01剖面相位张量圆极小值图

图4.13中椭圆填充的颜色为相位张量二维偏离度（β）的绝对值。该参数的绝对值小于5，并且在一段频率内保持不变时，指示地下结构为非三维结构，反之则表明地下电性具有较为复杂的三维特征。如图4.13所示，L01剖面上各测点相位张量二维偏离度的绝对值随频率分布的绝对值整体小于5。其中剖面高频部分（$10^{-2}\sim10^{0}$s）二维偏离度值小于1，椭圆形状近似圆形，表明该频段地下电性结构接近一维结构。中低频部分（$10^{0}\sim10^{2}$s）二维偏离度值在4°～5°，椭圆形状相对较扁，表明深部呈现二维结构。

塔木素地区L04剖面位于盆地底部，与盆地走向相平行。图4.14给出了塔木素地区L04剖面相位张量圆极小值图。从图4.14中的颜色变化可以看出，按纵向可将其分为三层，在$10^{-2}\sim10^{0}$s内，相位张量圆被浅黄色和浅绿色充填，其中16～30号测点相位张量圆被蓝色充填浅黄色充填，表现出较低的电阻率特征；在$10^{0}\sim10^{1.5}$s内，相位张量圆被蓝色充填，表现出中高的电阻率特征；在$10^{1.5}\sim10^{3}$s内相位张量圆被浅黄色和浅绿色充填，表现出中低的电阻率特征。

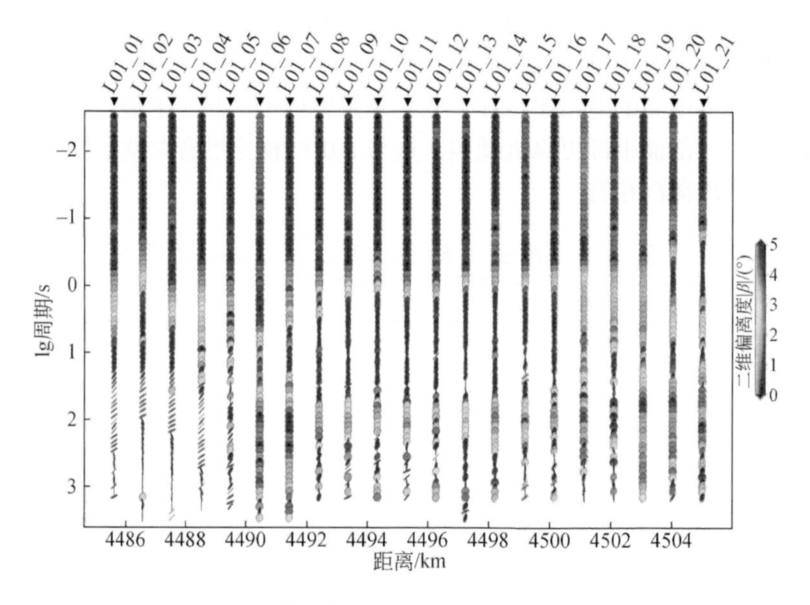

图 4.13　塔木素地区 L01 剖面二维偏离度图

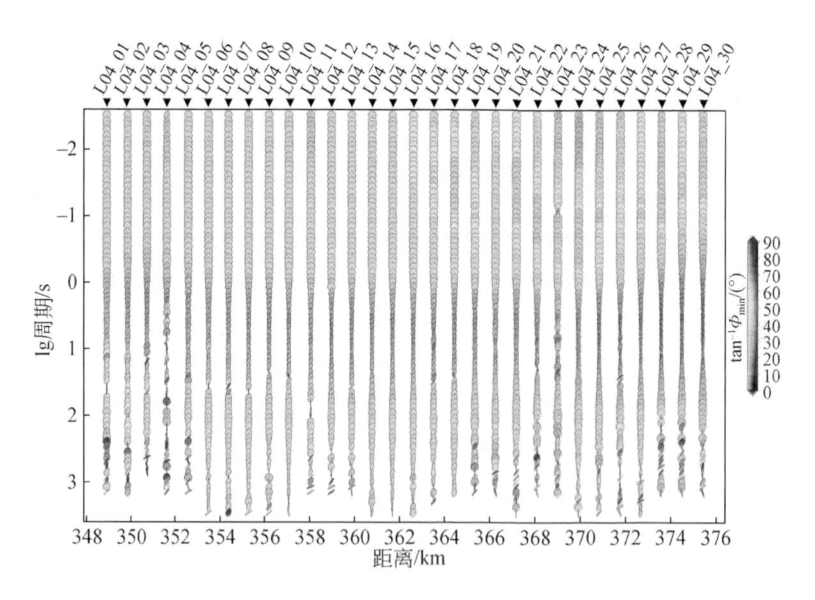

图 4.14　塔木素地区 L04 剖面相位张量圆极小值图

图 4.15 中椭圆填充的颜色表示相位张量二维偏离度（β）的绝对值。如图 4.15所示，L04 剖面二维偏离度在高频部分（$10^{-2}\sim10^{0}$s）整体呈现蓝色，相位张量椭圆在浅部呈现出近圆形，绝对值小于 1，表明该频段地下电性结构接近

一维结构。中低频部分（10^0 ~ 10^3s）整体呈现红色，二维偏离度值在 3° ~ 5°，椭圆形状相对较扁，表明深部呈现二维结构。

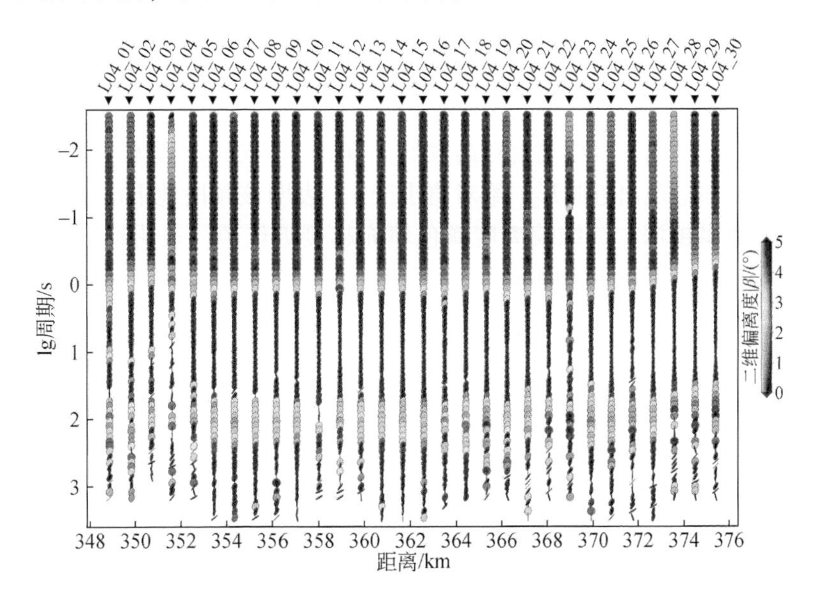

图 4.15　塔木素地区 L04 剖面二维偏离度图

苏宏图地区 L01 剖面横穿盆地，与盆地走向相垂直。图 4.16 给出了苏宏图地区 L01 剖面相位张量圆极小值图。从图 4.16 中的颜色变化可以看出，11 ~ 12

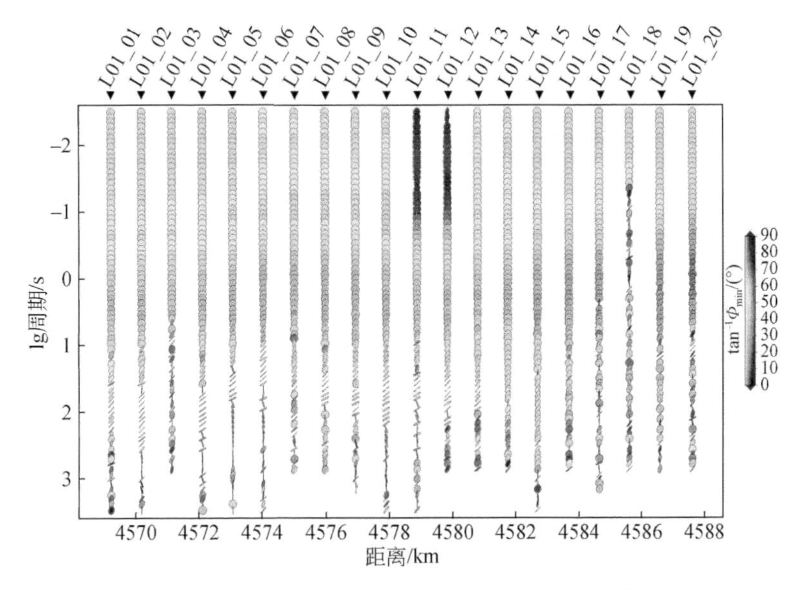

图 4.16　苏宏图地区 L01 剖面相位张量圆极小值图

号测点在高频部分 10^{-2} ~ 10^{0}s 内（浅部），相位张量圆被红色充填，相邻测点 6 ~ 10 号测点与 13 ~ 14 号测点的相位张量圆被浅黄色充填，表现出较低的电阻率特征，应为盆地的中心位置。在 10^{0} ~ 10^{1}s 内，相位张量圆被蓝色充填，表现出中高的电阻率特征，应为应盆地的基底。

图 4.17 中椭圆填充的颜色表示相位张量二维偏离度（β）的绝对值。如图 4.17 所示，L01 剖面二维偏离度在高频部分（10^{-2} ~ 10^{1}s）整体呈现蓝色，相位张量椭圆在浅部呈现出近圆形，绝对值小于 1，表明该频段地下电性结构接近一维结构。距地表越深，二维偏离度颜色填充越接近红色，表明地下结构越为复杂，在剖面左半段下侧更为明显。

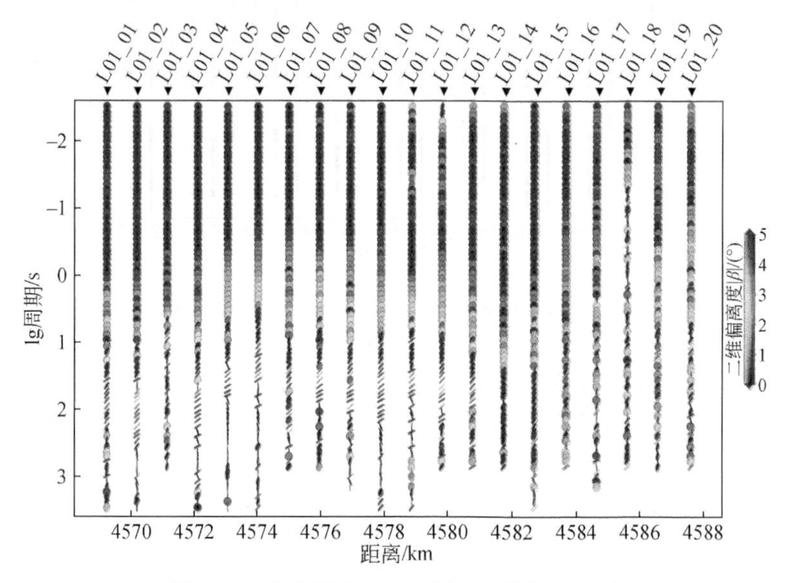

图 4.17　苏宏图地区 L01 剖面二维偏离度图

苏宏图地区 L02 剖面横穿盆地，与盆地走向相平行。图 4.18 给出了苏宏图地区 L02 剖面相位张量圆极小值图。从图 4.18 中的颜色变化可以看出，相邻测点 04 ~ 18 号测点在中高频部分 10^{-2} ~ 10^{0}s 内（浅部），相位张量圆被黄色充填，表现出中高的电阻率特征。在 10^{0} ~ 10^{1}s 内，相位张量圆被蓝色充填，表现出中高的电阻率特征，应为应盆地的基底。

图 4.19 中椭圆填充的颜色表示相位张量二维偏离度（β）的绝对值。如图 4.19所示，与 L01 剖面相似，L02 剖面二维偏离度在浅部同样为蓝色，相位张量椭圆呈现出近圆形，表明该频段地下电性结构接近一维结构。低频部分（10^{1} ~ 10^{3}s）整体呈现红色，二维偏离度颜色填充越接近红色，椭圆形状近似“针状”，表明地下结构越为复杂。

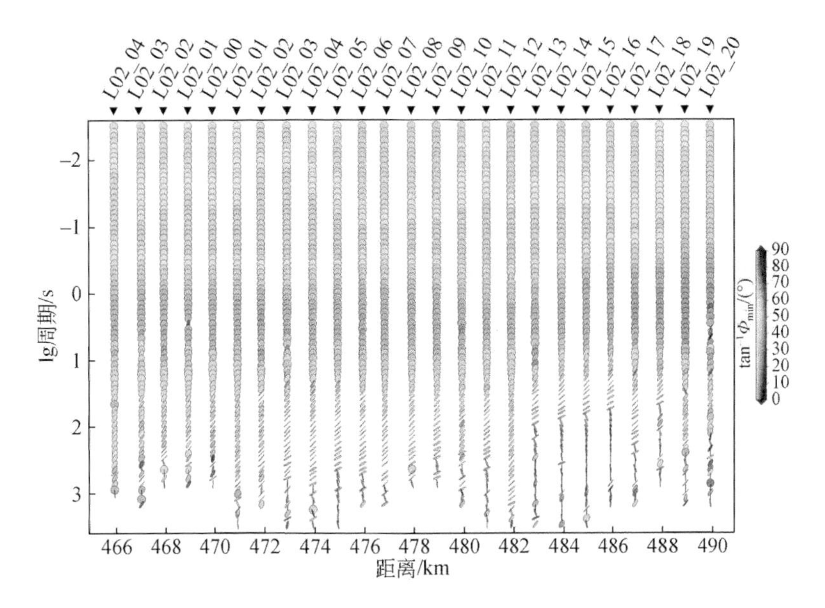

图 4.18　苏宏图地区 L02 剖面相位张量圆极小值图

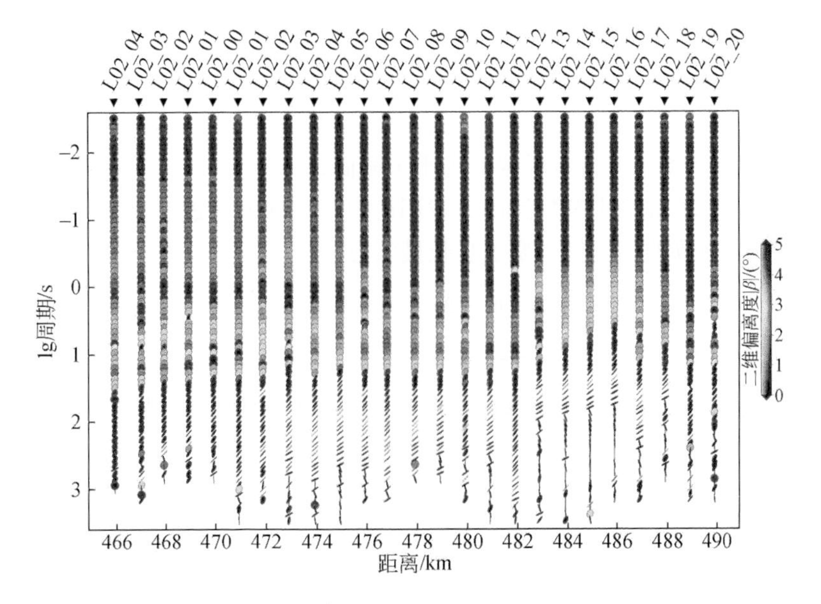

图 4.19　苏宏图地区 L02 剖面二维偏离度图

4.3 大地电磁测深数据二维反演

4.3.1 基于正则化共轭梯度算法的 MT 二维反演

1. 基本原理

反演问题都是基于 Tiknonov 参数泛函 $P^{\alpha}(m)$ 来解决反演中的不适定问题，保证解的适定性：

$$P^{\alpha}(m)=F(m)+\alpha s(m)\rightarrow\min \tag{4.20}$$

式中，α 为正则化因子；$s(m)$ 为稳定器；$F(m)$ 为误差泛函。

如下所示：

$$F(m)=[A(m)-d]^{\mathrm{T}}C_{\mathrm{d}}^{-1}[A(m)-d] \tag{4.21}$$

式中，d 为输入数据；$A(m)$ 为模型正演响应；C_{d} 为加权矩阵，可平衡不同时刻不同偏移距数据在反演中的权重。

选择的稳定器 $s(m)$ 为 MVS 稳定器，其专门为典型 HC 近水平储层结构设计 (Zhdanov et al. , 2007)，更符合油气储层特征。

垂直最小支撑函数（MVS）：

$$s_{\mathrm{MVS}}(\Delta\sigma)=\iiint_V\left[\frac{(\Delta\sigma)^2}{\iint_S(\Delta\sigma)^2\mathrm{d}x\mathrm{d}y+e^2}\right]\mathrm{d}z \tag{4.22}$$

式中，e 为聚焦参数；S 为矩形域 V 的水平截面。

因此，为了求解最小参数泛函，我们使用共轭梯度法进行求解，其与最速下降法的思想是一致的，仅仅改变了步长搜索方向：

$$m_{n+1}=m_n+\Delta m=m_n-\tilde{k}_n\tilde{l}(m_n) \tag{4.23}$$

式中，Δm 为模型更新量，$\Delta m=-\tilde{k}_n\tilde{l}(m_n)$。

步长搜索方向 $\tilde{l}(m_n)$ 虽然与最速下降法不同，但是在初始迭代时任然采用最速下降法确定下降方向：

$$\tilde{l}(m_0)=l(m_0) \tag{4.24}$$

第一次迭代方向是这一次最速下降方向与初始迭代方向 $\tilde{l}(m_0)$ 的线性组合：

$$\tilde{l}(m_1)=l(m_1)+\beta_1\tilde{l}(m_0) \tag{4.25}$$

同理，第 $n+1$ 次迭代方向为

$$\tilde{l}(m_{n+1})=l(m_{n+1})+\beta_{n+1}\tilde{l}(m_n) \tag{4.26}$$

先通过线性搜索使目标函数最小化的方式来求解下降步长：

$$f(m_{n+1})=f(m_n-\tilde{k}_n\tilde{l}(m_n))=\varphi(\tilde{k}_n)\rightarrow\min \tag{4.27}$$

即

$$\begin{aligned}\varphi(\tilde{k}_n)&=f(m_{n+1})=f(m_n-\tilde{k}_n\tilde{l}(m_n))\\&=(A(m_n-\tilde{k}_n\tilde{l}(m_n))-d,A(m_n-\tilde{k}_n\tilde{l}(m_n))-d)\end{aligned} \tag{4.28}$$

而 $\varphi(\tilde{k}_n)$ 的一阶导数为

$$\partial\varphi(\tilde{k}_n)=-2\partial\tilde{k}_n(F_{m_n}\tilde{l}(m_n),A(m_n-\tilde{k}_n\tilde{l}(m_n))-d) \tag{4.29}$$

其中 F_{m_n} 为 Fréchet 导数矩阵，也就是灵敏度矩阵。假设 $\tilde{k}_n\tilde{l}(m_n)$ 足够小，因此可以使用线性化的方式描述 $A(m_n-\tilde{k}_n\tilde{l}(m_n))$：

$$A(m_n-\tilde{k}_n\tilde{l}(m_n))\approx A(m_n)-\tilde{k}_nF_{m_n}\tilde{l}(m_n) \tag{4.30}$$

将式（4.18）代入式（4.17）则有

$$\partial\varphi(\tilde{k}_n)=-2\partial\tilde{k}_n(F_{m_n}\tilde{l}(m_n),A(m_n)-\tilde{k}_nF_{m_n}\tilde{l}(m_n)-d)=0 \tag{4.31}$$

通过式（4.31）可以得到：

$$\begin{aligned}\tilde{k}&=\frac{(F_{m_n}\tilde{l}(m_n),A(m_n)-d)}{(F_{m_n}\tilde{l}(m_n),F_{m_n}\tilde{l}(m_n))}=\frac{(F_{m_n}\tilde{l}(m_n),A(m_n)-d)}{\|F_{m_n}\tilde{l}(m_n)\|^2}\\&=\frac{(\tilde{l}(m_n),F_{m_n}^*A(m_n)-d)}{\|F_{m_n}\tilde{l}(m_n)\|^2}=\frac{(\tilde{l}(m_n),\tilde{l}(m_n))}{\|F_{m_n}\tilde{l}(m_n)\|^2}\end{aligned} \tag{4.32}$$

确定下降步长之后，搜索方向也是一个需要解决的问题，共轭梯度法的基本思想是使相邻两次迭代搜索方向共轭，即 $\tilde{l}(m_{n+1})$ 与 $\tilde{l}(m_n)$ 共轭。假设模型参数从 m_n 更新到 m_{n+1}，梯度方向的改变可写为

$$\begin{aligned}\gamma_n&=\tilde{l}(m_{n+1})-\tilde{l}(m_n)\\&=A^*(A(m_{n+1})-d)-A^*(A(m_n)-d)\\&=A^*A\Delta m_n\\&=H_{m_n}\Delta m_n\end{aligned} \tag{4.33}$$

其中，$H_{m_n}=A^*A$ 是海森算子。

同样的，对于一个非线性算子有

$$\begin{aligned}\gamma_n&=\tilde{l}(m_{n+1})-\tilde{l}(m_n)\\&=F_{m_{n+1}}^*(A(m_{n+1})-d)-F_{m_n}^*(A(m_n)-d)\\&=F_{m_n}^*F_{m_n}\Delta m_n\end{aligned}$$

$$=H_{m_n}\Delta m_n \tag{4.34}$$

同理，$H_{m_n}=F_{m_n}^{*}F_{m_n}$也是海森算子。

如果采用线性搜索方式的最速下降法，那么梯度方向就是相互正交的：

$$\tilde{l}(m_{n+1})\cdot\tilde{l}(m_n)=0 \tag{4.35}$$

因此，初始通过最速下降法确定初始搜索方向$\tilde{l}(m_0)$之后，第一次迭代方向$\tilde{l}(m_1)$必然垂直于$l(m_0)$。之后每次迭代根据式(4.32)所示使用β_{n+1}进行共轭方向计算，该方向将由$l(m_{n+1})$与$l(m_n)$共同决定，本书使用常用的计算方法：

$$\beta_n=\frac{\| l(m_n)\|^2}{\| l(m_{n-1})\|^2} \tag{4.36}$$

为确保每次迭代的电导率值为正：

$$\sigma_{n+1}=\Delta\sigma_n+\sigma_b>0 \tag{4.37}$$

反演求解中满足该条件的传统方法是引入一个σ'：

$$\sigma'=\ln(\Delta\sigma_n+\sigma_b) \tag{4.38}$$

根据该式得到的异常电导率：

$$\Delta\sigma_n=\exp(\sigma')-\sigma_b \tag{4.39}$$

显然新的模型参数σ'不可能为负电导率。

在MT法二维非线性共轭梯度（non-linear conojugate grdient，NLCG）反演中，对反演结果产生较大影响的反演参数主要有极化模式、拉格朗日乘子（τ）、背景电阻率及网格剖分等（邓居智等，2015，2016）。选择不同的反演参数，得到的地电模型结果不同。为了确定研究区域MT二维反演的最佳反演参数组合，使实测数据反演达到最佳效果，选取测点数量较多的L04线作为典型剖面进行不同参数值试验。为了使反演的结果能够进行对比解释，在进行反演时，相位和视电阻率误差都使用5%，最小频率为0.01Hz，频率级数为4.6。对初始模型进行设置时，极化模式、拉格朗日乘子和背景电阻率的选取对比是在默认网格剖分下进行的，在确定好以上三种参数组合之后，再进行纵横网格剖分的反演试验，从而确定最佳反演参数组合。

2. 极化模式选取

MT数据二维反演的极化模式包括TE模式、TM模式和TE+TM组合模式三种。不同的极化模式反演结果相差较大，二维反演时一般将观测数据旋转到垂直构造方向，此时选取哪种极化模式数据能最大限度地减小地下三维效应的影响，得到的结果更能准确反映地下结构的主要特征，对于后续电性结构分析和地质解释的准确可信显得尤为重要。用NLCG方法进行典型层状低阻异常体二维反演时，TE+TM组合模式联合反演效果比单个TE或TM模式更好，对于实测数据的二维反演，应优先考虑采用 TM 模式，其次是 TE+TM 组合模式，一般不要单独采用 TE 模式。但是在野外实际测量过程中，由于 TE 和 TM 两种模式所受到的各种人为噪声和天然噪声的干扰程度不尽相同，从而导致两种模式实测的视电阻率和相位频率响应曲线畸变程度也各不相同，因此选取适合本区的极化模式数据至关重要。

图 4. 20 为塔木素地区 L04 线不同极化模式二维反演结果，三种极化模式的反演均采用默认的剖分网格和相同的初始背景电阻率模型，拉格朗日乘子取默认值为 3。由图 4. 20 可知，TE 模式和 TE+TM 组合模式的反演结果和拟合差相差较小，两者跟 TM 模式的结果相比相差较大。TM 模式的拟合差为 2. 9997，电阻率断面图表现为测线两端呈高阻区，中间呈低阻区，电阻率在 10Ω · m 以下，最下部电阻率非常低，接近 1Ω · m，与地质资料中最下层为高阻基岩不对应。TE 模式和 TE+TM 组合模式反演结果相近，都分为三层，上层呈低阻，中间层由中低阻逐渐过渡到中高阻，最下层是高阻地层，根据地质资料推测，上层以沉积泥岩为主，中间层主要是泥质砂砾岩，最下层的高阻层是由砂砾岩和凝灰岩等组成的火山基岩。经过对比分析，本书对南北走向的测线采用 TM 模式反演，对东西走向的测线采用 TE 模式反演。

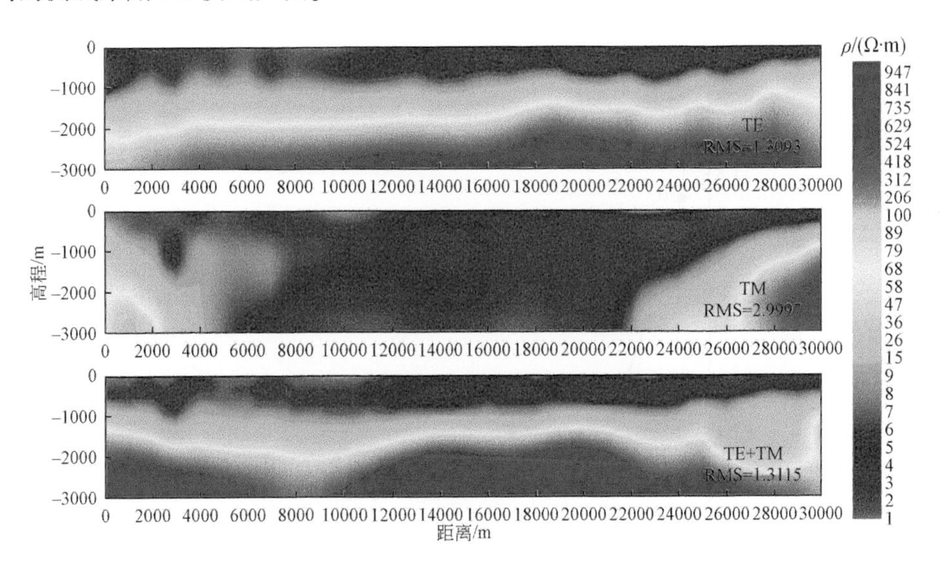

图 4. 20　不同极化模式二维反演结果

考虑到本区以往物探资料较少，为了更加全面准确的反应本区的地下地层结构，后续对 4 条测线进行二维反演时均采用 TE（TM）和 TE+TM 两种模式进行反演。其中，在进行 TE+TM 组合模式反演时，对 L03、L04 测线 TM 模式的视电阻率数据加重本地误差，使 TM 模式的视电阻率在反演过程中权重减小，主要依靠 TE 模式的阻抗相位和视电阻率和 TM 模式的阻抗相位进行二维反演，L01、L02 测线则与之相反。

3. 拉格朗日乘子选取

MT 二维反演既要考虑拟合效果，又要得到光滑模型。拉格朗日乘子是数据的目标函数与先验函数之间的一个权重系数，它的大小决定了反演拟合效果。在反演过程中，如果取值过大，则主要拟合先验模型；如果取值过小则主要拟合实测数据，因此选择合适的拉格朗日乘子（τ）至关重要。

L 曲线法是确定拉格朗日乘子的有效方法。该法是通过对同一数据设置不同 τ 值进行二维反演，然后选取反演结果的粗糙度（roughness）和拟合差（RMS）数值作为横纵坐标画出曲线，用以表示反演过程中拉格朗日乘子变化趋势的重要方法。该曲线形态形同字母“L”，选取曲线拐点处对应的 τ 值作为反演参数进行反演。如图 4.21 所示，本书在 0.1 ~ 50 内按照双对数原则依次取 9 个 τ 值，分别为 0.1、0.2、0.5、1、3、5、10、20、50，进行反演试验，由 L 曲线可知，曲线的拐点位置落在 1、3、5、10 处。

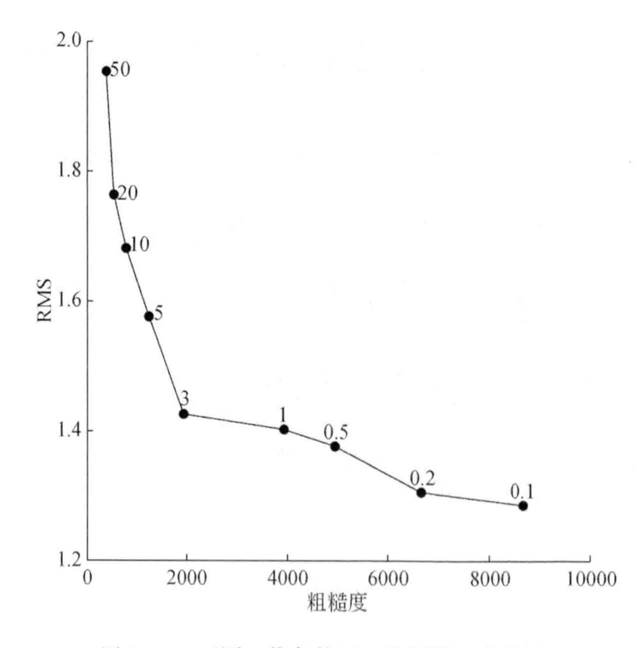

图 4.21 不同 τ 值条件下二维反演 L 曲线图

为了更好地对比分析反演时拉格朗日乘子的取值，使本区的反演效果更好，我们选取拐点处的数值1、3、5、8、10，通过二维反演拟断面图进一步分析对比来确定其最佳取值，如图4.22所示。由图4.22可知，五种τ值情况下的反演结果都能较好地反映出地下介质的分层情况，反演形态基本一致，随着τ值的减小，拟合差逐渐减小，跟L曲线拟合差变化趋势一致。具体表现为当τ值取5、8、10时，拟合差相对较大，相对浅部分辨率不够高，对于地下深部的高阻区域反映不是很好；当τ值取1和3时拟合差相对较小，数值变化也非常小，而且能较清楚的区分地下浅部介质。但是由L曲线我们可知，在τ值取1时，粗糙度较τ值取3时高出许多，因此本次研究二维反演时拉格朗日乘子取3较好。

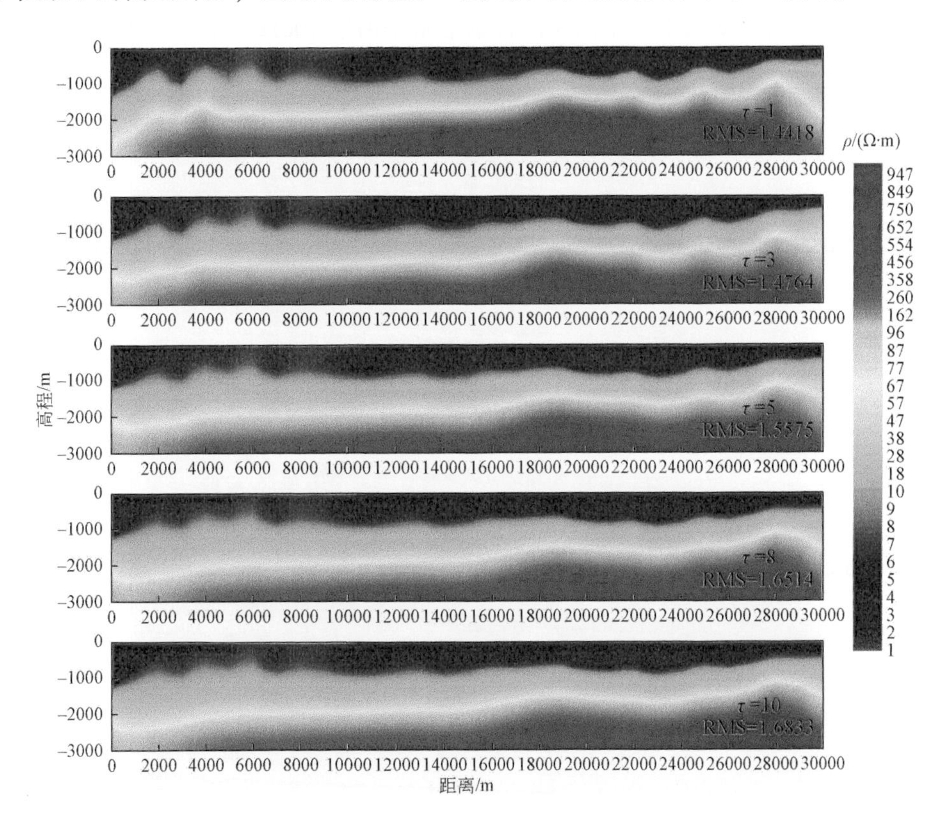

图4.22　不同τ值二维反演结果

4. 背景电阻率选取

背景电阻率对MT二维反演效果有比较明显的影响，通常选取地下异常体所在的围岩电阻率值作为初始模型能够取得较好效果。为了研究背景电阻率对反演结果的影响，极化模式采用TE模式，拉格朗日乘子取3，背景电阻率分别取

50Ω · m、100Ω · m、200Ω · m、500Ω · m 及 1000Ω · m 进行反演。图 4. 23 为不同背景电阻率下二维反演结果对比图，由图可知，不同背景电阻率反演结果形态变化较大，背景电阻率越大，拟合差逐渐增大。具体表现为当背景电阻率值取 50Ω · m、100Ω · m、200Ω · m 时，地下介质分层清晰，浅部分辨率较高，深部的高阻底层反映较好，跟区域地质资料相符；当背景电阻率取 500Ω · m 及 1000Ω · m 时，地层的划分变化较小，对浅部的低阻层的反映，分层情况较差，对深部高阻地层的反映，电阻率明显偏低，与区内地质资料及工区岩石的物性参数不对应。根据已知岩石样本的物性参数和前人对背景电阻率选取做的理论研究，再对比分析反演效果，本次反演背景电阻率值取 100Ω · m 进行反演。

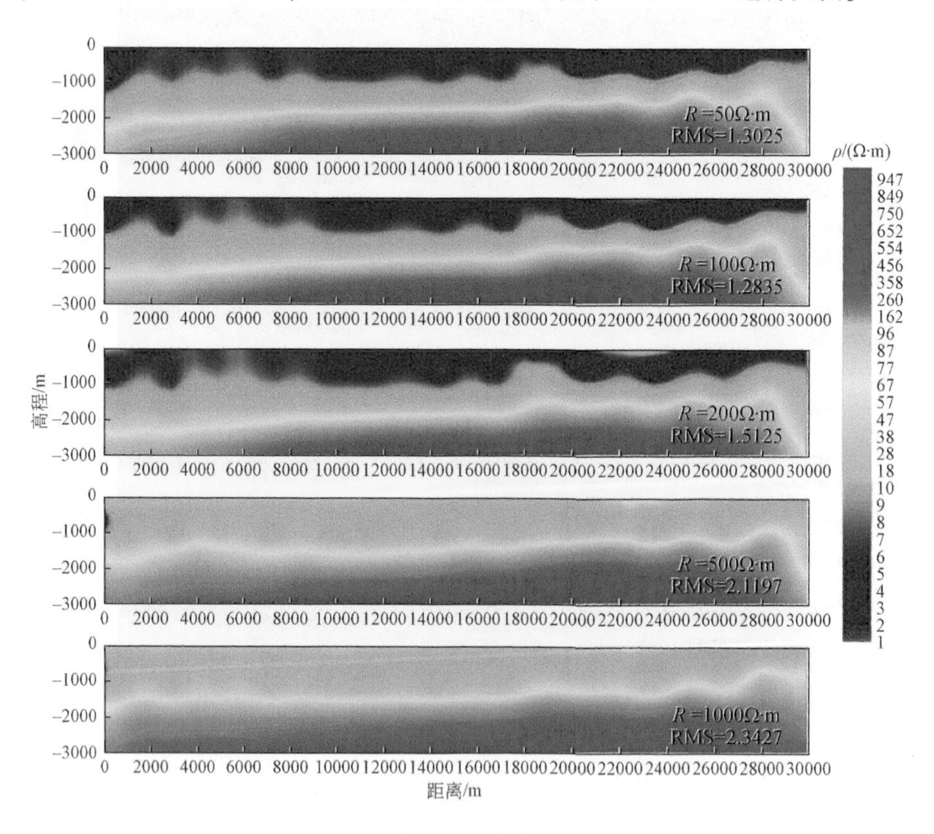

图 4. 23 不同背景电阻率值二维反演结果

5. 网格剖分选取

如何建立初始模型和怎样提高计算速度一直是地球物理反问题的研究重点，而初始模型对于反演结果的影响远大于算法精度带来的误差。网格剖分的合适与否，直接影响着初始模型的构建，为反演结果的精度提供了先决条件，因此讨论 MT 二维反演初始模型的网格剖分对于反演研究具有重要的实际意义。对于网格剖分，一般的要求是：测线上相邻两个测点之间至少有一条垂直线，若两点之间有多条，则垂直网格线（横向剖分）间距相同，测线两端以外的垂直网格线，列间距按 1.5 倍递增；水平网格线（纵向剖分）一般按照趋肤深度来剖分，行间距按表层深度（即最小勘探深度，由最高频率和初始模型电阻率决定）的 1.2 倍递增，剖分的深度一般为 4 倍的反演深度。为了研究纵横网格剖分对反演结果的影响，基于以上研究极化模式采用 TE 模式，拉格朗日乘子取 3，背景电阻率取 100Ω · m。

本次 MT 测量工作设计点距为 1000m，因此在横向网格剖分时网格距离（G_H）分别取 250m、500m 及 1000m，垂向网格默认为 1.2，反演结果如图 4.24 所示。可知三种网格反演拟合差均较小，对于地下地层的分辨较好，与已知区内地质资料相符，但是相比而言，横向网格越小，对于浅部的高阻区域反映效果越好。鉴于本区数据量较大，点距较长，在保证反演效果的前提下，还要考虑反演时间，而网格过密会增长反演时间，因此本次研究纵向网格剖分取 500m，即在两个测点中间取一个插值。

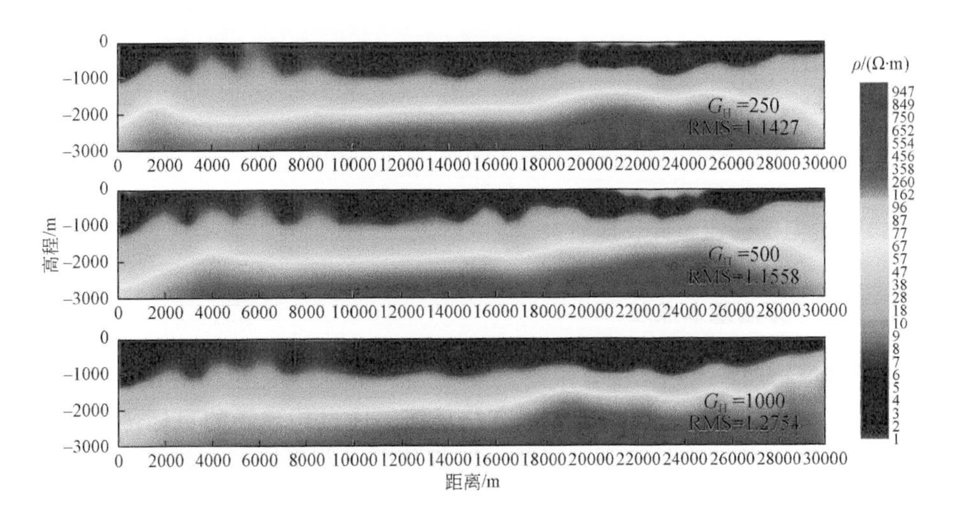

图 4.24 横向不同网格二维反演结果

纵向网格剖分依次取表层勘探深度（G_V）的 1.05、1.1、1.2 及 1.5 倍，反演结果如图 4.25 所示。可知纵向网格剖分对于反演结果的影响整体变化不大，基本都能将浅部的低阻和深部的高阻反映出来，拟合差变化很小，分辨力较高。具体表现为从近地表开始纵向网格越大，视电阻率整体变化越缓和，对浅部的低阻电性反映更好；横向网格越小，视电阻率变化波动幅度越大，浅部的高阻分辨率高于粗网格，且对深部的高阻电性反映较好。经过对比分析纵横网格剖分的反演效果及拟合情况，本次研究的纵向网格剖分取最小勘探深度的 1. 1 倍。

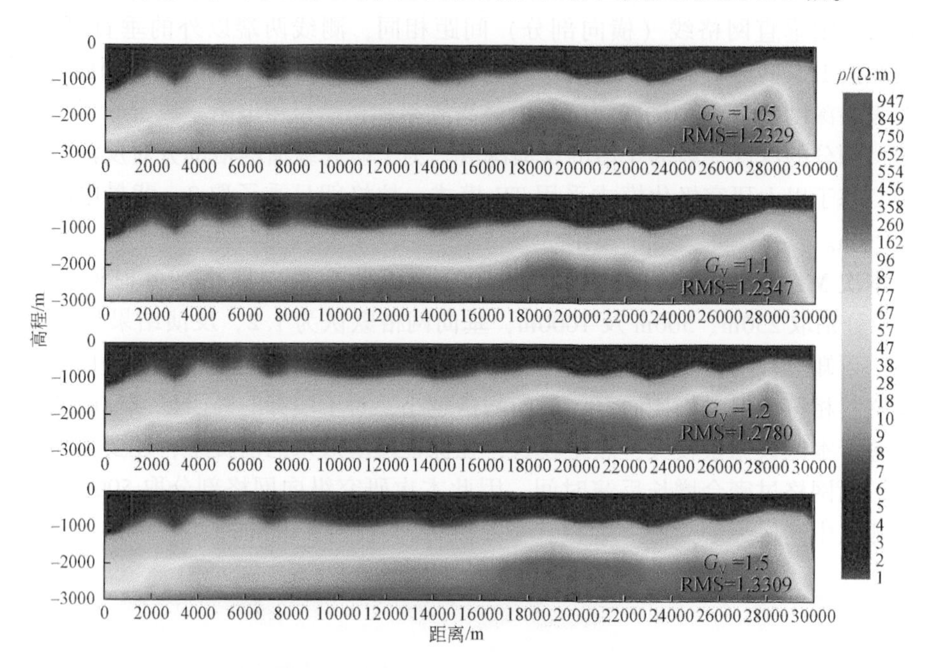

图 4. 25　纵向不同网格二维反演结果

4. 3. 2　大地电磁极值边界反演研究

1. 最大平方法基本原理

由于地球物理观测数据带有误差，人们经常希望估算的模型参数可以具有边界值。Jackson（1976）提出的最大平方法反演，通过构建新的目标函数，当残差在某个阈值 q_t 的二次约束下，函数 $m^{T}b$ 极值化，获得模型参数的边界值。该过程通过最小化下式来实现：

$$m^{T}b+\frac{1}{2\mu}\{[d-f(m)]^{T}[d-f(m)]-q_t\} \tag{4.40}$$

式中，b 为参数投影向量；$1/2\mu$ 为拉格朗日乘数；d 为观测数据；$f(m)$ 为正演算子；q_t 为最大平方拟合差。

使用泰勒公式将 $f(m)$ 在 m_0 处展开：

$$f(m)=f(m^0)+\sum_{j=1}^{p}\frac{\partial f(m^0)}{\partial m_j^0}(m_j-m_j^0) \tag{4.41}$$

或者

$$f(m)=f(m^0)+AX \tag{4.42}$$

其中我们忽略了高于一阶的项，$A=\partial f(m^0)/\partial m_j^0$ 是 $n\times p$ 雅可比偏导数矩阵，而 $x=(m-m^0)$ 是所求参数增量的向量。

如果我们定义向量 $y=d-f(m^0)$，则式（4.46）可以写为

$$(m^0+x)^{\mathrm{T}}b+\frac{1}{2\mu}[(y-Ax)^{\mathrm{T}}(y-Ax)-q_{\mathrm{t}}] \tag{4.43}$$

式（4.43）对 x 求导，可得

$$\frac{\partial}{\partial x}\left\{(m^0+x)^{\mathrm{T}}b+\frac{1}{2\mu}[(y-Ax)^{\mathrm{T}}(y-Ax)-q_{\mathrm{t}}]\right\}=0 \tag{4.44}$$

令式（4.44）等于零，可得

$$x=(A^{\mathrm{T}}A)^{-1}(A^{\mathrm{T}}y-\mu b) \tag{4.45}$$

使用最小二乘模型作为初始模型，迭代公式为

$$m^{k+1}=m^k+(A^{\mathrm{T}}A)^{-1}(A^{\mathrm{T}}y-\mu b) \tag{4.46}$$

其中

$$\mu=\pm\left(\frac{q_{\mathrm{t}}-q_0}{b^{\mathrm{T}}(A^{\mathrm{T}}A)^{-1}b}\right)^{1/2} \tag{4.47}$$

式中，q_{t} 为最大平方拟合差；q_0 为最小二乘拟合差。当 q_{t} 小于 q_0 时，显然不存在满足约束的解向量；当 q_{t} 等于 q_0 时，μ 等于零，此时对应最小二乘解；当 q_{t} 大于 q_0 时，μ 就会有两个解，分别对应于$m^{\mathrm{T}}b$ 的最大值和最小值。

2. 大地电磁极值边界反演算法

上面给出了常规形式下的最大平方法推导过程，本书将最大平方法引入 MT 正则化反演中，推导出 MT 极值边界反演算法，其目标函数为（Meju，2009）：

$$l=m^{\mathrm{T}}b+\frac{1}{2\mu}\{(d^{\mathrm{obs}}-F(m))^{\mathrm{T}}(d^{\mathrm{obs}}-F(m))+\alpha(m-m^{\mathrm{ref}})^{\mathrm{T}}W_m{}^{\mathrm{T}}W_m(m-m^{\mathrm{ref}})-q_{\mathrm{ms}}\} \tag{4.48}$$

式中，b 为参数投影向量；$1/2\mu$ 为拉格朗日乘数；q_{ms}为最大平方拟合差。

使用泰勒公式将 $F(m)$ 在m_0 处展开，并令 $C_m^{-1}=\alpha W_m^{\mathrm{T}}W_m$ 对式（4.48）进行化简，可得

$$\begin{aligned}1=m_0^{\mathrm{T}}b+x^{\mathrm{T}}b+1/2\mu\{&y^{\mathrm{T}}y-x^{\mathrm{T}}A^{\mathrm{T}}y-y^{\mathrm{T}}Ax+x^{\mathrm{T}}A^{\mathrm{T}}Ax+m_0^{\mathrm{T}}C_m^{-1}m_0\\&+2m_0^{\mathrm{T}}C_m^{-1}x-2m_0^{\mathrm{T}}C_m^{-1}m^{\mathrm{ref}}-2x^{\mathrm{T}}C_m^{-1}m^{\mathrm{ref}}+x^{\mathrm{T}}C_m^{-1}x+m^{\mathrm{ref}\mathrm{T}}C_m^{-1}m^{\mathrm{ref}}-q_{\mathrm{ms}}\}\end{aligned} \tag{4.49}$$

其中，$y=d^{obs}-F(m)$，A 为雅可比矩阵，而 $x=m-m_0$ 是模型参数的扰动。

式（4.49）对 x 求微分，可得

$$\mathrm{d}l/\mathrm{d}x=b+1/2\mu\{-2A^{\mathrm{T}}y+2A^{\mathrm{T}}Ax+2c_m^{-1}m_0+2c_m^{-1}x-2c_m^{-1}m^{\mathrm{ref}}\} \tag{4.50}$$

合并相似项并令式（4.50）等于零：

$$b+1/\mu[A^{\mathrm{T}}Ax+c_m^{-1}x]-1/\mu[A^{\mathrm{T}}y-c_m^{-1}(m_0-m^{\mathrm{ref}})]=0 \tag{4.51}$$

因此，

$$[A^{\mathrm{T}}A+c_m^{-1}]x=[A^{\mathrm{T}}y-c_m^{-1}(m_0-m^{\mathrm{ref}})-\mu b] \tag{4.52}$$

从中我们可以得到模型修正量为

$$x=[A^{\mathrm{T}}A+c_m^{-1}]^{-1}\{A^{\mathrm{T}}y-c_m^{-1}(m_0-m^{\mathrm{ref}})-\mu b\} \tag{4.53}$$

则迭代形式为

$$m_{k+1}=m_k+[A^{\mathrm{T}}A+c_m^{-1}]^{-1}\{A^{\mathrm{T}}y-c_m^{-1}(m_0-m^{\mathrm{ref}})-\mu b\} \tag{4.54}$$

或者，我们可以直接计算 m。因为 $m=m_0+x$，将式（4.52）中的 x 替换为 $m-m_0$，可得

$$\begin{aligned}[A^{\mathrm{T}}A+c_m^{-1}]m &=[A^{\mathrm{T}}y-c_m^{-1}(m_0-m^{\mathrm{ref}})-\mu b]+[A^{\mathrm{T}}A+c_m^{-1}]m_0\\ &=A^{\mathrm{T}}y+A^{\mathrm{T}}Am_0+c_m^{-1}m^{\mathrm{ref}}-\mu b\end{aligned} \tag{4.55}$$

从式（4.55）我们可以得到 m 的直接计算公式：

$$m=[A^{\mathrm{T}}A+c_m^{-1}]^{-1}[A^{\mathrm{T}}y+A^{\mathrm{T}}Am_0+c_m^{-1}m^{\mathrm{ref}}-\mu b] \tag{4.56}$$

其中

$$\mu=\pm\{(q_{\mathrm{ms}}-q_{\mathrm{ls}})/(b^{\mathrm{T}}[A^{\mathrm{T}}A+c_m^{-1}]^{-1}b)\}^{0.5} \tag{4.57}$$

式中，q_{ms}为最大平方拟合差；q_{ls}为最小二乘拟合差。当 $q_{\mathrm{ms}}>q_{\mathrm{ls}}$时，$\mu$ 有正负两个取值，此时可以得到极值边界反演的上下边界。具体反演算法流程图如图 4.26 所示。

在迭代求解过程中，首先将μ 的符号保持为正值，直到满足约束 $q=q_{\mathrm{ms}}$为止，然后将符号取负并重复操作以确定另一模型边界。对于给定的搜索方向，可将正解和负解（m^p 和 m^m）视为指定 q_{ms}的上下边界。需要强调的是，取决于投影矢量 b，存在三种搜索可能性：①设置 $b_k=1$，且所有其他系数等于零，将在与 m_k 对应的搜索方向上产生极限参数值；②将 b 的所有系数设置为 1，将产生 m_{ls}的正解和负解包络；③随机改变系数 b 的向量，类似于随机游走法。

1）不确定性分析方法

极值边界反演可以得到模型的上下界，Mackie 等（2018）将上界和下界之间的差异定义为模型参数的不确定性，并指出这种方法给出了合理的模型界限，符合电磁感应物理学规律。图 4.27 为 Mackie 等（2018）绘制的 1D MT 极值边界反演模型，其中黑线是平滑 1D 反演（最小二乘）模型，蓝线和红线分别为极值边界模型的下界和上界。

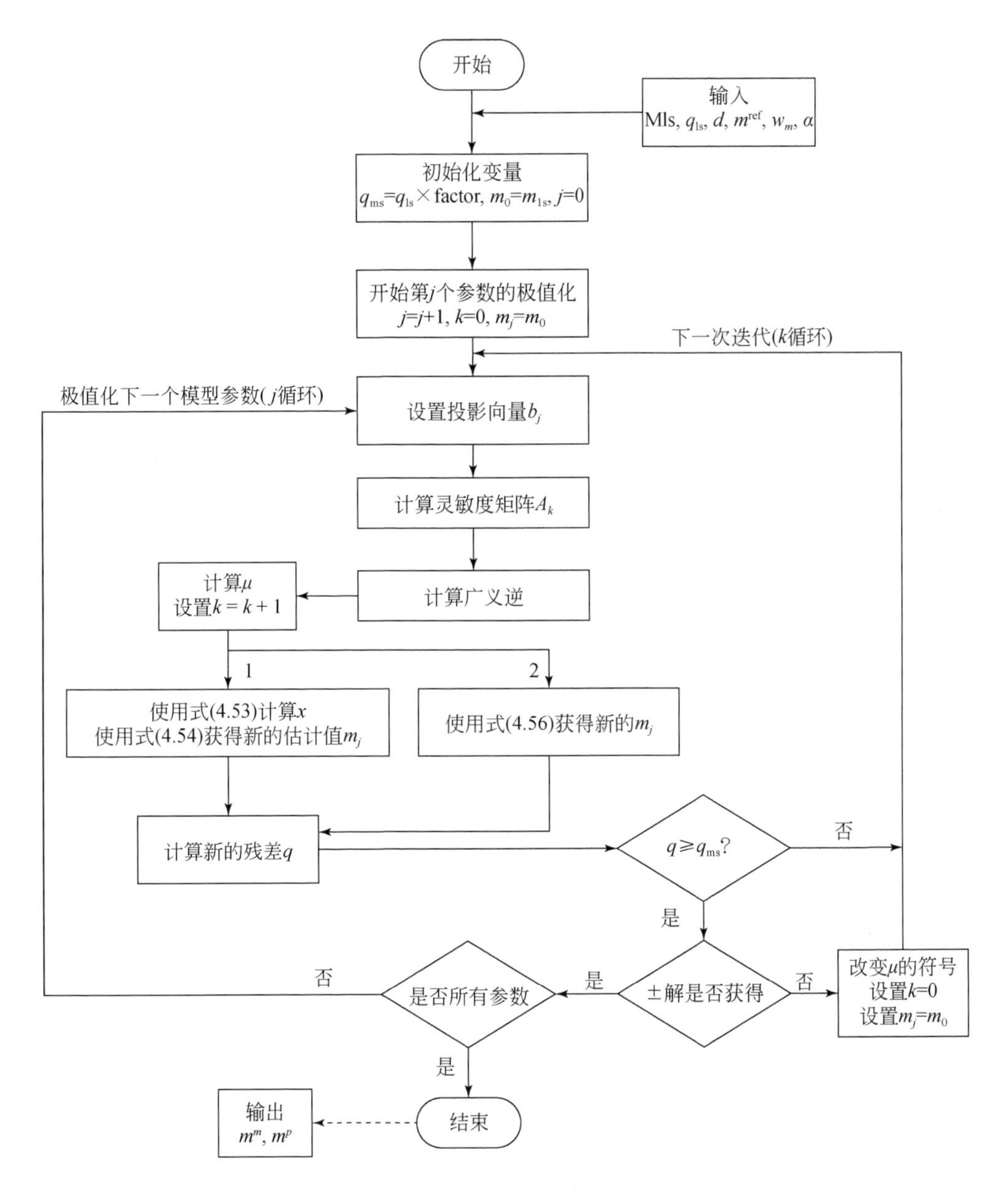

图 4.26　MT 极值边界反演算法流程图

2）有效勘探深度确定方法

极值边界反演可以得到模型的上下界，Meju 和 Mackie 指出，可以将最大勘探深度定义为上下边界曲线发散的深度。在这个深度以下，模型不受任何数据的约束，应该从解释中排除。图 4.27 中绿色虚线表示了极值边界反演确定的有效

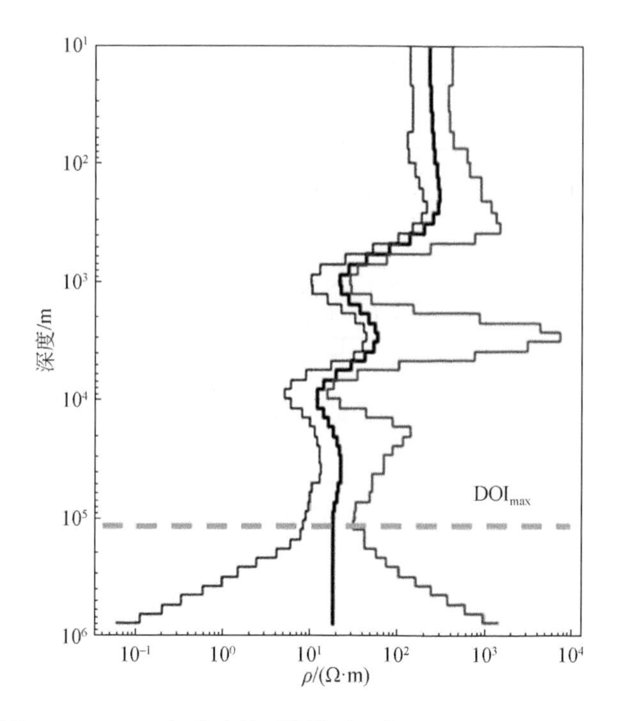

图 4.27 1D MT 极值边界反演模型（据 Mackie et al.，2018）

勘探深度。

3）电性边界识别方法

根据前人极值边界的反演结果可知，高阻对应的不确定性大，低阻对应的不确定性小。所以在电性分界面处，上下界的比值会出现较大的改变，即出现“拐点”，我们可以将出现的“拐点”作为辅助电性界面划分的依据（Huang et al.，2019）。极值边界比值计算公式如下：

$$\text{ratio}=\frac{m^p}{m^m} \tag{4.58}$$

式中，m^p 为极值边界反演的上界；m^m 为极值边界反演的下界；ratio 为极值边界比值。

对于不同稳定泛函的极值边界反演结果，我们可以通过求并集的方式，得到更大的上下边界的包络，这个包络综合了不同稳定泛函的极值边界反演结果，光滑（smooth）∪聚焦（focus）的上下边界计算公式如下：

$$m_u=\max(m_{u_{\text{smooth}}},m_{u_{\text{focus}}}) \tag{4.59}$$

$$m_l=\min(m_{l_{\text{smooth}}},m_{l_{\text{focus}}}) \tag{4.60}$$

式中，$m_{u_{\text{smooth}}}$、$m_{l_{\text{smooth}}}$分别为光滑的极值边界反演的上界和下界；$m_{u_{\text{focus}}}$、$m_{l_{\text{focus}}}$为

聚焦的极值边界反演的上界和下界。

3. 结果分析与地质解释

选取 L01 线 MT 数据进行研究，为了提高反演效率，在 320 ~ 0.037 Hz 按对数等间距选取 53 个频点，采用改进的自适应正则化反演算法进行反演，分别选取最平滑模型和最小支撑模型稳定泛函，初始模型采用 1Ω · m 的均匀半空间，正则化因子初值系数 $n=5$、衰减因子 $q_1=0.7$、$q_h=1$。

图 4.28、图 4.30 给出了光滑、聚焦反演部分测点的数据拟合情况，可以看出，无论是光滑反演还是聚焦反演，视电阻率和相位反演数据与观测数据都吻合较好。图 4.29、图 4.31 为光滑、聚焦反演的 RMS 迭代误差曲线和目标函数衰减曲线，可以看出，无论是光滑反演还是聚焦反演，RMS 迭代误差曲线和总目标函数曲线的衰减规律基本是一致的，都是一开始下降较快，后来再缓慢下降直至反演收敛。

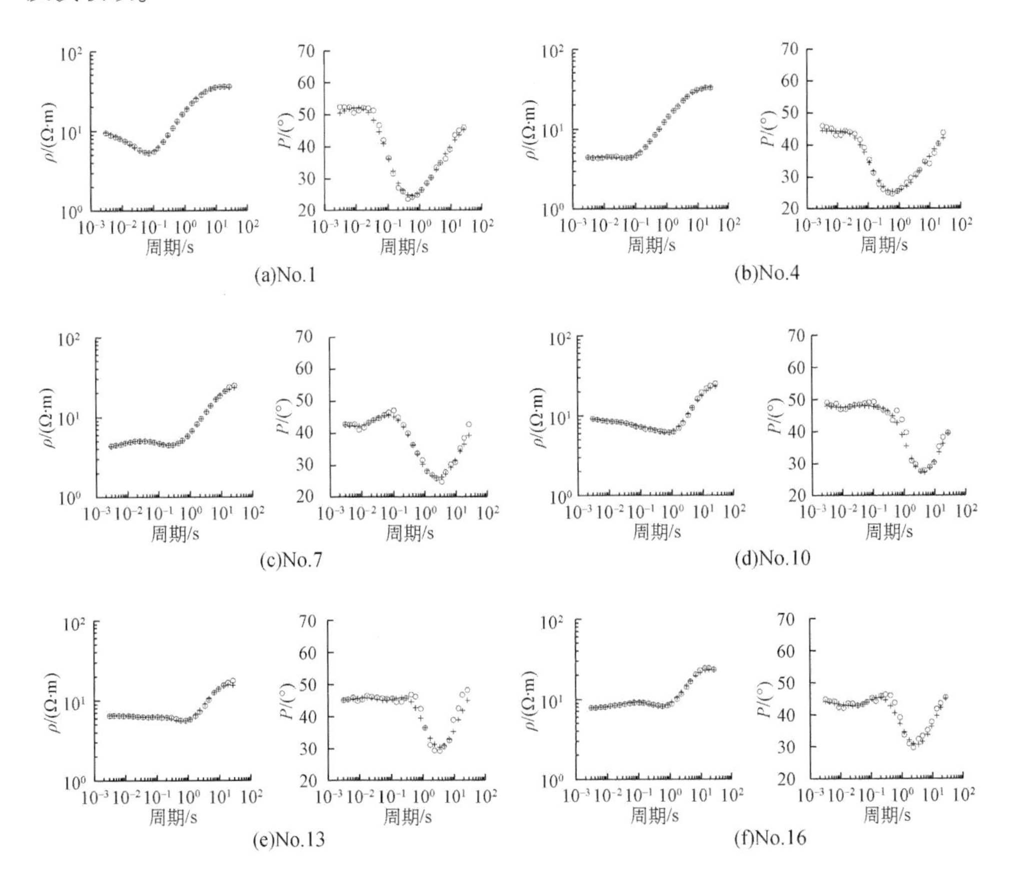

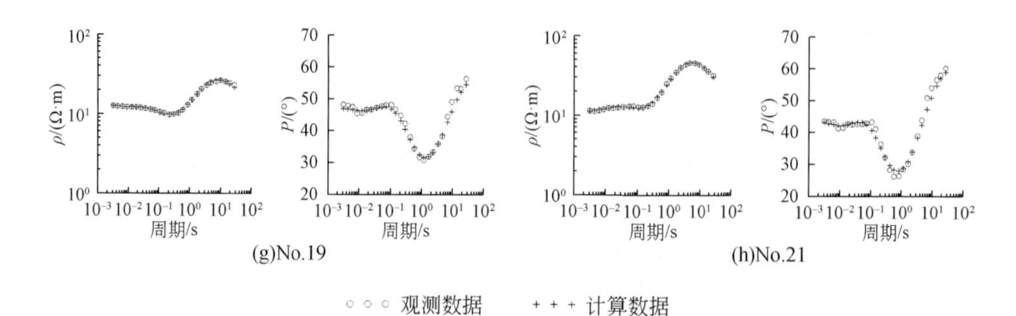

(g)No.19　(h)No.21

图 4.28　L01 线光滑反演不同测点数据拟合情况

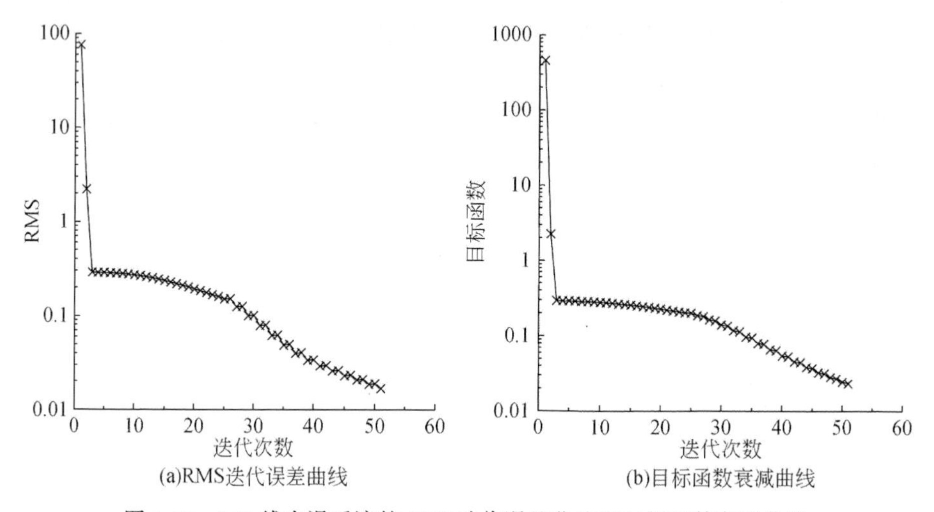

(a)RMS迭代误差曲线　(b)目标函数衰减曲线

图 4.29　L01 线光滑反演的 RMS 迭代误差曲线和目标函数衰减曲线

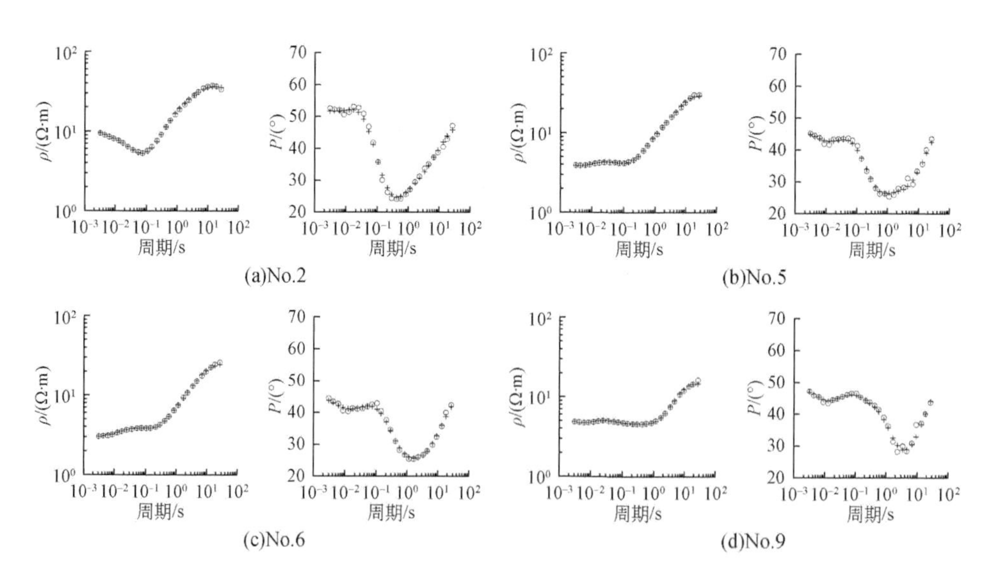

(a)No.2　(b)No.5

(c)No.6　(d)No.9

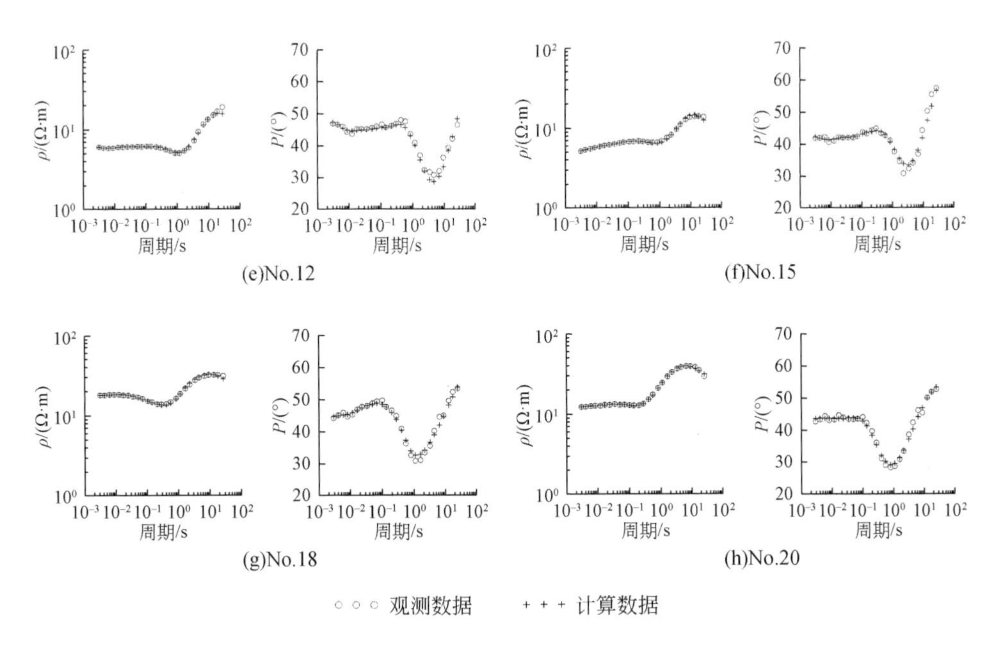

图 4.30　L01 线聚焦反演不同测点数据拟合情况

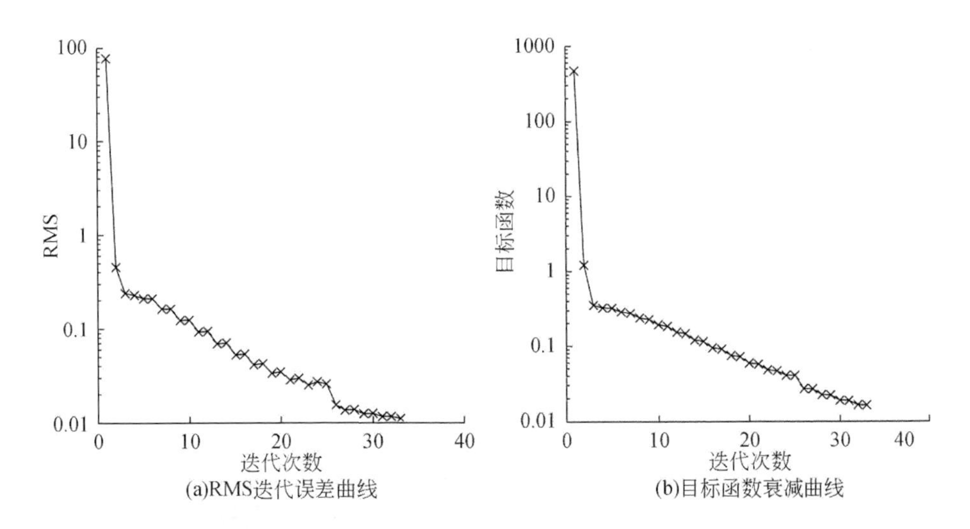

图 4.31　L01 线聚焦反演的 RMS 迭代误差曲线和目标函数衰减曲线

在实测数据反演中，如果简单地利用趋肤深度公式计算有效勘探深度，使用不同的背景电阻率时计算出来的深度不一样，而地下电性情况又是复杂多变的，并不能很好地确定反演结果的有效勘探深度。为了得到更加准确的有效勘探深度，本研究采用极值边界反演算法，对每一个测点进行极值边界反演，通过上下界曲线发散来确定不同测点的勘探深度，然后再根据每个测点的勘探深度绘制出 L01 线光滑、聚焦反演的有效勘探深度结果图。如图 4.32 所示，从整体上可以看出，选择不同稳定泛函时，有效勘探深度略有不同，从细节上可以看出，每个测点的有效勘探深度不一。其中，在光滑反演 19 号测点勘探深度最浅，为 5km；在聚焦反演 12 号测点勘探深度最浅，为 5km。我们的勘探目的是获得 3km 以浅的电性结构，由此可见，无论是光滑反演还是聚焦反演都能满足要求。

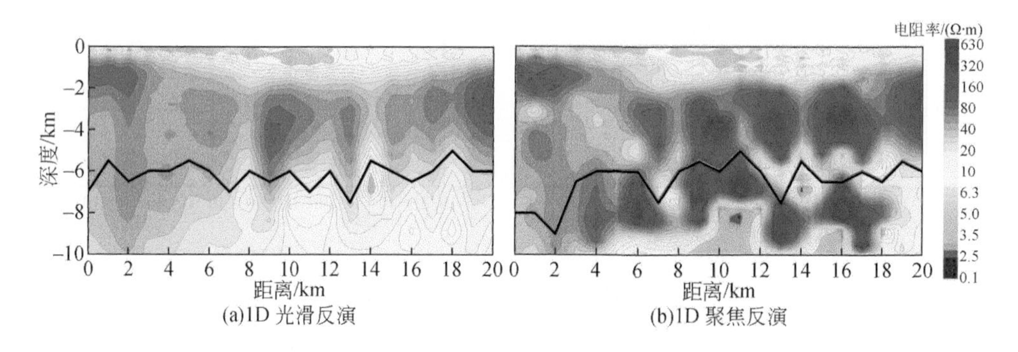

图 4.32 L01 线光滑、聚焦反演勘探深度

本书的勘探目的是获得 3km 以浅的电性结构，因此截取 3km 以上反演结果进行分析解释。图 4.33（a）、（b）为最平滑模型和最小支撑模型约束下的 3km 以浅的反演结果，最平滑模型结果整体反演效果比较光滑，反映的基底较平缓。最小支撑模型结果整体反演效果比较聚焦，对基底陡边界的刻画比较明显。通过图 4.33（a）和图 4.33（b）对比，我们可以看出，当模型稳定泛函选择最平滑模型约束时，可以反演出大致的框架，但是对基底形态的细节方面表现较差。当模型稳定泛函选择最小支撑模型约束时，可以得到一个聚焦的结果，在基底形态的细节方面表现更多。

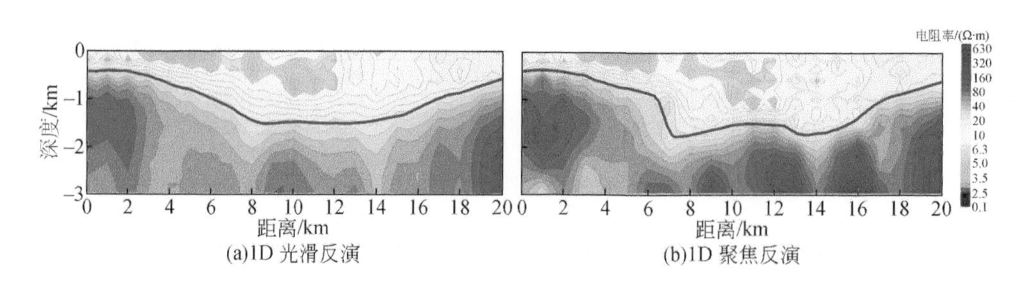

图 4.33 L01 线光滑、聚焦反演结果

由于光滑、聚焦反演结果在地层划分上有所差异，所以我们提出一种综合光滑、聚焦反演结果的方法。我们采用极值边界反演算法分别反演出每一个测点光滑、聚焦反演的上下界，然后通过求并集的方法获得综合光滑、聚焦反演结果的上下边界，并做出上下边界比值曲线，结合反演结果、10号测点附近的钻孔数据、地震解释图对电性界面进行划分，做出综合光滑、聚焦反演的电性结构分层图（图4.34）。可以看出，电性结构整体上呈现出浅部低阻、中部中低阻、深部高阻的特征，其中浅部低阻夹杂着局部中阻异常。

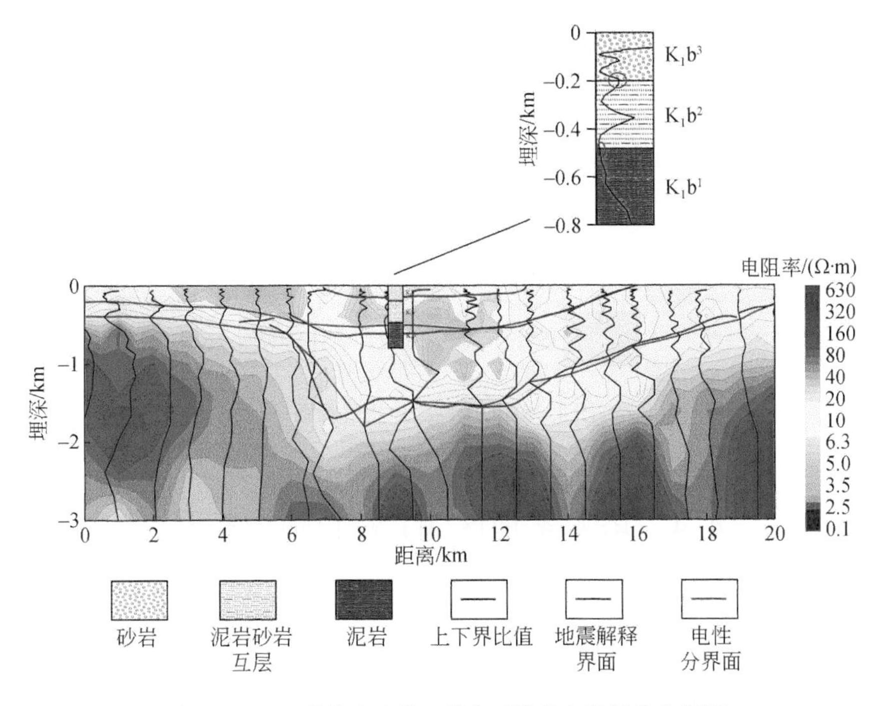

图4.34 L01线综合光滑、聚焦反演的电性结构分层图

从L01测线10号测点附近的一个钻孔数据和10号测点极值边界反演得到的上下边界比值曲线对比可以看出，上下边界比值曲线出现了许多“拐点”，并非所有“拐点”处都对应地层分界面，但是地层分界面处对应拐点，即“拐点”是地层分界面的必要非充分条件，所以在实际使用中我们可以将其作为辅助手段并结合反演结果来划分界面。传统的解释方法在划分地层时有无数的可能性，而按照本书提出的方法在“拐点”处来划分地层，可能性则是有限的，提高了地层划分的准确性。

根据电性边界识别的结果（图4.34）、不同稳定泛函的反演结果［图4.33（a）和4.30（b）］和区内地质资料，本节给出了L01剖面的地质推断结果

(图 4. 35)。将浅部低阻层推测为第四系和下白垩统巴音戈壁组上段（K_1b^{2-3}），主要成分为砂岩和泥砂互层；中部中低阻层推测为下白垩统巴音戈壁组下段（K_1b^1），主要成分为泥岩；深部高阻层推测为侏罗系中下统火山岩基底，主要成分为砂砾岩、凝灰岩等。其中下白垩统巴音戈壁组下段的泥岩层是本区高放废物处置库选址的目的层。图 4. 35 给出了本节厘定的泥岩层的分界面，可以看出泥岩层的厚度大于 100m，埋深在 400 ~ 1000m，符合我国高放废物处置库选址要求。

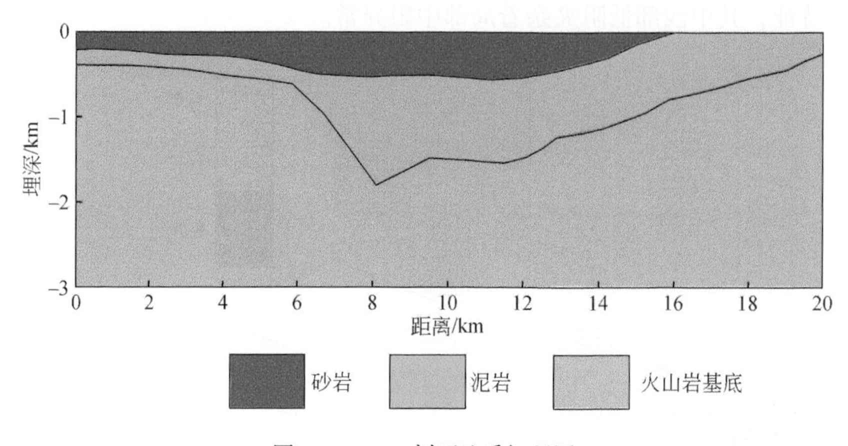

图 4. 35　L01 剖面地质解释图

4. 4　塔木素地区 MT 资料地质解释

4. 4. 1　MT 电性层解释依据

为了对塔木素地区 MT 反演电阻率断面图做出正确的解释，首先需要建立电性层与地质体（层）之间的相互关系。本次主要根据塔木素 MT 测区内收集的 TZK-1、TZK-2、ZKH111-111、ZKH0-0 四个钻孔资料，结合孔旁的测深资料，进行了地电结构的大致对比分析。施工钻孔全部位于塔木素工作区中东部，揭露地层均为下白垩统巴音戈壁组。TZK-1、TZK-2、ZKH111-111、ZKH0-0 分别位于 L04 线 17. 5km、24km、18km、21km 处。

图 4. 36、图 4. 37 为孔旁的反演结果及地电结构对比图，由图分析认为第四系沉积较薄，仅几米，在断面图上不形成单独的电性层，但白垩系沉积厚度大，岩性存在着明显的差异，具有如下特征。

(1) A 电性层：断面图顶部，反演电阻率为 4 ~ 5. 5Ω · m 的中低阻，厚度一般为 100 ~ 500m，为第四系和下白垩统巴音戈壁组上段 K_1b^{2-3}层，以砂岩、泥砂

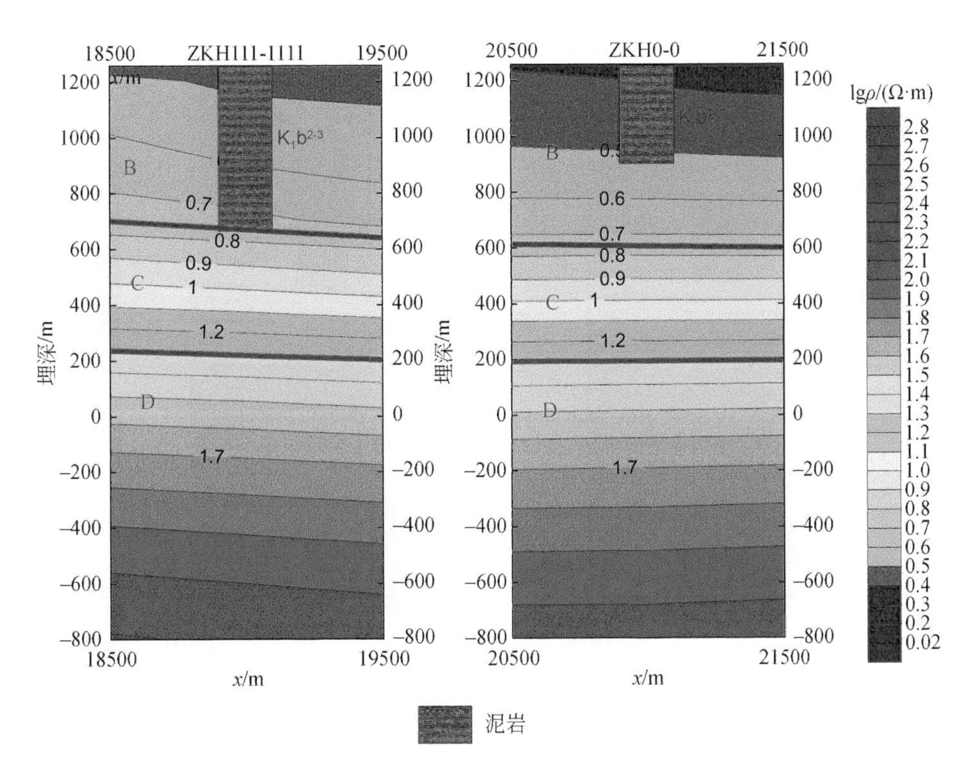

图 4.36　塔木素地区 MT 反演电阻率地电结构与钻孔 ZKH111-1111、ZKH0-0 对比图

互层等为主。

（2）B 电性层：位于断面图顶部，反演电阻率为 1.5～5.5Ω · m 的低阻，与 A 电性层不同，该层顶部电阻率明显偏低，为下白垩统巴音戈壁组上段 K_1b^{2-3} 层，以泥岩、泥砂互层等为主。

（3）C 电性层：位于断面中部，反演电阻率为 5.5～20Ω · m 的中高阻，为下白垩统巴音戈壁组下段 K_1b^1 层，以泥岩层等为主。

由于区内所有钻孔均未揭穿下白垩统巴音戈壁组，因此，断面中 D 电性层无法与钻孔资料进行对比。但根据电阻率特征、区域地质情况以及岩性分析，推测 D 电性层对应基底，主要为砂砾岩、凝灰岩等。

4.4.2　MT 资料的地质解释

图 4.38 为 L01 线 MT 2D 反演电性结构及地质解释图，由图可见，电阻率随深度的增加逐渐增大，结合区域地质与钻孔资料，按纵向可将地层分为三层。第一层为 A 电性层，是中低阻层，水平位置主要分布在 0～15000m，各段厚度不一，平距 10000m 处底界面最深从地表一直延续到地下 500m 左右，根据区内地

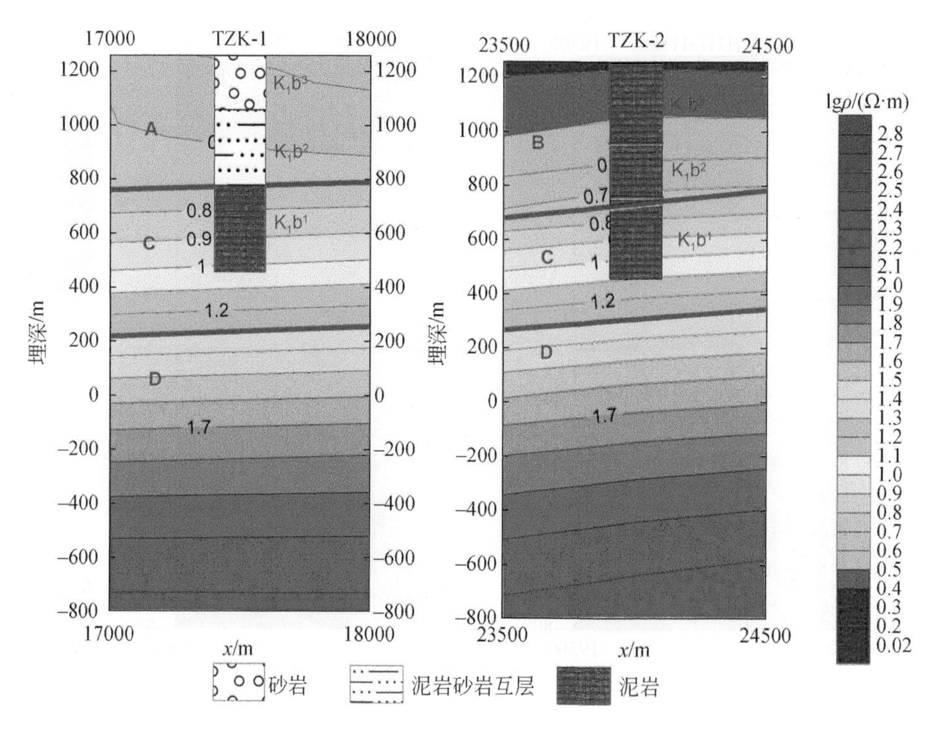

图 4.37　塔木素地区 MT 反演电阻率地电结构与钻孔 TZK-1、TZK-2 对比图

质资料推测为第四系和下白垩统巴音戈壁组上段（K_1b^{2-3}），以砂岩等为主。第二层为 C 电性层，是中高阻层，底板（基底）形态整体呈凹槽状，其南部为向北西缓倾的单斜，倾角约为 4.4°，层厚度由南向北逐渐增大，厚度变化范围为 450～800m，中部为略带波状起伏的洼陷，为整条剖面中沉积厚度最大的区域，沉积厚度在 800m 左右，北部为一个向南东倾伏的斜坡，倾角约为 7.8°，沉积厚度由南到北逐渐变薄，厚度变化范围为 350～800m，其中平距 15000～20000m 顶板出露于地表，推测为下白垩统巴音戈壁组下段（K_1b^1地层），以泥岩等为主。第三层为 D 电性层，电阻率大于 16Ω · m，推测为巴音戈壁盆地沉积盖层下部侏罗系与二叠系地层，主要为砂砾岩、凝灰岩等。另外，在反演电阻率断面图的 9km、13.5km、18km 处等值线发生明显弯曲，推测为浅部断裂。

图 4.39 为 L02 线 MT 2D 反演电性结构及地质解释图，由图可见，区内高、低电阻率分层清晰，电阻率随着深度的增加逐渐增大，结合区域地质与钻孔资料，按纵向可将地层分为三层。第一层为 B 电性层，是低阻层，水平位置主要分布在平距 6500～14000m，底板（基底）形态整体呈“U”字形，最厚处约为 650m，根据区内地质资料推测为第四系和下白垩统巴音戈壁组上段（K_1b^{2-3}），

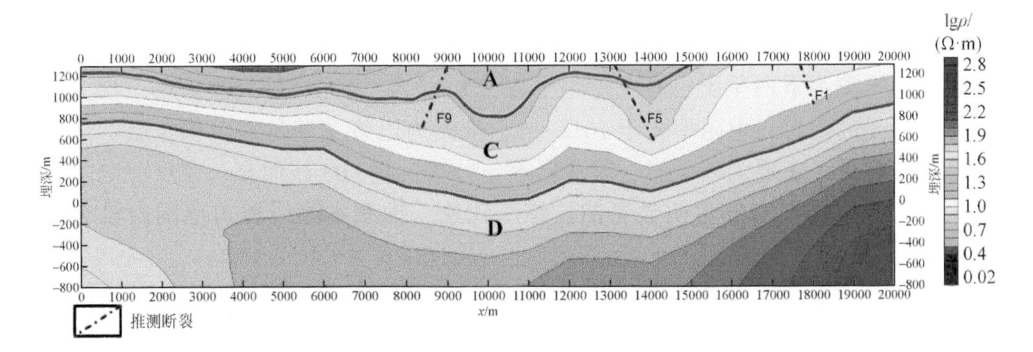

图 4.38　塔木素地区 L01 线 MT 2D 反演电性结构及地质解释图

以泥岩、泥砂互层等为主。第二层为 C 电性层，是中高阻层，平距 0 ~ 16000m 底板（基底）形态与 L01 线相似，呈凹槽状，其南部为向北西缓倾的单斜，其中平距 0 ~ 3000m 倾角稍大，约为 10°，平距 3000 ~ 10000m 倾角稍小，约为 3.9°，北部为一个向南东倾伏的斜坡，倾角约为 9.3°，底板埋藏深度由南向北逐渐变浅，厚度在 450m 以上，平距 16000 ~20000m 底板（基底）形态为向北缓倾的单斜，推测为下白垩统巴音戈壁组下段（K_1b^1），以泥岩等为主。第三层为 D 电性层，是高阻层，推测为巴音戈壁盆地沉积盖层下部侏罗系与二叠系，主要为砂砾岩、凝灰岩等。另外，在反演电阻率断面图的 18.5km 处等值线发生明显弯曲，推测为浅部断裂。

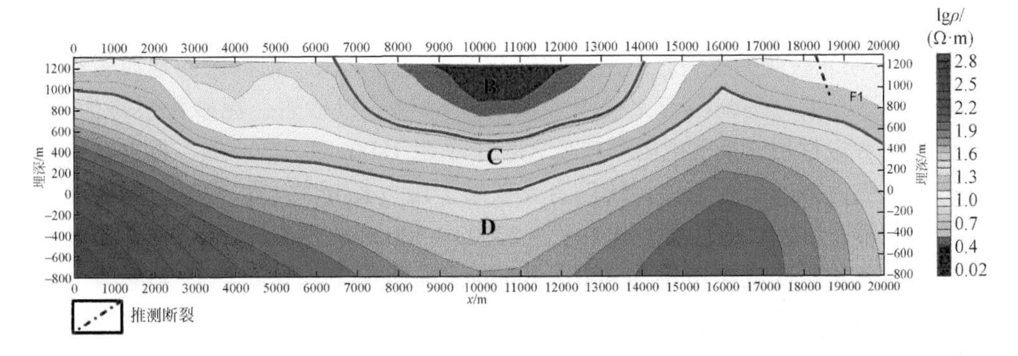

图 4.39　塔木素地区 L02 线 MT 2D 反演电性结构及地质解释图

图 4.40 为 L03 线 MT 2D 反演电性结构及地质解释图，由图可见，区内高、低阻分层清晰，电阻率随着深度的增加逐渐增大，结合区域地质与钻孔资料，按纵向可将地层分为三层。第一层为 A 电性层，主要分布于平距 0 ~ 17000m，层位连续、厚度稳定，厚度一般在 300m 上下，根据区内地质资料推测为第四系和白

垩统巴音戈壁组上段（K_1b^{2-3}），以砂岩等为主。第二层为 C 电性层，同样层位连续、厚度较稳定，厚度一般在 450m 左右，其中平距 17000 ~ 20000m 顶板出露于地表，推测为下白垩统巴音戈壁组下段（K_1b^1），以泥岩等为主。第三层为 D 电性层，是高阻层，电阻率大于 16Ω · m，推测为巴音戈壁盆地沉积盖层下部侏罗系与二叠系，主要为砂砾岩、凝灰岩等。另外，就 L03 线而言，在反演电阻率断面图上等值线没有发生明显弯曲、错断现象，推测本测线覆盖范围内没有大断裂。

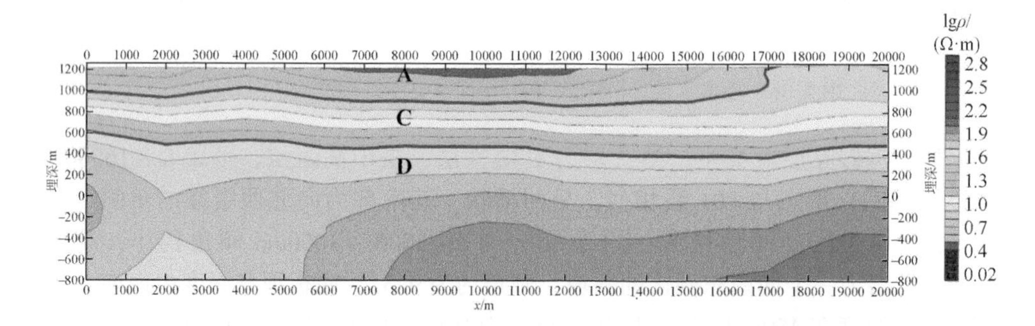

图 4.40　塔木素地区 L03 线 MT 2D 反演电性结构及地质解释图

图 4.41 为 L04 线 MT 2D 反演电性结构及地质解释图，由图可见，结合区域地质与钻孔资料，按纵向可将地层分为四层。第一层为 A 电性层，主要分布在平距0 ~ 18000m，底板（基底）形态整体呈“几”字形，平距 0 ~ 2000m 为向南缓倾的单斜，平距 2000 ~ 6000m 为一平坡，底板几近出露于地表，平距 6000 ~ 18000m 为向北缓倾的单斜，由南向北沉积厚度逐渐增大，根据区内地质资料推测为第四系和下白垩统巴音戈壁组上段（K_1b^{2-3}），以砂岩、泥砂互层等为主。第二层为 B 电性层，反演电阻率较低，位于平距 18000m ~ 27000m，根据区内地质资料推测为第四系和下白垩统巴音戈壁组上段（K_1b^{2-3}），以泥岩、泥砂互层等为主。第三层为 C 电性层，其中平距 27000 ~ 30000m 出露于地表，沉积厚度两端厚中间薄，厚度变化范围为 400 ~ 1000m，推测为下白垩统巴音戈壁组下段（K_1b^1），以泥岩等为主。第四层为 D 电性层，是高阻层，推测为巴音戈壁盆地沉积盖层下部侏罗系与二叠系，主要为砂砾岩、凝灰岩等。另外，在反演电阻率断面图的 2.5km 处等值线发生明显弯曲，推测为浅部断裂。

图 4.42 为 4 条 MT 测线反演结果 3D 显示及地质解释图。结果显示研究区电性分层清晰，直观地反映出了区域基底及沉积盖层的特征。结合区域地质与钻孔资料，按纵向可将地层分为三层：第一层应为第四系和下白垩统巴音戈壁组上段（K_1b^{2-3}），其中 L02 线 8000 ~ 1300m 与 L04 线的 18000 ~ 26000m 电阻率为 1.5 ~

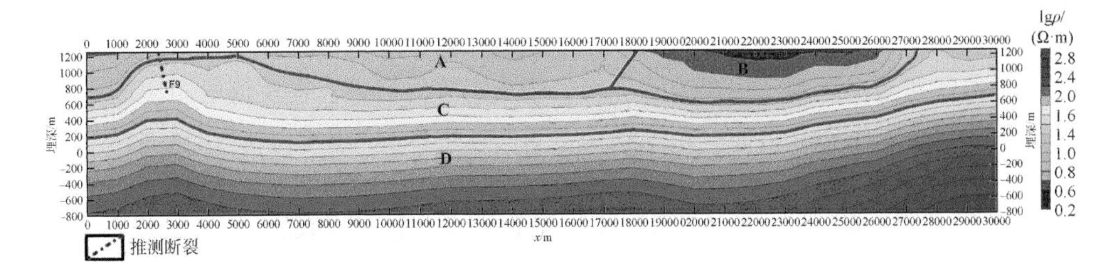

图4.41　塔木素地区L04线MT 2D反演电性结构及地质解释图

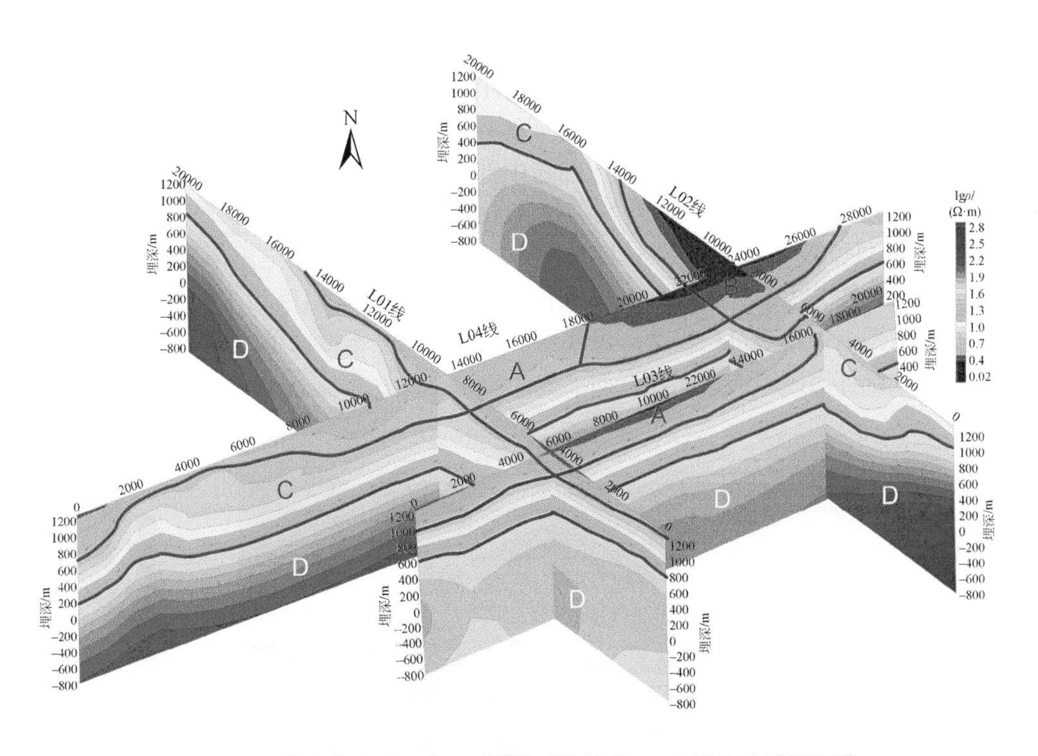

图4.42　塔木素地区4条MT测线反演结果3D显示及地质解释图

2.5Ω·m，通过与收集到的钻孔资料对比可知应为泥岩，其他区域的电阻率为4～6.5Ω·m，以砂岩等为主；第二层应为下白垩统巴音戈壁组下段（K_1b^1），电阻率为5.5～20Ω·m，明显高于第一层电阻率，结合钻孔资料推测为固结性较好的泥岩，就4条MT测线总的来说，白垩系底板（基底）形态整体呈北东走向的凹槽状，其北部为一个向南东倾伏的斜坡，倾角为4.3°～10°，中部为略带波状起伏的洼陷，南部为向北西缓倾的单斜，倾角为7°～9.5°，泥岩层最厚地段位于L01、L02线的中部及L04线的附近区域，北东向延伸约25km、北西向延伸约

14km，该区内产状平缓稳定、岩性变化一致，厚度超400m，为理想的高放废物处置库选址；第三层电阻大于20Ω · m，为高阻层，推测为巴音戈壁盆地沉积盖层下部侏罗系与二叠系，主要为砂砾岩、凝灰岩等。另外，在反演电阻率断面图上等值线没有发生明显弯曲、错断现象，表明区内没有大断裂。

4.5 苏宏图地区MT资料地质解释

4.5.1 MT电性层解释依据

为了对苏宏图地区MT反演电阻率断面图做出正确的解释，需要建立电性层与地质体（层）之间的相互关系。由于MT测区内钻孔较少，只收集到SZK-1、SZK-2两个钻孔资料，结合孔旁的测深资料，进行了地电结构的大致对比分析。施工钻孔分别位于苏宏图工作区西部与中部，揭露地层均为下白垩统苏宏图组。SZK-1、SZK-2分别位于L04线7km处、L02线2km处。

图4.43、图4.44分别为SZK-1、SZK-2孔旁的MT反演电阻率地电结构与钻孔资料对比图，由图分析认为：钻孔深度范围内反演电阻率为1～15Ω · m，在钻孔柱状图上第四系沉积较薄，仅几米，在断面图上不形成单独的电性层，全孔为下白垩统苏宏图组泥岩，具有如下特征。

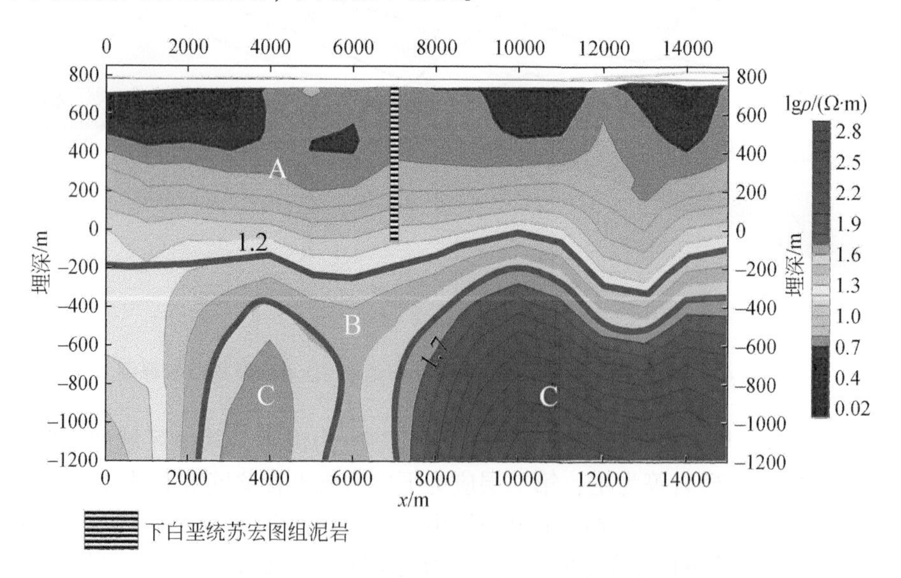

图4.43 苏宏图地区MT反演电阻率地电结构与钻孔SZK-1对比图

（1）A电性层：断面图顶部，反演电阻率为1～20Ω · m的低阻，是第四系和下白垩统苏宏图组 K_1s 层，以泥岩等为主，但固结性较差；

（2）B 电性层：位于断面图顶部或中部，反演电阻率为 20 ~ 40Ω · m 的中阻，是下白垩统巴音戈壁组 K_1b 层，以泥岩等为主，固结性较好；

（3）C 电性层：位于断面图下部，反演电阻率大于 40Ω · m，是侏罗纪与二叠纪地层，主要为砂砾岩等。

由于区内所有钻孔均未揭穿下白垩统苏宏图组，断面中 B 电性层与 C 电性层无法与钻孔资料进行对比。但根据电阻率特征、区域地质情况以及岩性分析，只能推测 B、C 电性层与地层对应关系。

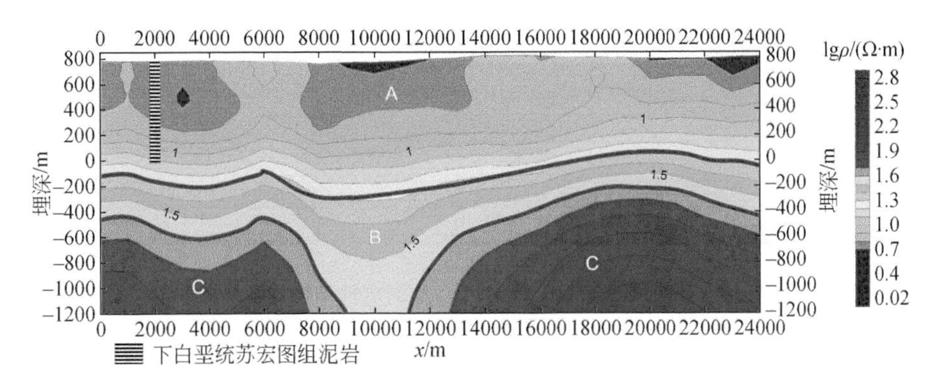

图 4.44　苏宏图地区 MT 反演电阻率地电结构与钻孔 SZK-2 对比图

4.5.2　地质解释

图 4.45 为 L01 线 MT2D 反演电性结构及地质解释图，由图可见，区内高、低电阻率分层清晰，形成明显的电性分界面，按纵向可将地层分为三个电性层：第一层为 A 电性层，表现为低阻，电阻率为 1 ~ 20Ω · m，各段厚度不一，差别较大，厚度为 300 ~ 1100m，平距 0 ~ 6000m 厚度相对稳定，约为 800m 左右，平距 6000 ~ 11000m 底板为向北倾伏的斜坡，倾角约为 7°，平距 11500m 处厚度最厚，约为 1100m，平距 12000 ~ 19000m 底板为向南倾伏的斜坡，倾角约为 9°，最浅处底板距地表约 300m，根据区内地质资料推测为第四系和下白垩统苏宏图组（K_1s），以红色、褐红色、灰色泥岩等为主；第二层为 B 电性层，表现为中阻，电阻率为 20 ~ 50Ω · m，厚度相对稳定，约为 200m，起伏形态与下白垩统苏宏图组底板一致，埋深为 350 ~ 1500m，推测为下白垩统巴音戈壁组（K_1b），以泥岩、粉砂岩为主；第三层为 C 电性层，表现为高阻，电阻率大于 50Ω · m，推测为侏罗纪与二叠纪地层，主要为砂砾岩等。另外，在平距 14000 ~ 18000m、纵向 −1200 ~ −200m 有一明显向北倾斜的低阻区域，推测为隐伏断裂。

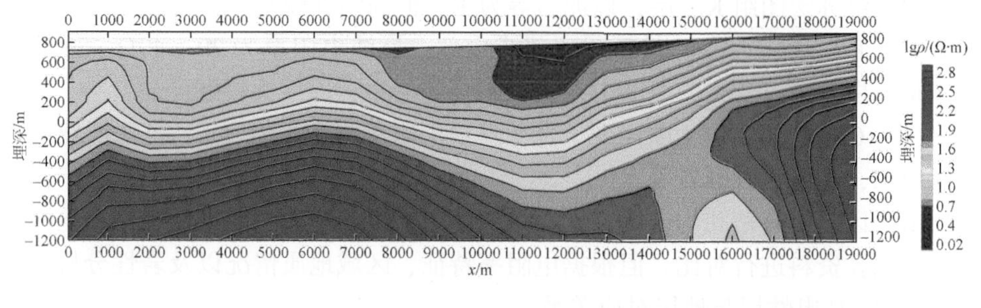

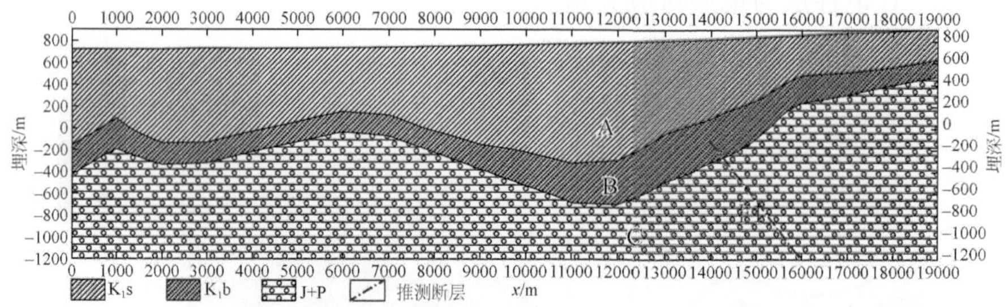

图 4.45　苏宏图地区 L01 线 MT 2D 反演电性结构及地质解释图

图 4.46 为 L02 线 MT 2D 反演电性结构及地质解释图，由图可见，区内高、低电阻率分层清晰，层位稳定，形成明显的电性分界面。按纵向可将地层分为三个电性层：第一层为 A 电性层，表现为低阻，电阻率为 1 ~ 20Ω · m，全线均有分布，顶板和底板起伏变化均较小，厚度稳定，厚度在 900m 上下，根据区内地质资料推测为第四系和下白垩统苏宏图组（K_1s），以红色、褐红色、灰色泥岩等为主；第二层为 B 电性层，表现为中低阻，电阻率为 20 ~ 50Ω · m，埋藏深度为 850 ~ 2000m，平距 0 ~ 6000m 处厚度相对稳定，约为 370m，平距 6000 ~ 14000m 处厚度较大，部分区域下延至 2000m 以下，应为该时期沉积盆地的中心位置之一，平距 17500 ~ 24000m 处厚度约为 300m，推测为下白垩统巴音戈壁组（K_1b），以泥岩、粉砂岩为主；第三层为 C 电性层，表现为高阻，电阻率大于 50Ω · m，推测为侏罗纪与二叠纪地层，主要为砂砾岩等。

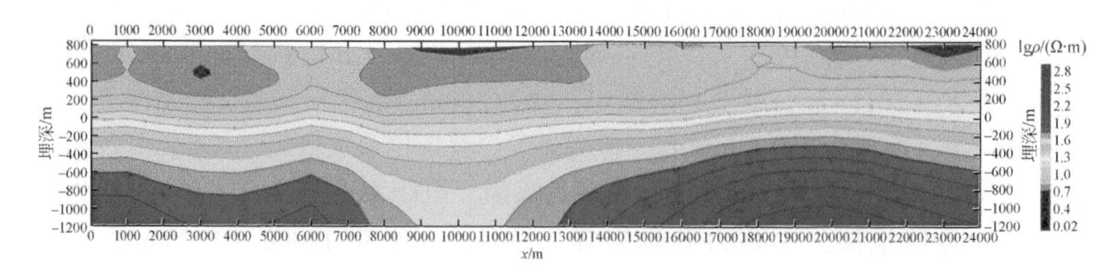

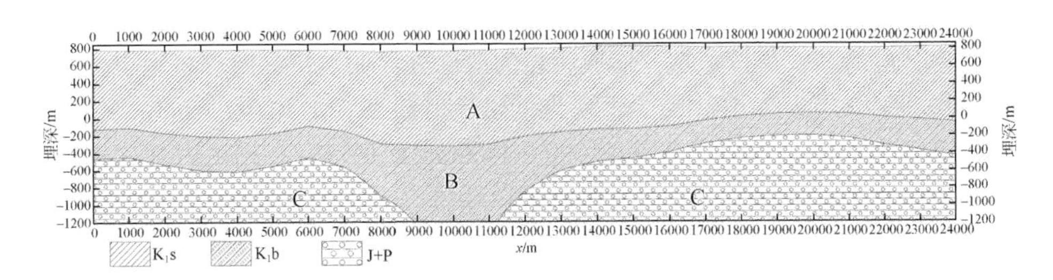

图 4.46　苏宏图地区 L02 线 MT 2D 反演电性结构及地质解释图

图 4.47 为 L03 线 MT 2D 反演电性结构及地质解释图，由图可见，按纵向可将地层分为二个电性层，无基岩层分布：第一层为 A 电性层，表现为低阻，电阻率为1 ~ 20Ω · m，层位连续，厚度稳定，厚度约为 1000m 左右，根据区内地质资料推测为第四系和白垩统苏宏图组（K_1s），以红色、褐红色、灰色泥岩等为主。第二层为 B 电性层，表现为中低阻，电阻率为 8 ~ 20Ω · m，埋藏深度在 950 ~ 2000m，层位稳定，推测为下白垩统巴音戈壁组（K_1b），以泥岩、粉砂岩为主。就全区 4 条 MT 测线而言，L03 测线中的白垩统巴音戈壁组沉积最厚，顶板埋藏深度也最深，推测为该时期盆地的沉积中心位置之一。

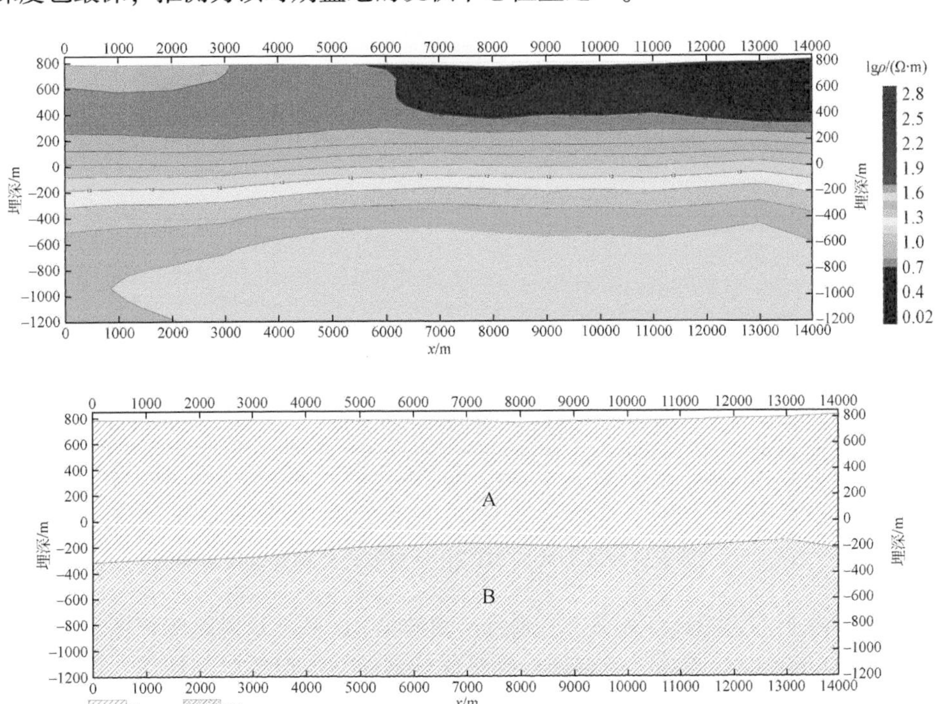

图 4.47　苏宏图地区 L03 线 MT 2D 反演电性结构及地质解释图

图 4.48 为 L04 线 MT 2D 反演电性结构及地质解释图，由图可见，区内高、低电阻率分层清晰，层位稳定，形成明显的电性分界面。按纵向可将地层分为三个电性层：第一层为 A 电性层，表现为低阻，电阻率为 1 ~ 20Ω · m，层位相对稳定，厚度为 950 ~ 1100m，平距 11000 ~ 14000m 处稍厚，根据区内地质资料推测为第四系和下白垩统苏宏图组（K_1s），以红色、褐红色、灰色泥岩等为主。第二层为 B 电性层，表现为中低阻，电阻率为 20 ~ 50Ω · m，埋藏深度为 900 ~ 2000m，平距 0 ~ 2000m 与 5500 ~ 7000m 处厚度相对较厚，下底板穿透 2000m，推测为该时期盆地的沉积中心之一，平距 9000 ~ 15000m 处厚度约为 200m，该层应为下白垩统巴音戈壁组（K_1b），以泥岩、粉砂岩为主。第三层为 C 电性层，表现为高阻，电阻率大于 50Ω · m，主要分布在平距 2500 ~ 5000m 与 7000 ~ 15000m 处，推测为侏罗纪与二叠纪地层，主要为砂砾岩等。另外，在平距 5000 ~ 7000m、纵向 -1200 ~ -200m 处有一明显低阻区域，可能为隐伏断裂。

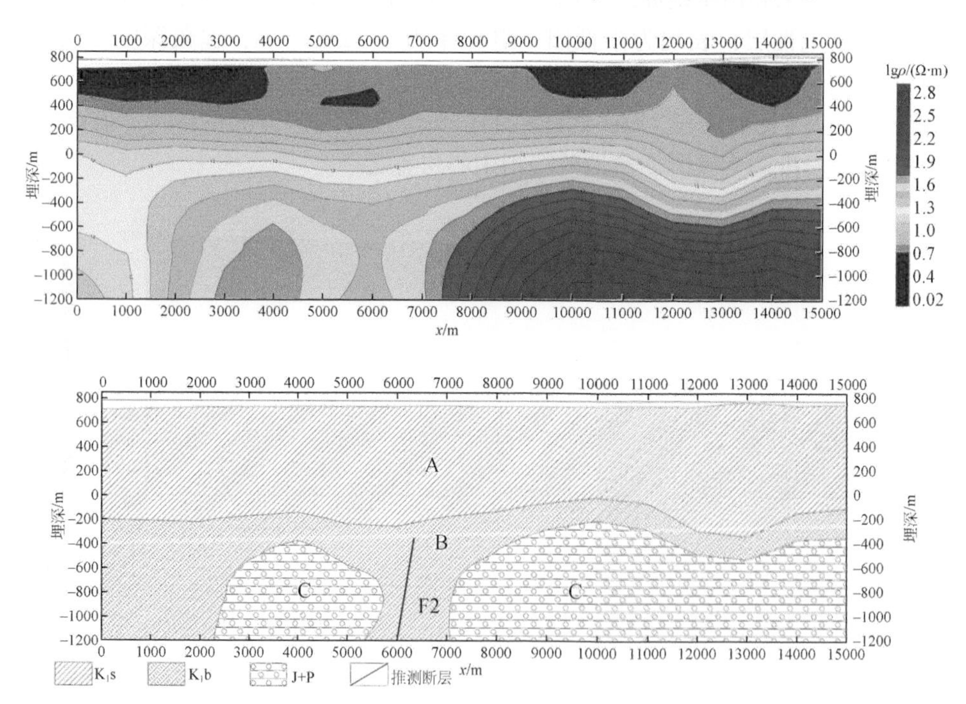

图 4.48 苏宏图地区 L04 线 MT 2D 反演电性结构及地质解释图

图 4.49 为苏宏图地区 4 条 MT 测线反演结果 3D 显示及地质解释图。结果显示，研究区电性分层清晰，直观地反映了区域基底及沉积盖层的特征。按纵向可将地层分为三个电性层：由钻孔资料可知，第一层为 A 电性层，以红色、褐红色、灰色泥岩等为主，厚度稳定，一般在 800m 以上，通过钻孔资料可知固结性

非常差，不适宜做高放废物处置；第二层为 B 电性层，是中阻层，以固结性较好的泥岩为主，应为目标黏土层，全区范围内目标层厚度相对稳定，在 300m 左右，层位连续，顶板起伏变化较小，但顶板埋藏深度较深，一般超 850m，其中 L02 线的中间部位（6000 ~ 14000m）、L03 线全线、L04 线的西侧（0 ~ 7000m）目标层厚度较厚，推测为该时期沉积盆地的沉积中心位置之一；第三层为 C 电性层，是高阻层，推测为侏罗纪与二叠纪地层，主要为砂砾岩等，除 L01 线的北端顶板埋藏较浅外，其他区域顶板埋藏较深一般在 1200m 以下。

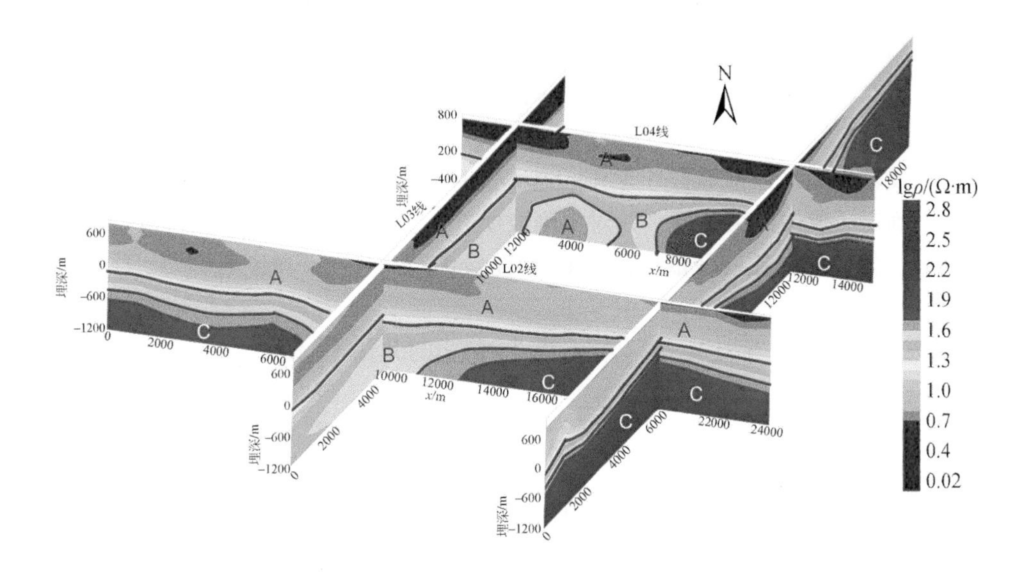

图 4.49　苏宏图地区 4 条 MT 测线反演结果 3D 显示及地质解释图

第5章　可控源音频大地电磁测深研究

前期在预选地段开展的大地电磁测深测量，已初步查明了黏土岩层的产状、规模、连续性情况以及岩体分布的大断裂特征。为进一步查明黏土岩层的产状、规模、空间分布、黏土岩层上下层位的岩性特征，在有利地段重点部位开展了可控源音频大地电磁测深（CSAMT）测量，精细地查明黏土岩层地质构造发育情况及可能存在的不良地质现象，进一步评价黏土岩岩层质量。

本章首先介绍了CSAMT法测线设计、数据采集参数、仪器标定与一致性检测、以及数据质量评价等野外工作的基本过程，然后开展CSAMT数据反演参数试验，确定了反演约束条件，并对实测数据进行了反演，结合钻孔与资料，确定电性层（体）的地质解释依据，对CSAMT反演结果进行了推断解释。

5.1　数据采集与数据质量评价

5.1.1　测线设计

为更加精细圈定有利部位黏土岩层的空间展布，选择黏土岩层位响应较好的地段开展了CSAMT测量工作。在塔木素与苏宏图预选区分别布设了10条CSAMT测线，测点具体位置分别如图5.1和图5.2所示。

5.1.2　数据采集参数

CSAMT野外测量采用的是加拿大凤凰公司所生产的V8多功能电法仪和电盒子RXU-3ER，电场分量E_x使用硫化铅不极化电极（极罐）测量，极罐安放在20～30cm的浅坑中。放置前，先清除坑中的石块、草根等杂物，再浇入适量的水后放入极罐，用湿土埋实。测量磁场分量H_y使用MTC-30磁探头，磁探头水平放置于接收偶极MN中心点附近，与MN连线垂直，方向误差不大于3°，使用水平尺和罗盘进行校准。

在CSAMT测量中，远区均匀大地表面水平电场（E_x）和水平磁场（H_y）都按收发距（r）立方的倒数（$1/r^3$）进行衰减。当收发距太近时，接收信号很快就进入近区，达不到要求的测量深度；反之，若收发距过大，则测量信号强度太弱，难以压制噪音，数据质量就会下降。本次测量采用赤道电偶极装置，根据勘

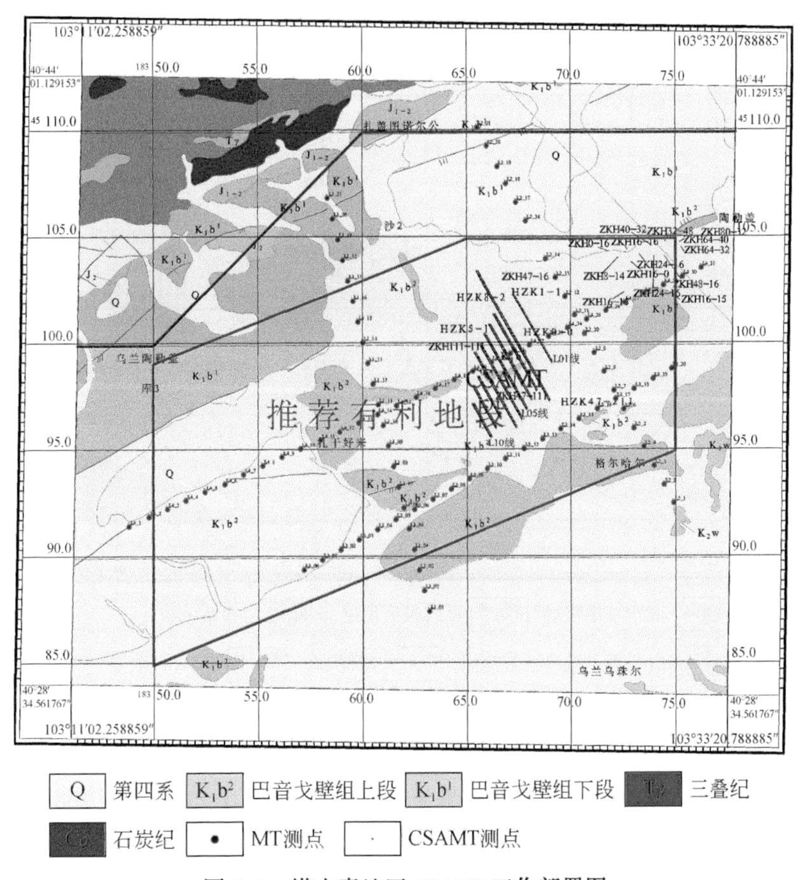

图 5.1　塔木素地区 CSAMT 工作部署图

探要求，勘查深度一般小于 1500m，规范要求收发距大于 5 倍测量深度，故最小收发距应大于 7.5km。结合实际地形和地物情况，选择场源布设，塔木素地区设计发射源 AB 极距为 1.73km，最小收发距为 8.4km，最大收发距为 12.6km。苏宏图地区设计放射源电极 AB 长度为 1.80km，最小收发距为 11.4km，最大收发距为 15.0km。实际接地点（A 和 B）在相应比例尺图上偏离设计点位不超过 1cm，AB 方位误差小于 3°。供电电极使用铜板，A、B 两端各挖 2～3 坑，每个坑深度至少为 50～60cm，长、宽为 1m×3m。为了减小接地电阻，对其浇灌盐水，保证接地良好。观测参数为视电阻率（ρ_s）和相位，频率范围为 8192～0.1Hz。

5.1.3　仪器标定及一致性检测

按照中华人民共和国地质矿产行业标准《可控源音频大地电磁法技术规程》（DZ/T 0280—2015），施工测量前，需对仪器进行标定及一致性检查工作，以确

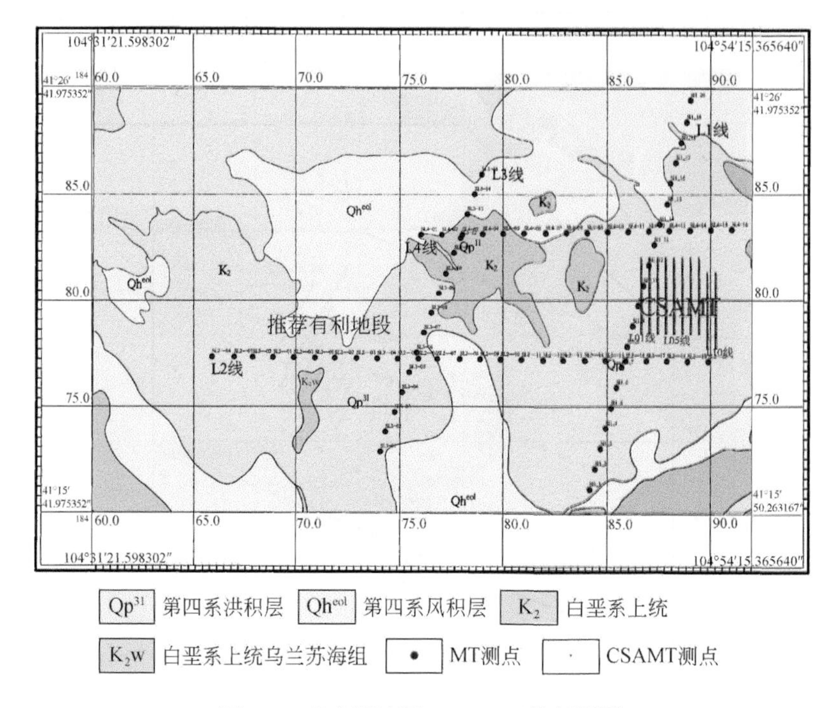

图 5.2　苏宏图地区 CSAMT 工作部署图

保仪器工作正常。本次 CSAMT 野外采集工作共投入了 1 台 V8 多功能电法仪、2 台电盒子 RXU-3ER5 以及 1 根 MTC-30 磁探头，开工前对每一套接收机和对应的磁探头进行了标定，三台仪器电道的标定曲线如图 5.3 所示，磁棒的标定曲线如图 5.4 所示，通过分析标定曲线可知仪器电道及磁棒标定正常，可以投入生产使用。

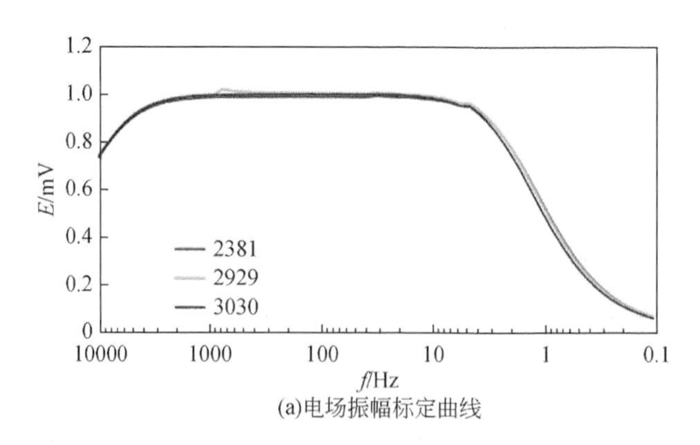

(a)电场振幅标定曲线

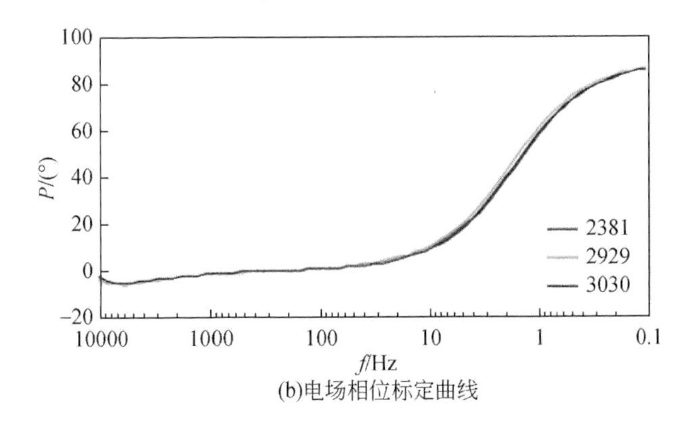

(b)电场相位标定曲线

图 5.3　电道标定曲线图

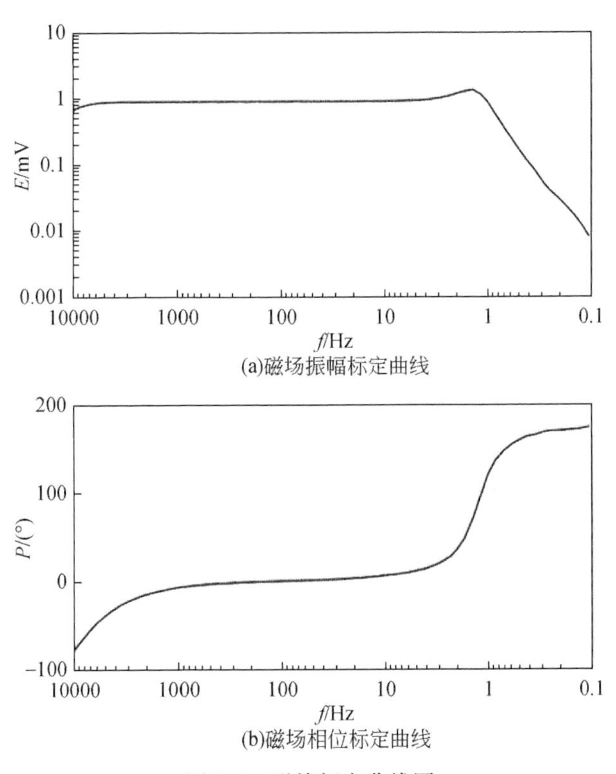

(b)磁场相位标定曲线

图 5.4　磁棒标定曲线图

仪器标定合格后，在工区附近选择无电磁干扰的地点，在正式生产前对三台仪器的性能进行了一致性测量，一致性测量曲线如图 5. 5 所示。经计算均方根相对误差最大值不超过 4. 1%，满足规范要求。

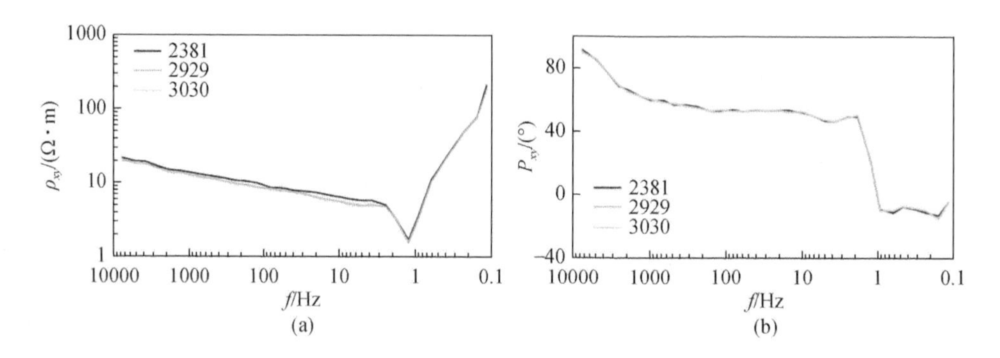

图 5.5　仪器一致性测量曲线图

5.1.4　数据质量评价

本次 CSAMT 工作共测量完成测线 20 条、测点 1400 个、测线总长 70km。在整个区域上相对均匀地布置了 48 个检查点，占总测点数的 3.42%。全区质检点电阻率均方误差最小为 1.18%，最大为 3.54%；相位均方误差最小为 1.34%，最大为 4.81%，均满足规范和项目设计要求。图 5.6 为塔木素地区 L07 线 3175m 处原始观测与检查观测的视电阻率与阻抗相位曲线对比图，由图可见，两次观测的曲线形态基本一致，吻合程度较好，说明数据重现性较好。

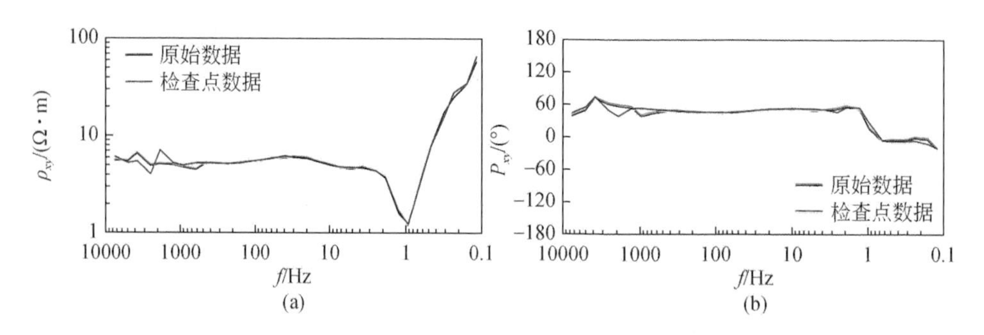

图 5.6　塔木素地区 L07-3175 检查点视电阻率与阻抗相位曲线对比图

5.2　数据处理

根据 CSAMT 数据特点和处理软件各模块功能，结合以往工作经验，选用如下数据处理流程（图 5.7）（底青云等，2001，2002；李帝铨等，2008）。

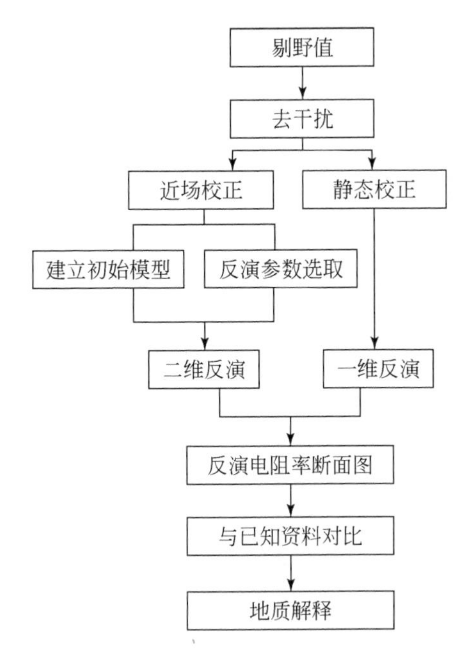

图5.7　CSAMT数据处理流程图

5.2.1　预处理

野外采集的数据中难免会有随机干扰信号，这些干扰信号往往会影响后期的数据反演处理。为了剔除这些干扰，需要在反演处理前对野外原始数据进行预处理，主要包括以下几项内容。

（1）将相同测线的数据拼合在一起，生成一个完整的数据文件。

（2）根据原始记录表、测深曲线形态、数据离差等参数，删除带有干扰信号的数据块、对野外采集的数据进行剔野值、去噪处理。

（3）根据每个测量点的全球定位系统（global positioning system，GPS）高程数据编辑成地形文件，以备进行地形改正使用。

（4）绘制每条测线的卡尼亚电阻率断面图、阻抗相位断面图，以检查静态效应的影响程度。

5.2.2　反演处理

1. 静态校正

测量数据中如果存在静态效应，不加处理会引起反演电阻率断面等值线形态发生畸变，造成地质假象。根据卡尼亚电阻率断面图和阻抗相位断面图可以看出数据中是否存在静态效应。静态效应使卡尼亚电阻率断面图等值线形态发生畸变，形成自上而下的直立条带状，但对应测点的阻抗相位等值线形态却不发生改变。为了消除这种影响，有两种方法可以解决：①将单测点的实测曲线与相邻4个测点曲线进行对比，根据“相邻测点曲线特征相似”的原则，对畸变测点手动进行平移；②通过空间滤波对静态效应数据进行校正。为了消除此种干扰，本次数据处理中先对平均数据进行空间滤波，然后再对测量点曲线逐点观察，采用手动的方式进行个别平移。

2. 反演初始模型选择

反演初始模型直接影响反演电阻率断面图的准确性，从而影响地质推断解释。ZONGE公司的SCS2D数据处理软件包提供了三种反演初始模型，即原始数据平滑模型（moving average of data）、一维反演平滑模型（moving average of 1D model）和均匀半空间模型（uniform resistivity）。

（1）原始数据平滑模型应用测量点的Bostick反演深度与其相应的电阻率形成矩阵作为初始模型，该模型对天然场反演效果最佳。

（2）一维反演平滑模型的原理是通过运行RSCS1D程序得到一维圆滑断面，再经过二维平滑滤波得到光滑的背景电阻率，以此作为初始模型再进一步进行二维反演。该初始模型在建立矩阵时考虑了近区低频数据，虽然它们并不参与反演，但对CSAMT来说是有意义的，因为当收发距一定时，近区频点出现的早晚反映了基底的起伏形态。

（3）均匀半空间模型则是用频率平方的倒数为权系数，对远区数据进行几何平滑得到初始模型，其最佳值是基底电阻率的平均值。

根据上述原理，一维反演平滑模型更适合于CSAMT测量数据的反演。本次数据反演处理中对上述三种初始模型进行了对比试验，认为一维反演平滑模型对基底的反演结果与实际情况更为接近。因此，选用一维反演平滑模型作为反演处理的初始模型。

3. 反演模型第一层厚度的确定

反演初始模型第一层厚度的选择直接影响到反演电阻率断面图的电性层厚度，从而影响资料推断解释成果。为了较好地解决这一问题，结合区内已知地段的观测数据，分别取不同的第一层厚度进行反演对比分析。通过对比分析，本次数据处理的初始模型第一层厚度为25m。

4. 圆滑系数的选择

在反演处理过程中，圆滑系数（ResSmth）控制着反演模型数据拟合度与模型粗糙度，如果圆滑系数选择过大，则数据拟合度较小，断面图等值线比较圆滑，那样就会损失一些弱的地质信息；如果圆滑系数选择过小，数据拟合度虽然较高，模型较粗糙，但浅部会出现过多的电阻率等值线团块，产生局部极值异常，造成假地质信息。

为了选取恰当的ResSmth，在数据反演前选择了区内已知钻孔旁的观测数据，对ResSmth的取值进行了多次的反演对比试验，工作区选用圆滑系数为0.3。

5. 地形改正

电磁测量受地形起伏的影响，最直观的现象就是使反演电阻率断面图上的等值线发生畸变，从而影响资料的解释效果。因此，在反演过程中进行了地形改正。地形改正方法根据测线上各测点的实际高程，按一定比例网格进行剖分，建立实际地形的网格模型。在剖分网格时，尽量细分模型浅部网格，然后，结合表层电阻率构成一个带地形的二维地电模型。

地形文件由野外测量时每一个测点的坐标和GPS高程数据组成，SCS2D软件在反演处理过程中根据系统要求打开所需要的地形文件，自动加载每个测点的高程数据进行地形改正，最后得到改正的反演电阻率断面图。

6. 最终处理参数的选择

根据上述各项试验结果，使用反演参数如下：初始模型为一维平滑模型，初始模型第一层厚度为25m，圆滑系数均为0.3，其他参数采用默认值。

5.3　塔木素地区CSAMT资料地质推断解释

5.3.1　电性层解释依据

为了对塔木素地区CSAMT反演电阻率断面图做出正确的解释，需建立电性层与地质体（层）之间的相互关系。本次主要根据塔木素CSAMT测区内收集的TZK-1钻孔资料，结合孔旁的测深资料，进行了地电结构的大致对比分析。需要说明的是，TZK-1钻孔距离L09钻孔1800m处约200m，所以钻孔资料与电性结构层可能会存在一些不对应。

图5.8为孔旁的CSAMT反演电阻率地电结构与钻孔ZKH16-15对比图，由图

分析认为第四系沉积较薄，仅数十米，在断面图上不形成单独的电性层，但白垩系沉积厚度大，岩性存在着明显的差异，具有如下特征。

（1）A 电性层：位于断面图顶部，反演电阻率为 2.5 ~ 12Ω · m 的中阻，为第四系和白垩统巴音戈壁组上段 K_1b^{2-3}层，以砂岩等为主。

（2）B 电性层：位于断面图顶部或中上部，反演电阻率为 1 ~ 3Ω · m 的低阻，为白垩统巴音戈壁组上段 K_1b^{2-3}层，以泥岩、泥砂互层等为主。

（3）C 电性层：位于断面中部，反演电阻率为 3 ~ 80Ω · m 的中高阻，为白垩统巴音戈壁组下段 K_1b^1层，以固结性较好的泥岩层等为主。

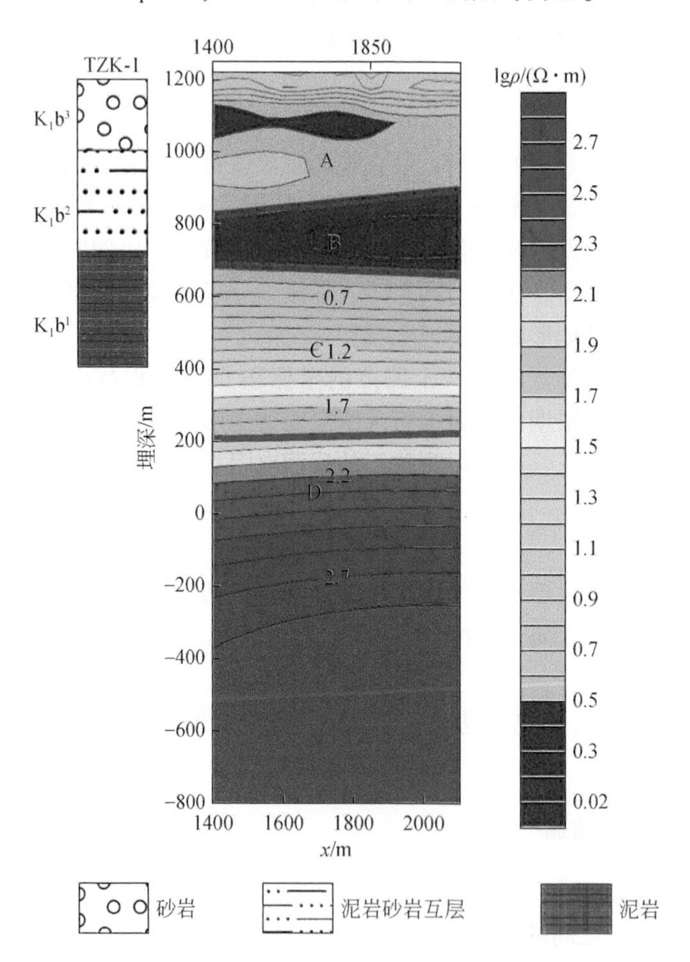

图 5.8　塔木素地区 CSAMT 反演电阻率地电结构与钻孔 ZKH16-15 对比图

与 MT 相同，区内所有钻孔均未揭穿下白垩统巴音戈壁组，因此，断面中 D 电性层无法与钻孔资料进行对比。但根据电阻率特征、区域地质情况以及岩性分析，推测D电性层对应基底，主要为砂砾岩、凝灰岩等。

5.3.2 地质解释

测线L01长度为3.6km，方位角为北偏西30°。图5.9展示了L01线2D反演电性结构及地质解释图，由图可见，区内高、低电阻率分层清晰，形成明显的电性分界面，按纵向可将地层分为四层：第一层是A电性层，为中低阻层，分为两段，南段（0～300m）较薄，厚度约为200m，北段为900～3600m，除北端（3150～3600m）较薄外（厚约50m），其他区域厚度均匀，厚度一般为260m，

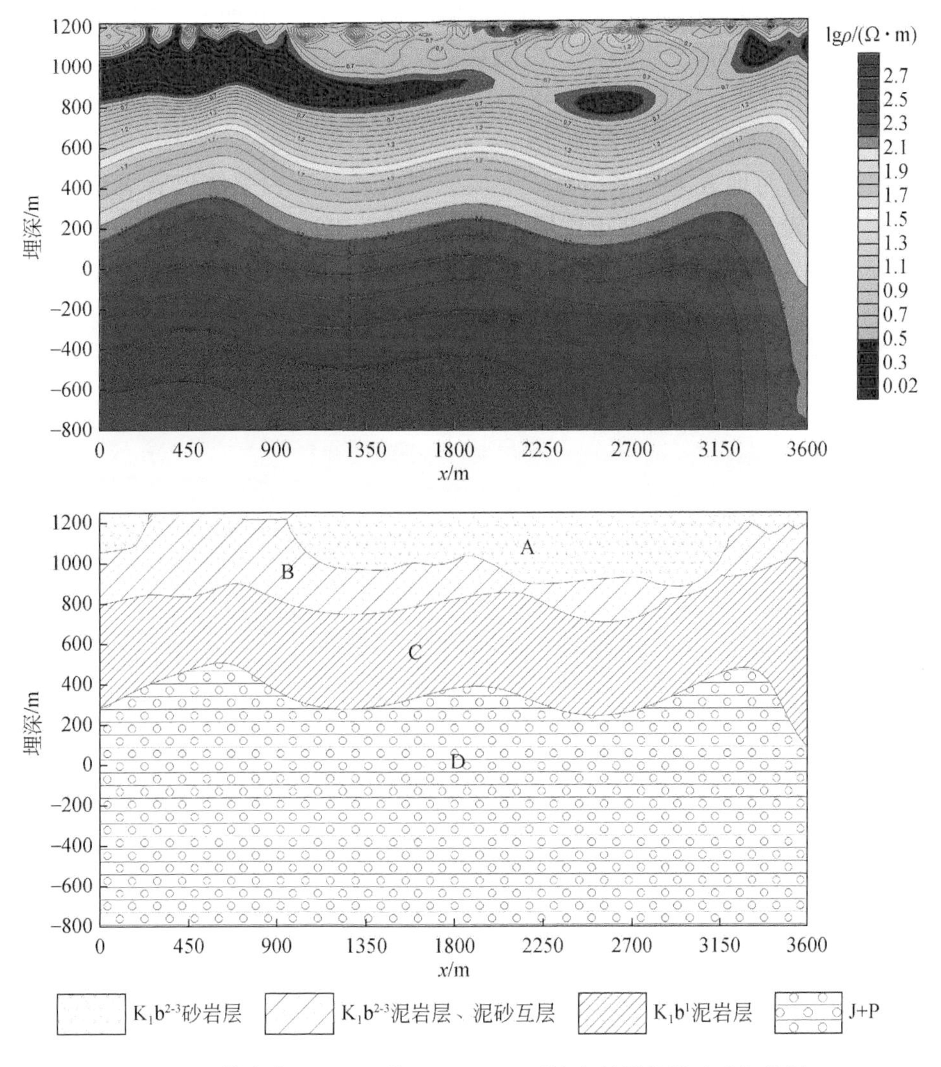

图5.9 塔木素地区L01线CSAMT 2D反演电性结构及地质解释图

推断该层为地表第四系（Q）干燥的风成砂及下白垩统巴音戈壁组上段（K_1b^{2-3}）砂岩、粉砂岩；第二层是 B 电性层，电阻率一般为 1 ~ 3Ω · m，南段厚、北段薄，最厚处为 360m，最薄处不到 100m，推测为下白垩统巴音戈壁组上段（K_1b^{2-3}），以沉积泥岩为主；第三层为 C 电性层，电阻率为 3 ~ 80Ω · m，为中高阻层，层位连续、呈波浪形，厚度均匀，一般在 400m 左右，推测为下白垩统巴音戈壁组下段（K_1b^1），以固结性较好的泥岩为主；第四层为 D 电性层，电阻率大于 80Ω · m，顶板埋深在 1000m 以下，推测以侏罗系硬质砂岩、凝灰岩等为主。

测线 L02 长度为 6.8km，方位角为北偏西 30°。图 5.10 展示了 L02 线 CSAMT 2D 反演电性结构及地质解释图，由图可见，按纵向可将地层分为四个电性层：第一层为 A 电性层，电阻率为 3 ~ 8Ω · m，为中低阻层，层位连续但厚度不一，两端薄中间厚，最厚处位于平距 3800 ~ 4200m，厚约 370m，应为该时期沉积中心，推断该层为地表第四系（Q）干燥的风成砂及下白垩统巴音戈壁组上段（K_1b^{2-3}）砂岩；第二层为 B 电性层，电阻率为 1 ~ 3Ω · m，为低阻层，形态整体呈"V"字形，厚度为 200 ~ 400m，两端厚中间薄，推测为下白垩统巴音戈壁组

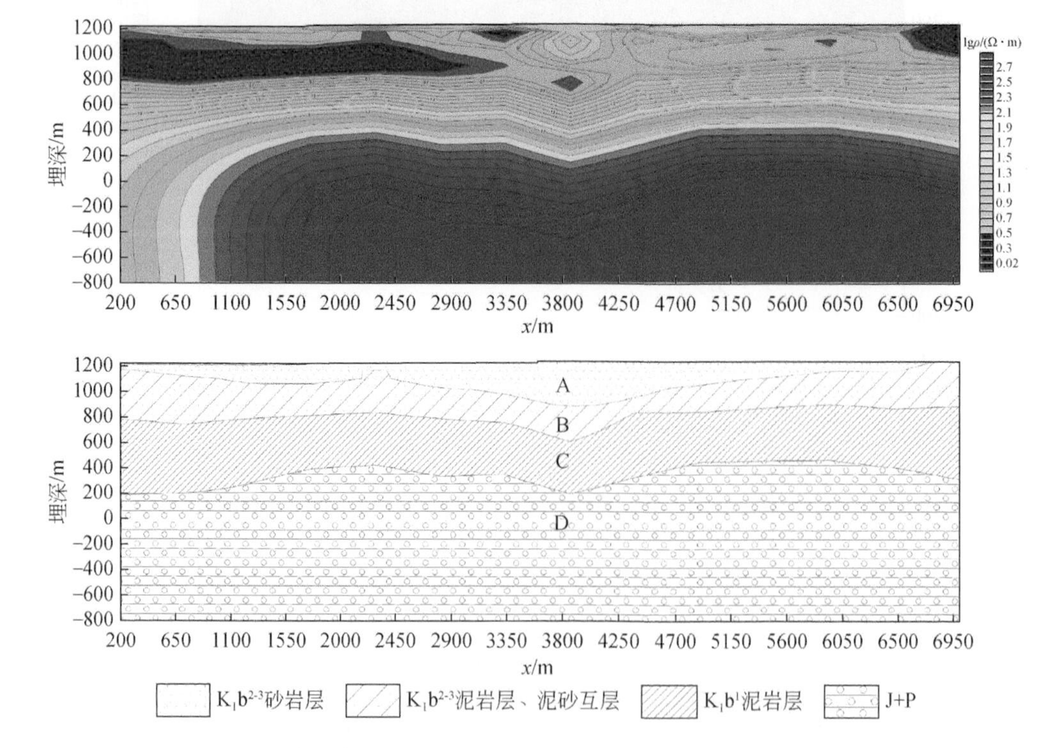

图 5.10　塔木素地区 L02 线 CSAMT 2D 反演电性结构及地质解释图

上段（K_1b^{2-3}），以沉积泥岩为主；第三层为 C 电性层，电阻率为 3 ~ 80Ω · m，为中高阻地层，厚度均匀，一般在 400m 上下，推测为下白垩统巴音戈壁组下段（K_1b^1），以固结性较好的泥岩为主；第四层为 D 电性层，电阻率大于 80Ω · m，埋深在 1000m 以下，推测以侏罗系硬质砂岩、凝灰岩等为主。

测线 L03 长度为 4km，方位角为北偏西 30°。图 5. 11 展示了 L03 线 CSAMT 2D 反演电性结构及地质解释图，由图可见，区内高、低电阻率分层清晰，形成明显的电性分界面，按纵向可将地层分为四个电性层：第一层为 A 电性层，电阻率为 3 ~ 8 Ω · m，为中低阻层，层位连续但厚度不一，南段（0 ~ 2900m）较薄，最厚处为 150m，北段（2900 ~ 4000m）较厚，厚度为 200 ~ 350m，推断该层为地

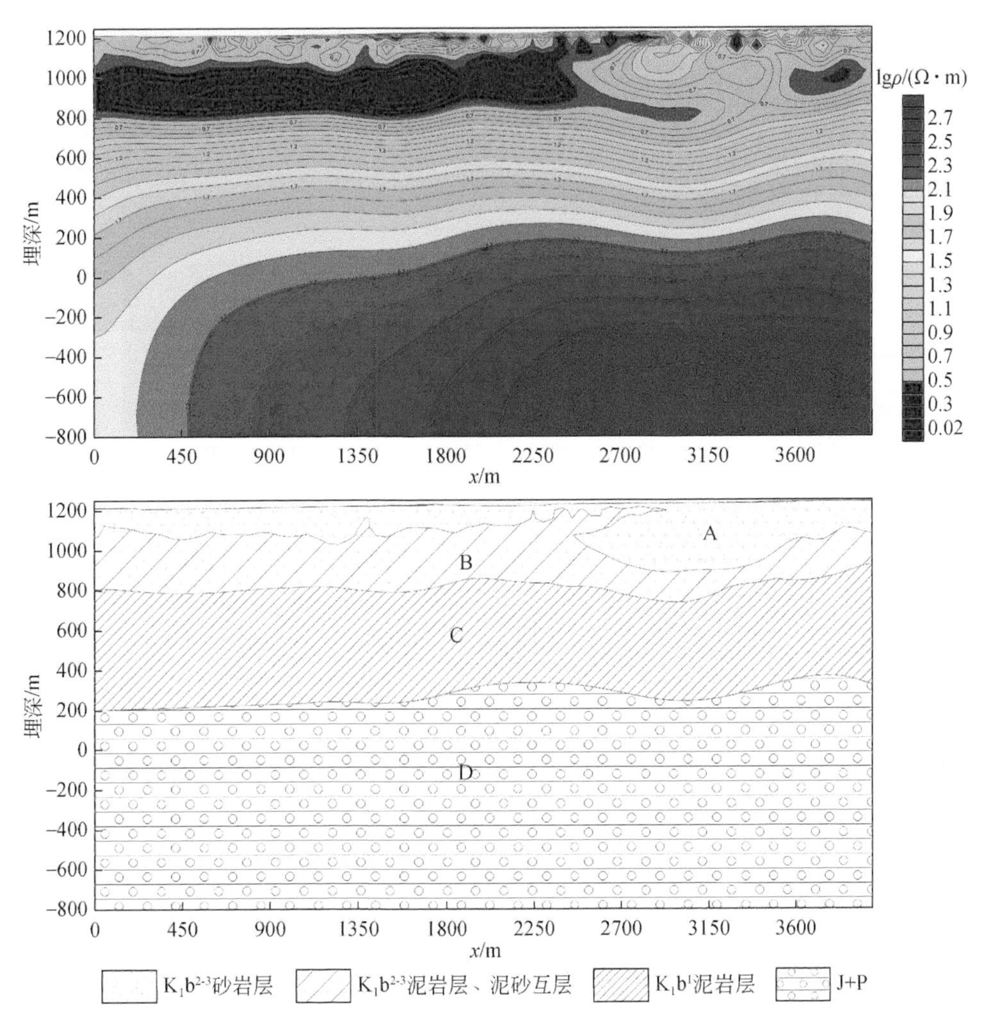

图 5. 11　塔木素地区 L03 线 CSAMT 2D 反演电性结构及地质解释图

表第四系（Q）干燥的风成砂及下白垩统巴音戈壁组上段（K_1b^{2-3}）砂岩、粉砂岩；第二层为B电性层，电阻率为1～3Ω·m，为低阻层，南段（0～2500m）厚度均匀，厚约300m，北段（2500～4000m）厚度较薄，厚度为100～150m，北段顶板较南段埋藏深度偏深，推测为下白垩统巴音戈壁组上段（K_1b^{2-3}），以沉积泥岩为主；第三层为C电性层，电阻率为3～80Ω·m，为中高阻地层，层位连续、厚度稳定，厚度为400～600m，推测为下白垩统巴音戈壁组下段（K_1b^1），以固结性较好的泥岩为主；第四层为D电性层，电阻率大于80Ω·m，大体埋深在1000m以下，推测以侏罗系硬质砂岩、凝灰岩等为主。

测线L04长度为4km，方位角为北偏西30°。图5.12展示了L04线CSAMT

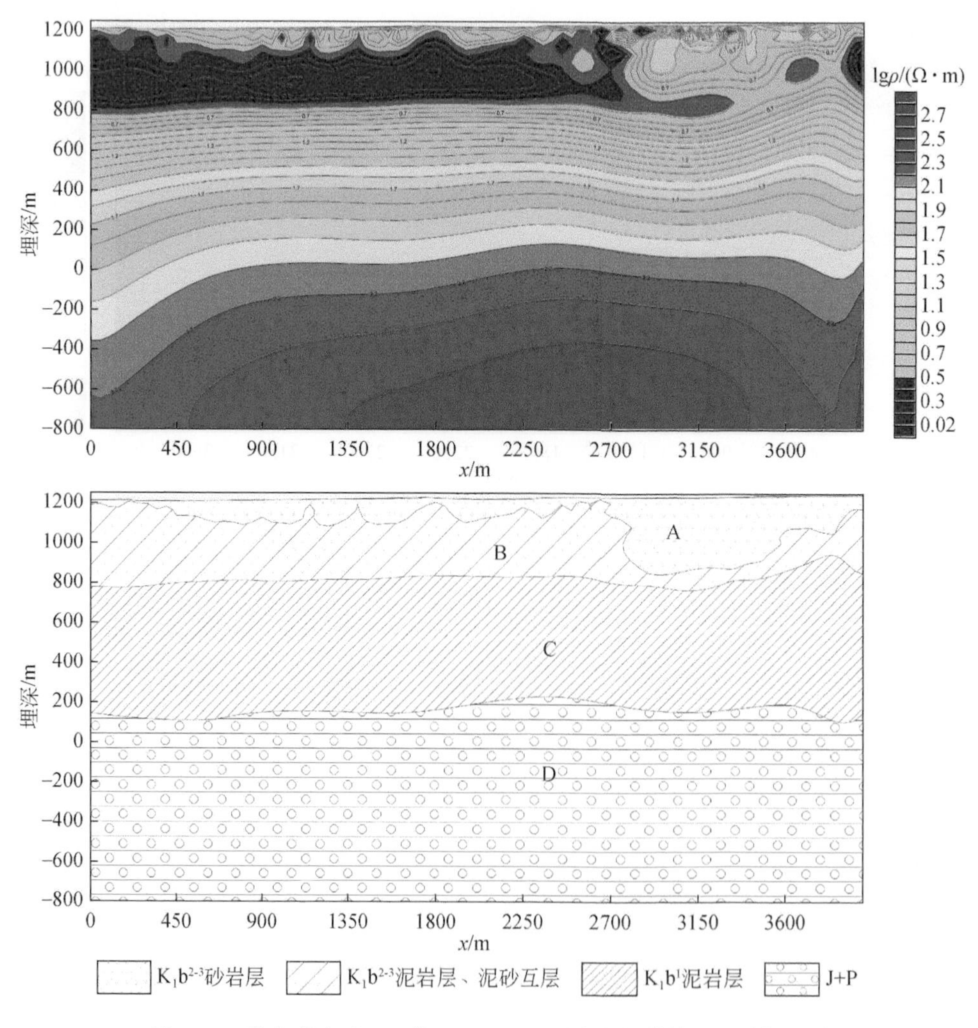

图5.12　塔木素地区L04线CSAMT 2D反演电性结构及地质解释图

2D 反演电性结构及地质解释图，由图可见，区内高、低电阻率分层清晰，形成明显的电性分界面，按纵向可将地层分为四个电性层：第一层为 A 电性层，电阻率为 3～8 Ω·m，为中低阻层，层位连续但厚度不一，南段（0～2800m）较薄，最厚处仅为 150m，北段（2800～4000m）稍厚，厚度为 100～350m，推断该层为地表第四系（Q）干燥的风成砂及下白垩统巴音戈壁组上段（K_1b^{2-3}）砂岩、粉砂岩；第二层为 B 电性层，电阻率为 1～3Ω·m，为低阻层，南段（0～2800m）顶板几近出露于地表，厚度变化较小，厚度为 300～430m，北段（2800～4000m）由南向北厚度渐厚，顶板埋深渐浅，厚度为 80～300m，推测为下白垩统巴音戈壁组上段（K_1b^{2-3}），以沉积泥岩为主；第三层为 C 电性层，电阻率为 3～80Ω·m，为中高阻地层，层位连续，厚度稳定，约在 600m，推测为下白垩统巴音戈壁组下段（K_1b^1），以固结性较好的泥岩为主；第四层为 D 电性层，电阻率大于 80Ω·m，顶板埋深在 1100m 以下，推测以侏罗系硬质砂岩、凝灰岩等为主。

测线 L05 长度为 4km，方位角为北偏西 30°。图 5.13 展示了 L05 线二维反演电性结构及地质解释图，由图可见，区内高、低电阻率分层清晰，形成明显的电性分界面，按纵向可将地层分为四层：第一层为 A 电性层，电阻率为 3～8Ω·m，为中低阻层，层位连续但厚度不一，南段（0～2700m）较薄，最厚处约 150m，北段（2700～4000m）较厚，从地表可下延到地下 300m 左右，推断该层为地表第四系（Q）干燥的风成砂及下白垩统巴音戈壁组上段（K_1b^{2-3}）砂岩、粉砂岩；第二层为 B 电性层，电阻率为 1～3Ω·m，为低阻层，南段（0～2300m）顶板几近出露于地表，厚度变化较小，厚度为 330～430m，北段（2300～4000m）顶板形态整体呈“U”字形，两端厚中间薄，厚度为 80～300m，推测为下白垩统巴音戈壁组上段（K_1b^{2-3}），以沉积泥岩为主；第三层为 C 电性层，电阻率为 3～80Ω·m，为中高阻地层，层位连续，厚度为 400～580m，推测为下白垩统巴音戈壁组下段（K_1b^1），以固结性较好的泥岩为主；第四层为 D 电性层，电阻率大于 80Ω·m，埋深在 1100m 以下，推测以侏罗系硬质砂岩、凝灰岩等为主。

测线 L06 长度为 4km，方位角为北偏西 30°。图 5.14 展示了 L06 线 CSAMT 2D 反演电性结构及地质解释图，由图可见，区内高、低电阻率分层清晰，形成明显的电性分界面，按纵向可将地层分为四个电性层：第一层为 A 电性层，电阻率 3～8Ω·m，为中低阻层，可分为两段，南段为 0～1500m，其中平距 0～900m 厚度均匀，厚约 420m，北段（2200～4000m）底板整体形态呈“U”字形，最厚处约为 350m，推断该层为地表第四系（Q）干燥的风成砂及下白垩统巴音戈壁组上段（K_1b^{2-3}）砂岩、粉砂岩；第二层为 B 电性层，电阻率为 1～3Ω·m，为低阻层，中间厚两端薄，其中平距 900～2500m 处厚度偏厚，厚度为 200～450m，

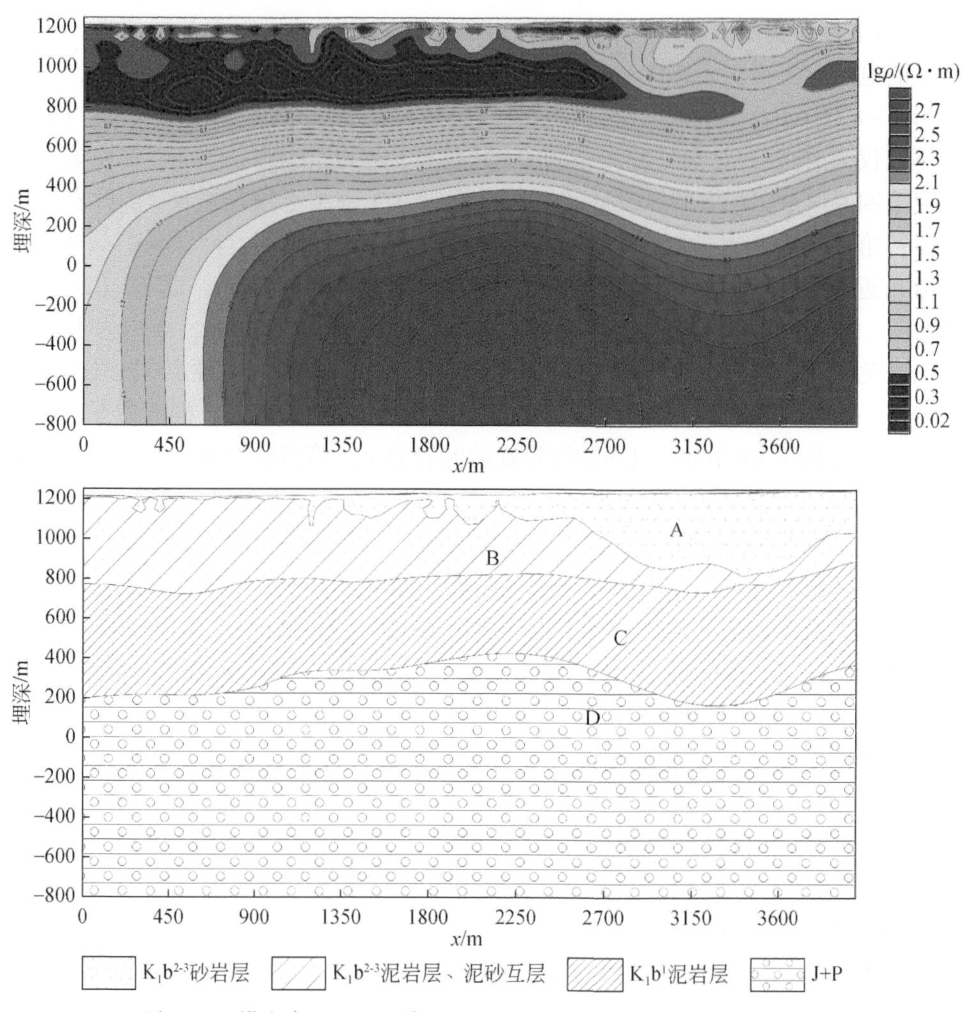

图 5.13　塔木素地区 L05 线 CSAMT 2D 反演电性结构及地质解释图

两侧厚度仅为 100m 上下，推测为下白垩统巴音戈壁组上段（K_1b^{2-3}），以沉积泥岩为主；第三层为 C 电性层，电阻率为 3 ~ 30Ω · m，为中高阻地层，厚度稳定，厚度为 440 ~ 500m，推测为下白垩统巴音戈壁组下段（K_1b^1），以固结性较好的泥岩为主；第四层为 D 电性层，电阻率大于 80Ω · m，埋深在 1000m 以下，推测以侏罗系硬质砂岩、凝灰岩等为主。

测线 L07 长度为 4km，方位角为北偏西 30°。图 5.15 展示了 L07 线 CSAMT 2D 反演电性结构及地质解释图，由图可见，区内高、低电阻率分层清晰，形成明显的电性分界面，按纵向可将地层分为四个电性层层：第一层为 A 电性层，电阻率为 3 ~ 8Ω · m，为中低阻层，层位连续但厚度不一，南段（0 ~ 900m）相对

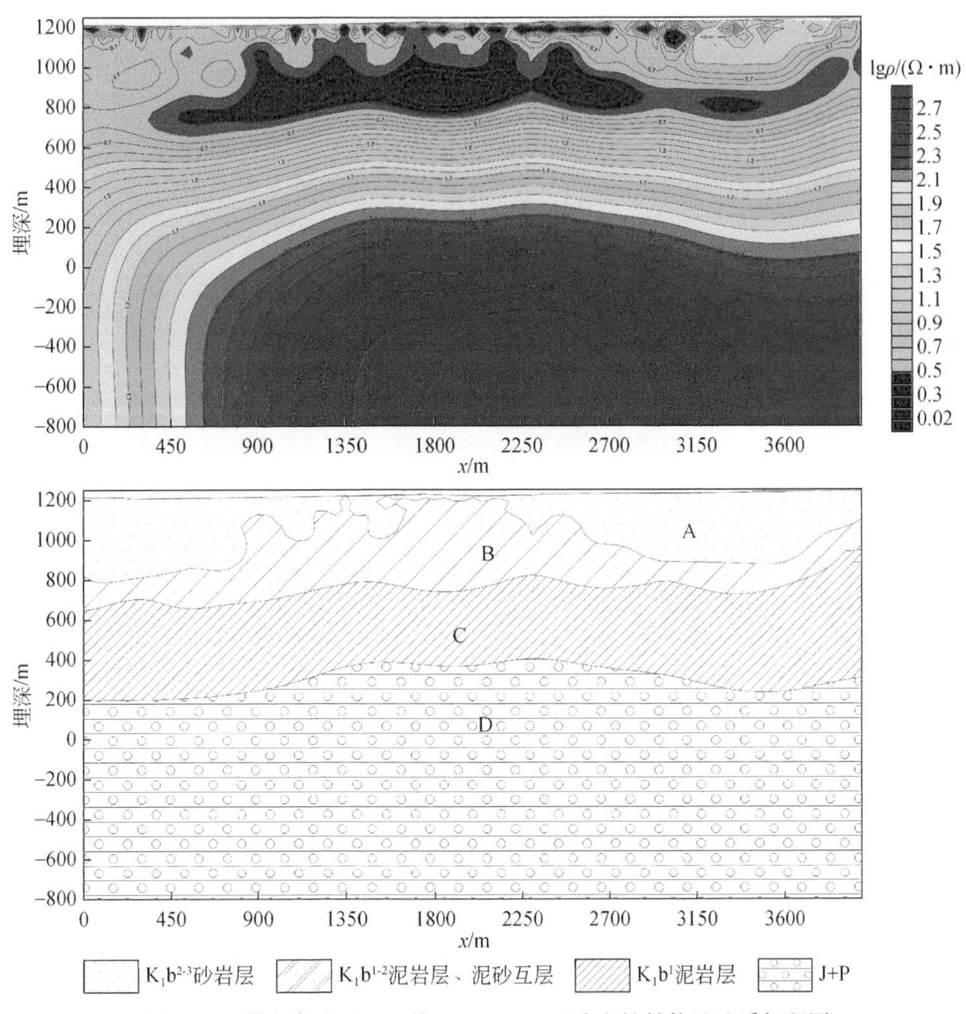

图 5.14　塔木素地区 L06 线 CSAMT 2D 反演电性结构及地质解释图

较厚，厚度在 400m 上下，北段（900 ~ 4000m）由北向南逐渐增厚，最薄处顶板离地表仅数十米，最厚处厚度约 330m，推断该层为地表第四系（Q）干燥的风成砂及下白垩统巴音戈壁组上段（K_1b^{2-3}）砂岩、粉砂岩；第二层为 B 电性层，电阻率为1 ~ 3Ω · m，为低阻层，分布在平距 450 ~ 4000m 处，其中平距 450 ~ 1100m 又分为上下两层，每层厚度为 100m 上下，北段（1100 ~ 4000m）由南向北厚度渐薄，厚度为 130 ~ 350m，推测为下白垩统巴音戈壁组上段（K_1b^{2-3}），以沉积泥岩为主；第三层为 C 电性层，电阻率在 3 ~ 80Ω · m，为中高阻地层，层位连续、厚度均匀，厚度在 500m 上下，推测为下白垩统巴音戈壁组下段（K_1b^1），以固结性较好的泥岩为主；第四层为 D 电性层，电阻率大于 80Ω · m，

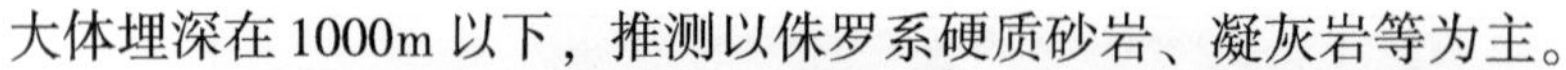

大体埋深在1000m以下，推测以侏罗系硬质砂岩、凝灰岩等为主。

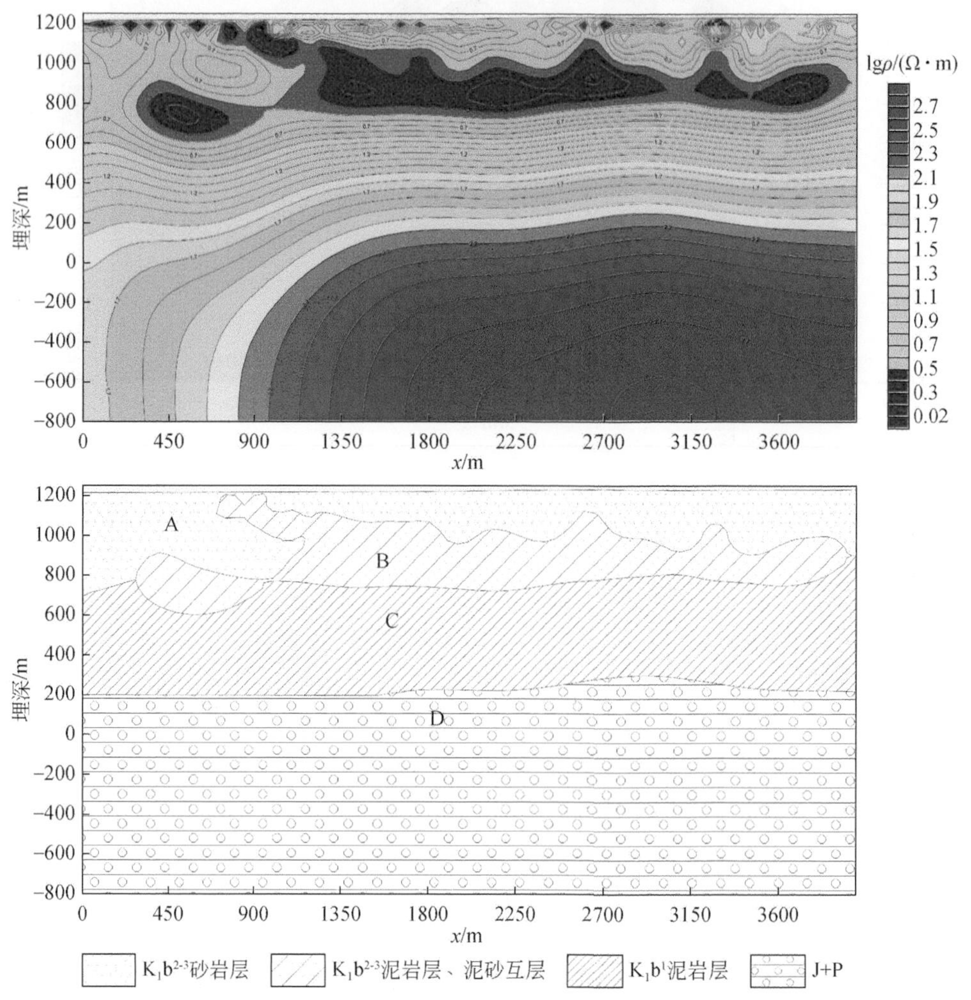

图 5.15　塔木素地区 L07 线 CSAMT 2D 反演电性结构及地质解释图

测线 L08 长度为 2.2km，方位角为北偏西 30°。图 5.16 展示了 L08 线 CSAMT 2D 反演电性结构及地质解释图，由图可见，区内高、低电阻率分层清晰，形成明显的电性分界面，按纵向可将地层分为四个电性层：第一层为 A 电性层，电阻率为 3 ~ 8Ω · m，为中低阻层，可分为三段，南段（0 ~ 300m）厚度较厚，厚度约为 450m，中间段（300 ~ 1100m）由于 B 电性层的插入，被分为上下两层，每层厚度 100m 上下，北端（1100 ~ 2200m）厚度均匀，厚约 170m，推断该层为地表第四系（Q）干燥的风成砂及下白垩统巴音戈壁组上段（K_1b^{2-3}）砂岩、粉砂岩；第二层为 B 电性层，电阻率为 1 ~ 3Ω · m，为低阻层，其中平距 230 ~ 1000m

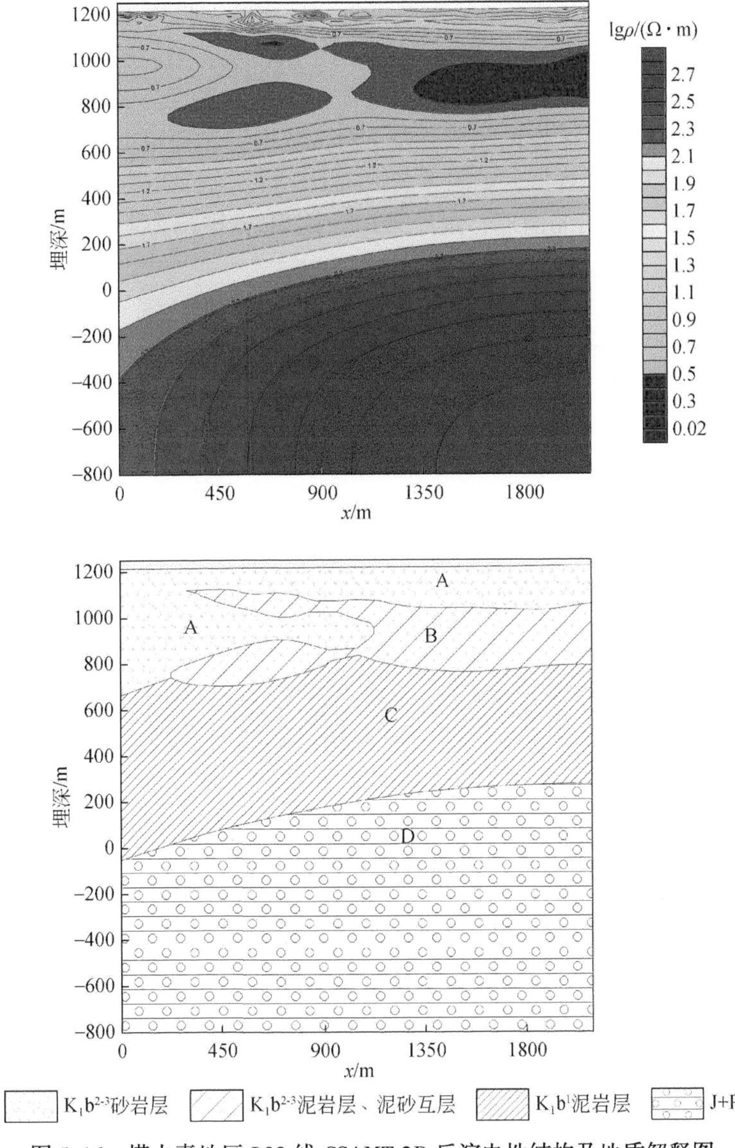

图5.16　塔木素地区L08线CSAMT 2D反演电性结构及地质解释图

可分为上下两层，每层厚度仅为数十米，北段（1100～2200m）厚度稳定，厚约250m，推测为下白垩统巴音戈壁组上段（K_1b^{2-3}），以沉积泥岩为主；第三层为C电性层，电阻率为3～80Ω·m，为中高阻地层，厚度为500～700m，推测为下白垩统巴音戈壁组下段（K_1b^1），以固结性较好的泥岩为主；第四层为D电性层，电阻率大于80Ω·m，埋深在1000m以下，推测以侏罗系硬质砂岩、凝灰岩等为主。

测线L09长度为2.2km，方位角为北偏西30°。图5.17展示了L09线CSAMT

2D 反演电性结构及地质解释图，由图可见，区内高、低电阻率分层清晰，形成明显的电性分界面，按纵向可将地层分为四个电性层：第一层为 A 电性层，电阻率为 3～8Ω · m，为中低阻层，厚度由南向北渐薄，厚度为 310～650m，推断该层为地表第四系（Q）干燥的风成砂及下白垩统巴音戈壁组上段（K_1b^{2-3}）砂岩、粉砂岩；第二层为 B 电性层，电阻率为 1～3Ω · m，为低阻层，分布在平距 500～2200m 处，厚度由南向北渐厚，最厚处约为 220m，推测为下白垩统巴音戈壁组

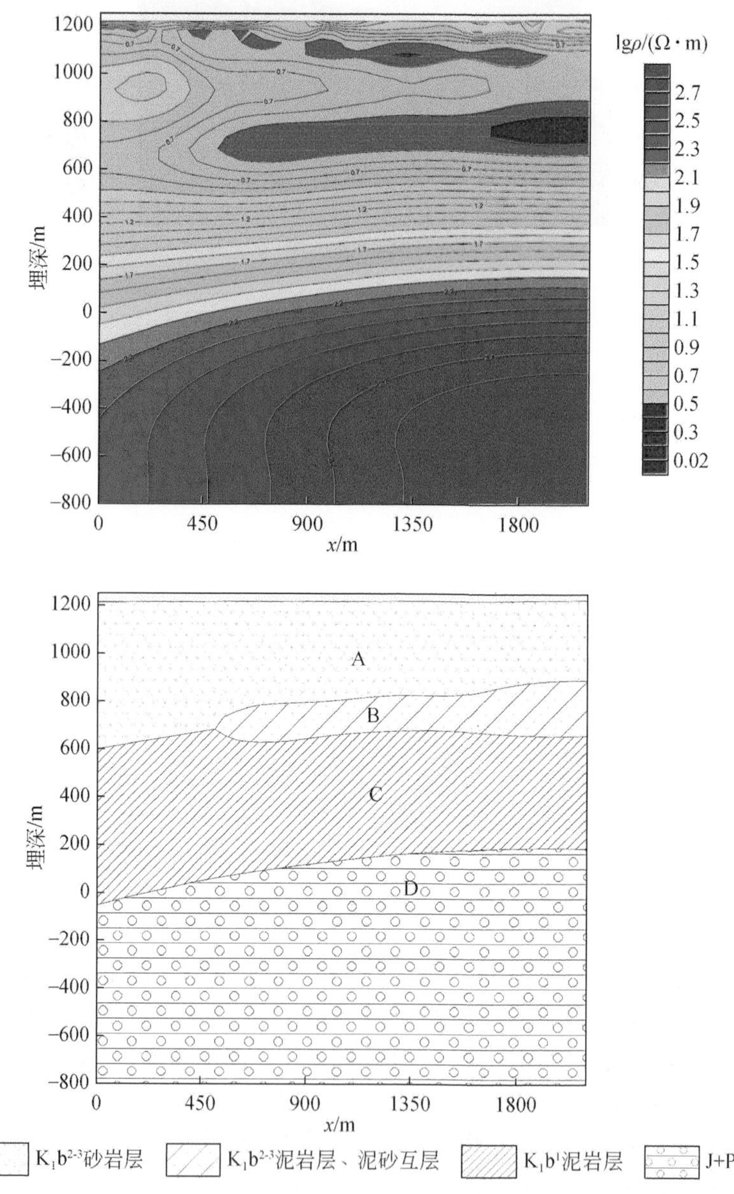

图 5.17 塔木素地区 L09 线 CSAMT 2D 反演电性结构及地质解释图

上段（K_1b^{2-3}），以沉积泥岩为主；第三层为 C 电性层，电阻率为 3 ~ 80Ω · m，为中高阻层，厚度为 460 ~ 650m，推测为下白垩统巴音戈壁组下段（K_1b^1），应以固结性较好的泥岩为主；第四层为 D 电性层，电阻率大于 80Ω · m，埋深在 1000m 以下，推测以侏罗系硬质砂岩、凝灰岩等为主。

测线 L10 长度为 1.8km，方位角为北偏西 30°。图 5.18 展示了 L10 线 CSAMT

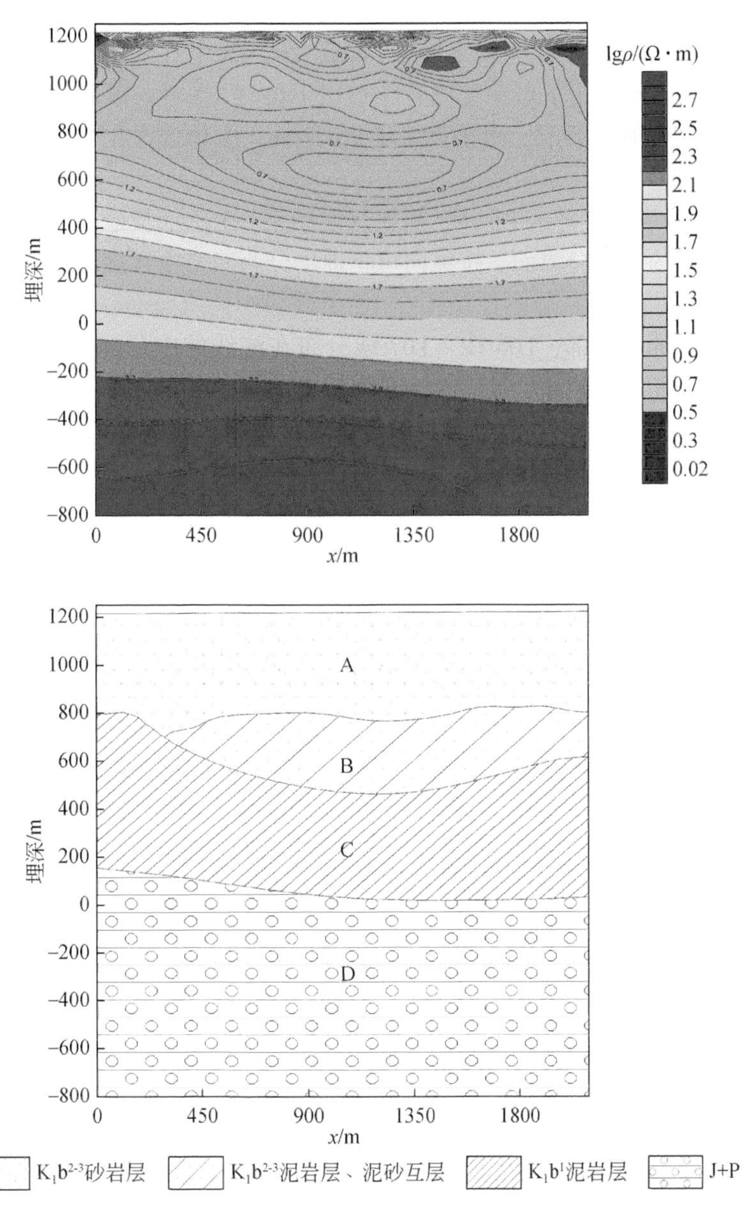

图 5.18　塔木素地区 L10 线 CSAMT 2D 反演电性结构及地质解释图

2D 反演电性结构及地质解释图，由图可见，区内高、低电阻率分层清晰，形成明显的电性分界面，按纵向可将地层分为四个电性层：第一层为 A 电性层，电阻率为3 ~ 8Ω · m，为中低阻层，厚度稳定，厚约 450m，推断该层为地表第四系（Q）干燥的风成砂及下白垩统巴音戈壁组上段（K_1b^{2-3}）砂岩、粉砂岩；第二层为 B 电性层，电阻率为 1 ~ 3Ω · m，为低阻层，分布在平距 450 ~ 1800m 处，最厚处厚度为 300m，推测为下白垩统巴音戈壁组上段（K_1b^{2-3}），以沉积泥岩为主；第三层为 C 电性层，电阻率为 3 ~ 80Ω · m，为中高阻层，层位连续，厚度为 440 ~ 650m，推测为下白垩统巴音戈壁组下段（K_1b^1），以固结性较好的泥岩为主；第四层为 D 电性层，电阻率大于 80Ω · m，大体埋深在 1000m 以下，推测以侏罗系硬质砂岩、凝灰岩等为主。

图 5. 19 为塔木素地区 CSAMT 测线反演结果 3D 显示及地质解释图，如图所示，形成明显的电性分界面，按纵向可将地层分为四个电性层，第二与第三电性结构层为泥岩层。第二层电性结构在 10 条测线中均有分布，其中 L01 线 ~ L05 线分布在测线的中南部，L06 线 ~ L07 线分布在测线的中北部，7 条测线中厚度超 300m 的目标层沿测线方向延伸长度均超 2. 2km，埋深在 0 ~ 450m。第三层电性结构在 CSAMT 测区内均有分布，层位稳定、连续，埋深在 450 ~ 1000m，厚度超 400m，应为最理想的目标层。

5. 4 苏宏图地区 CSAMT 资料地质解释

5. 4. 1 电性层解释依据

为了对苏宏图地区 CSAMT 反演电阻率断面图做出正确的解释，需建立电性层与地质体（层）之间的相互关系。由于 CSAMT 测区内无钻孔资料，只能根据电阻率特征、区域地质情况、岩性分析以及 MT 与 CSAMT 相交部位，推测电性层与地层对应关系。

图 5. 20 为苏宏图地区 CSAMT 反演电阻率地电结构，根据此图按纵向可划分为四个电性层。

（1）A 电性层：断面图顶部，反演电阻率大于 8Ω · m，为第四系覆盖层，以砂为主。

（2）B 电性层：位于断面图中上部，反演电阻率为 1 ~ 3Ω · m 的低阻，为下白垩统苏宏图组 K_1s 层，以泥岩等为主，固结性较差。

（3）C 电性层：位于断面图中下部，反演电阻率为 3 ~ 8Ω · m 的中阻，为下白垩统巴音戈壁组 K_1b 层，以泥岩等为主，固结性较好。

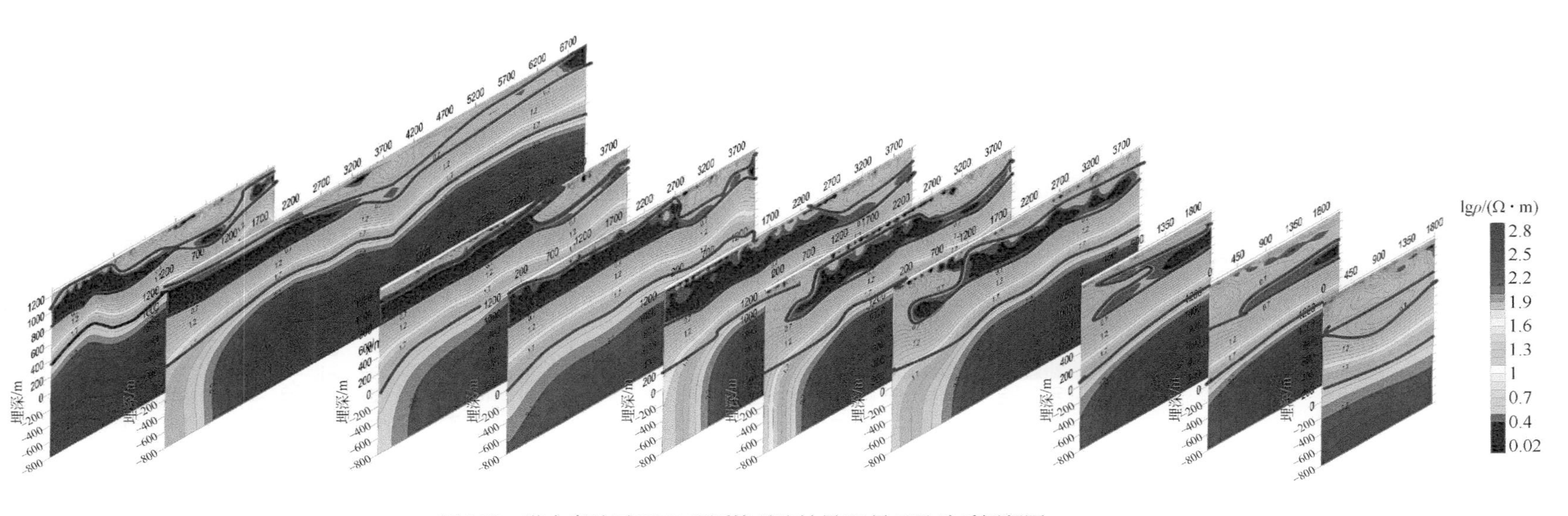

图5.19　塔木素地区CSAMT测线反演结果3D显示及地质解释图

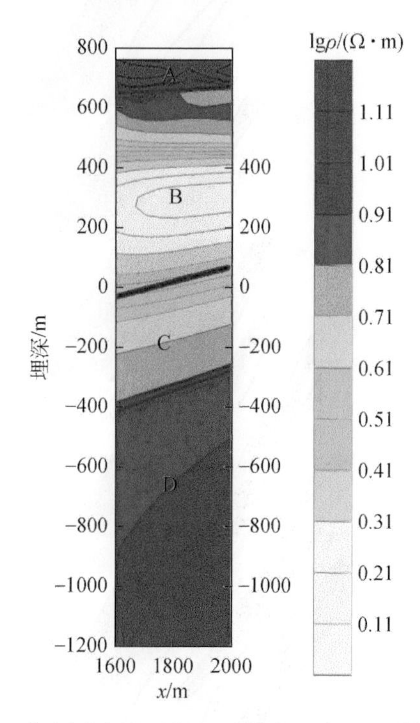

图 5.20　苏宏图地区 CSAMT 反演电阻率地电结构划分图

（4）D 电性层：位于断面图下部，反演电阻率大于 8Ω · m，主要为侏罗系与二叠系砂砾岩等。

5.4.2　地质解释

图 5.21 为 L01 线 CSAMT 2D 反演电性结构及地质解释图，由图可见，区内高、低阻分层清晰，从上到下表现为高、低、中、高四个电性结构层，无断裂发育迹象。按纵向可将地层分为四层：第一层为 A 电性层，电阻率为高阻，从地表下延至地下 100m 左右，局部区域最大埋深为 300m，根据研究区内地质资料，推断该层为地表第四系（Q）干燥的风成砂及下白垩统苏宏图组砂岩、粉砂岩；第二层为 B 电性层，电阻率为 1 ~ 2.5Ω · m，为低阻地层，埋深在 100 ~ 800m，层位稳定，从南向北厚度渐薄，最厚处约为 800m，最薄处约为 400m，推测为下白垩统苏宏图组，以固结性较差的红色、褐红色、灰色泥岩为主；第三层为 C 电性层，电阻率为 2.5 ~ 6Ω · m，为中阻地层，埋深在 600 ~ 1300m，层位连续、厚度有一定变化，从南至北埋藏深度渐浅、厚度渐薄，南端厚度为 300，北端厚度约为 200m，推测为下白垩统巴音戈壁组，以固结性较好的泥岩为主；第四层为 D 电性层，电阻率大于 6Ω · m，埋深在 700m 以下，推测以侏罗系硬质砂岩、凝灰

岩等为主。

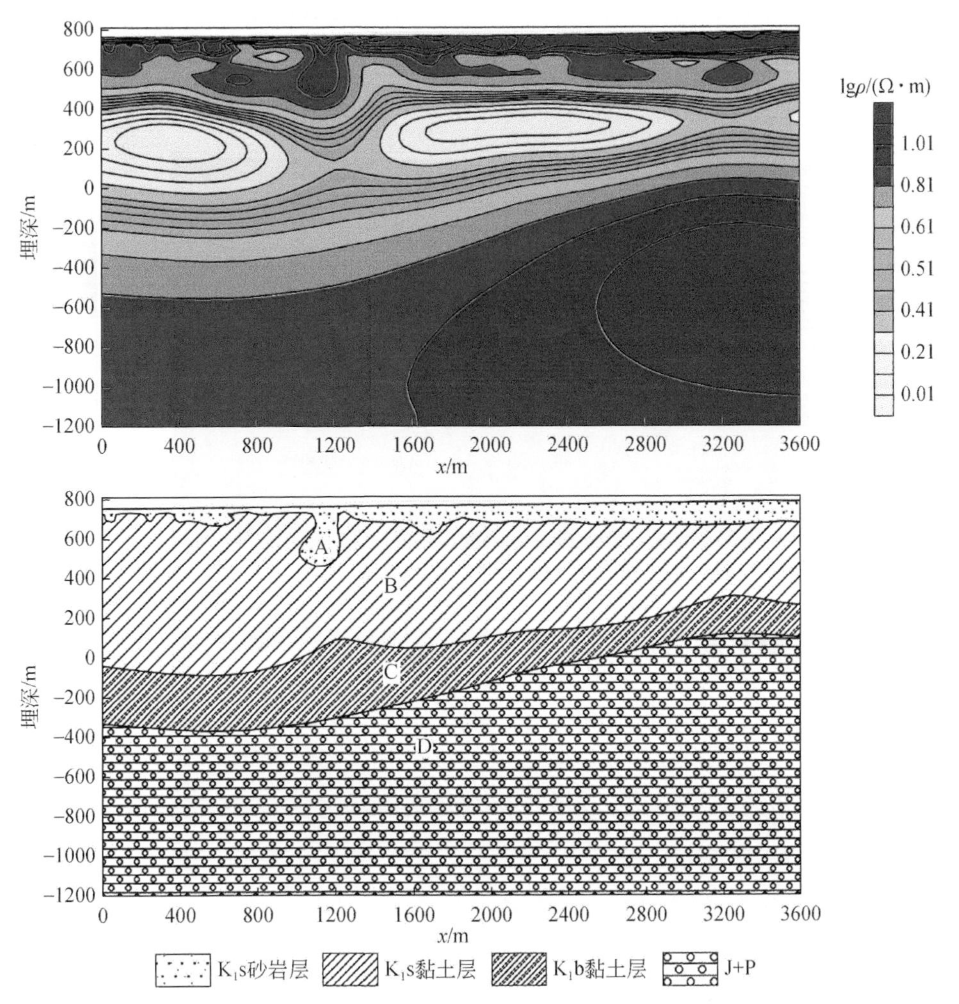

图 5.21　苏宏图地区 L01 线 CSAMT 2D 反演电性结构及地质解释图

图 5.22 为 L02 线 CSAMT 2D 反演电性结构及地质解释图，由图可见，区内高、低阻分层清晰，从上到下表现为高、低、中、高四个电性结构层，无断裂发育迹象。按纵向可将地层分为四层：第一层为 A 电性层，为串珠状高阻层，局部区域最大埋深为 200m，根据研究区内地质资料，推断该层为地表第四系（Q）干燥的风成砂及下白垩统苏宏图组砂岩、粉砂岩；第二层为 B 电性层，电阻率为 1～2.5Ω·m，为低阻地层，层位稳定，埋深为 100～800m，从南向北厚度渐薄，南端厚度为 700m，北端厚度为 300m，推测为下白垩统苏宏图组，以固结性较差的红色、褐红色、灰色泥岩为主；第三层为 C 电性层，电阻率为 2.5～6Ω·m，

为中阻地层，埋深在 600～1350m，层位连续、厚度有一定变化，从南向北埋藏深度渐浅、厚度渐薄，南端厚度为 450m，北端厚度为 180m，推测为下白垩统巴音戈壁组下段，以固结性较好的泥岩为主；第四层为 D 电性层，电阻率大于 6Ω · m，埋深在 700m 以下，推测以侏罗系硬质砂岩、凝灰岩等为主。

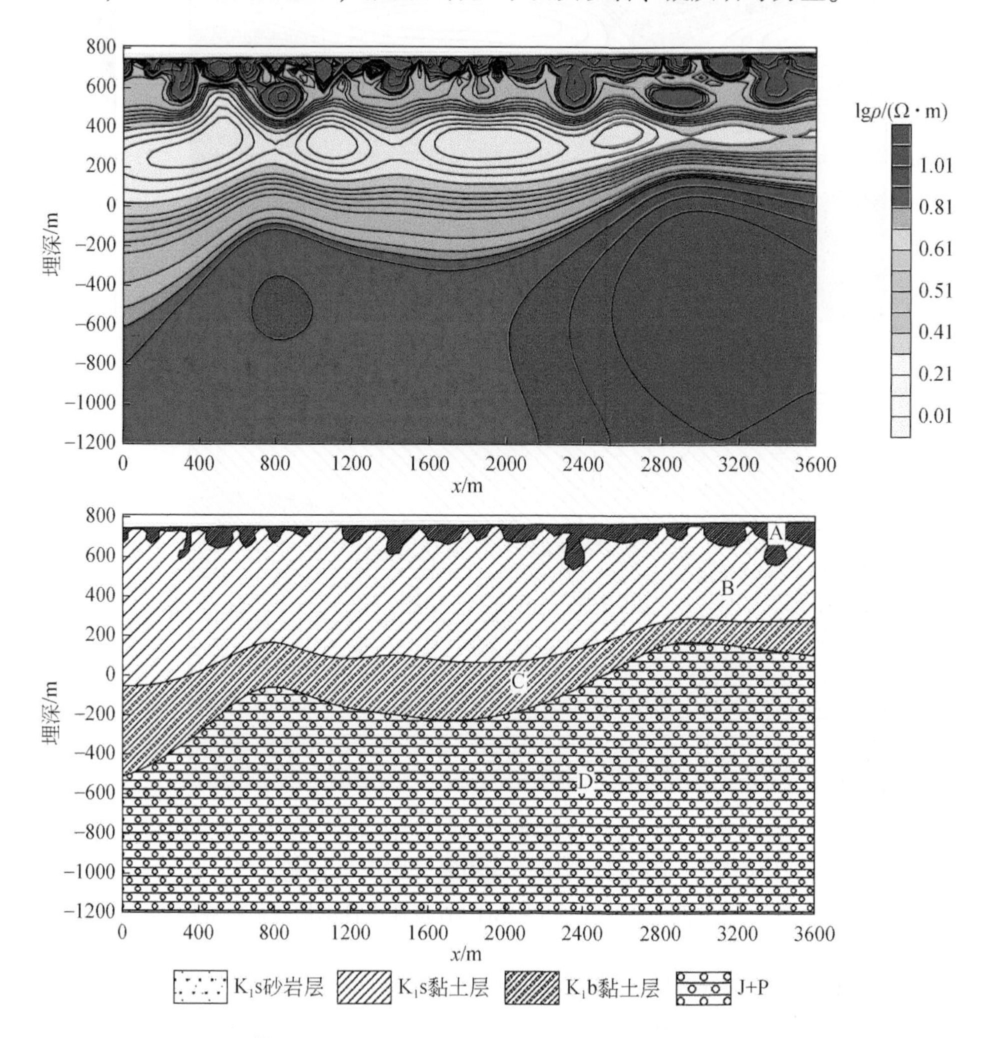

图 5.22　苏宏图地区 L02 线 CSAMT 2D 反演电性结构及地质解释图

图 5.23 为 L03 线 CSAMT 2D 反演电性结构及地质解释图，由图可见，区内高、低阻分层清晰，从上到下表现为高、低、中、高四个电性结构层，无断裂发育迹象。按纵向可将地层分为四层：第一层为 A 电性层，为串珠状高阻层，绝大部分区域厚度在 100m 以内，局部区域最大埋深为 300m，根据研究区内地质资

料，推断该层为地表第四系（Q）干燥的风成砂及下白垩统苏宏图组砂岩、粉砂岩；第二层为B电性层，电阻率为1～2.5Ω·m，为低阻地层，厚度相对稳定，一般在650m左右，埋深在100～800m，推测为下白垩统苏宏图组，以固结性较差的红色、褐红色、灰色泥岩为主；第三层为C电性层，电阻率为2.5～6Ω·m，为中阻地层，埋深在650～1200m，层厚也相对稳定，一般在350m上下，顶板埋深两侧稍浅中间稍深，推测为下白垩统巴音戈壁组下段，以固结性较好的泥岩为主；第四层为D电性层，电阻率大于6Ω·m，埋深在800m以下，推测以侏罗系硬质砂岩、凝灰岩等为主。

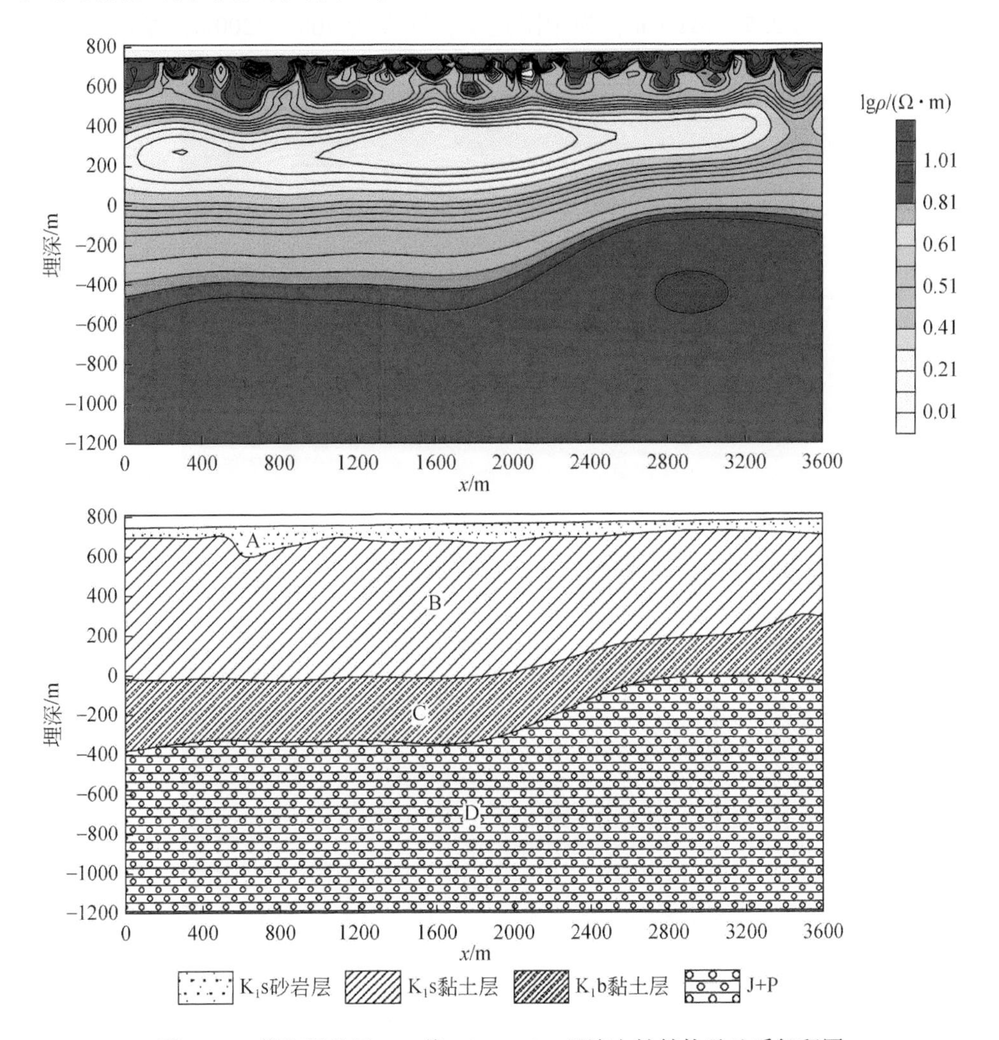

图5.23　苏宏图地区L03线CSAMT 2D反演电性结构及地质解释图

图 5. 24 为 L04 线 CSAMT 2D 反演电性结构及地质解释图，由图可见，区内高、低阻分层清晰，从上到下表现为高、低、中、高四个电性结构层，无断裂发育迹象。按纵向可将地层分为四层：第一层为 A 电性层，为串珠状高阻层，绝大部分区域埋深在 100m 以内，局部区域可延伸至 300m 处，根据研究区内地质资料，推断该层为地表第四系（Q）干燥的风成砂及下白垩统苏宏图组砂岩、粉砂岩；第二层为 B 电性层，电阻率为 1 ~ 2. 5Ω · m，为低阻地层，层位连续，埋深为 100 ~ 800m，两侧薄中间厚，最厚处约为 650m，最薄处约为 300m，推测为下白垩统苏宏图组，以固结性较差的红色、褐红色、灰色泥岩为主；第三层为 C 电性层，电阻率为 2. 5 ~ 6Ω · m，为中阻地层，埋深为 700 ~ 1200m，厚度相对稳

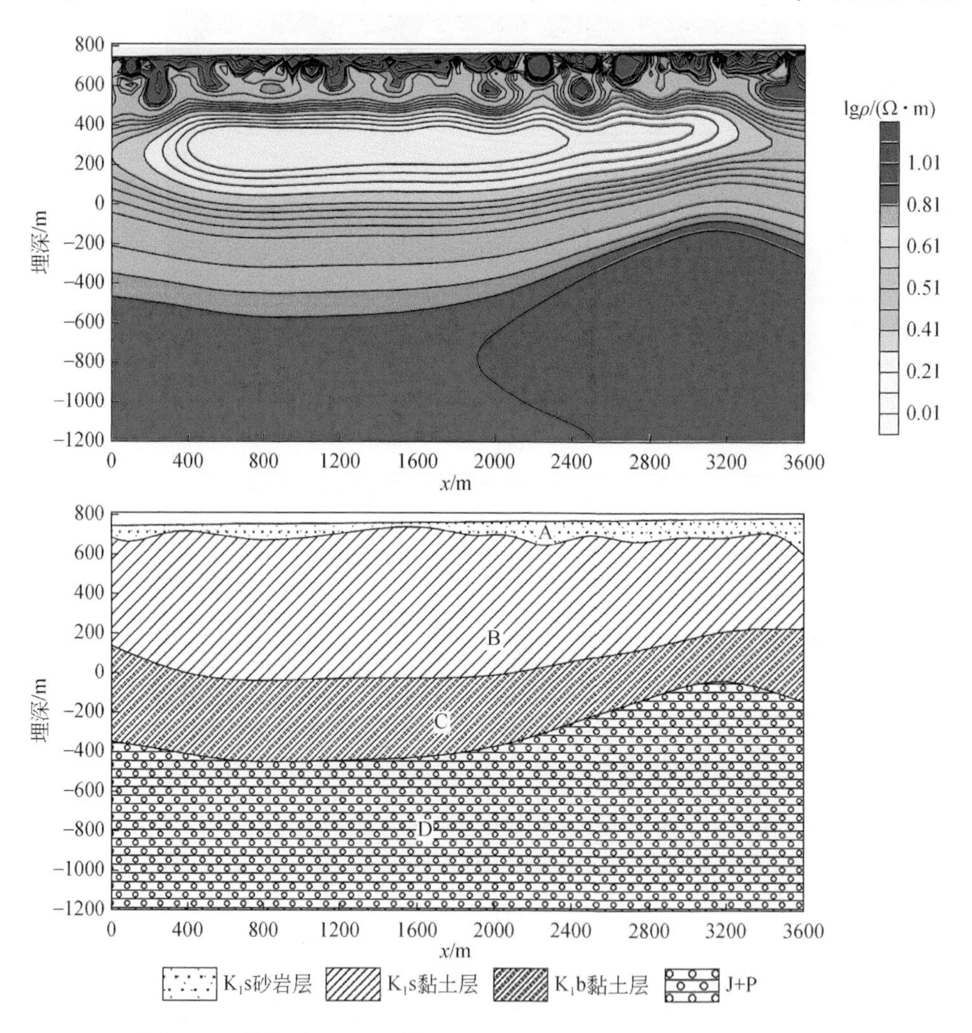

图 5. 24　苏宏图地区 L04 线 CSAMT 2D 反演电性结构及地质解释图

定，约为300m，顶板埋深两侧稍浅中间稍深，推测为下白垩统巴音戈壁组下段，以固结性较好的泥岩为主；第四层为D电性层，电阻率大于6Ω·m，埋深在900m以下，推测以侏罗系硬质砂岩、凝灰岩等为主。

图5.25为L05线CSAMT 2D反演电性结构及地质解释图，由图可见，区内高、低阻分层清晰，从上到下表现为高、低、中、高四个电性结构层，无断裂发育迹象。按纵向可将地层分为四层：第一层为A电性层，为串珠状高阻层，绝大部分区域埋深约在150m以内，局部区域最大埋深为300m，根据研究区内地质资料，推断该层为地表第四系（Q）干燥的风成砂及下白垩统苏宏图组砂岩、粉砂岩；第二层为B电性层，电阻率为1～2.5Ω·m，为低阻地层，层位连续，埋深

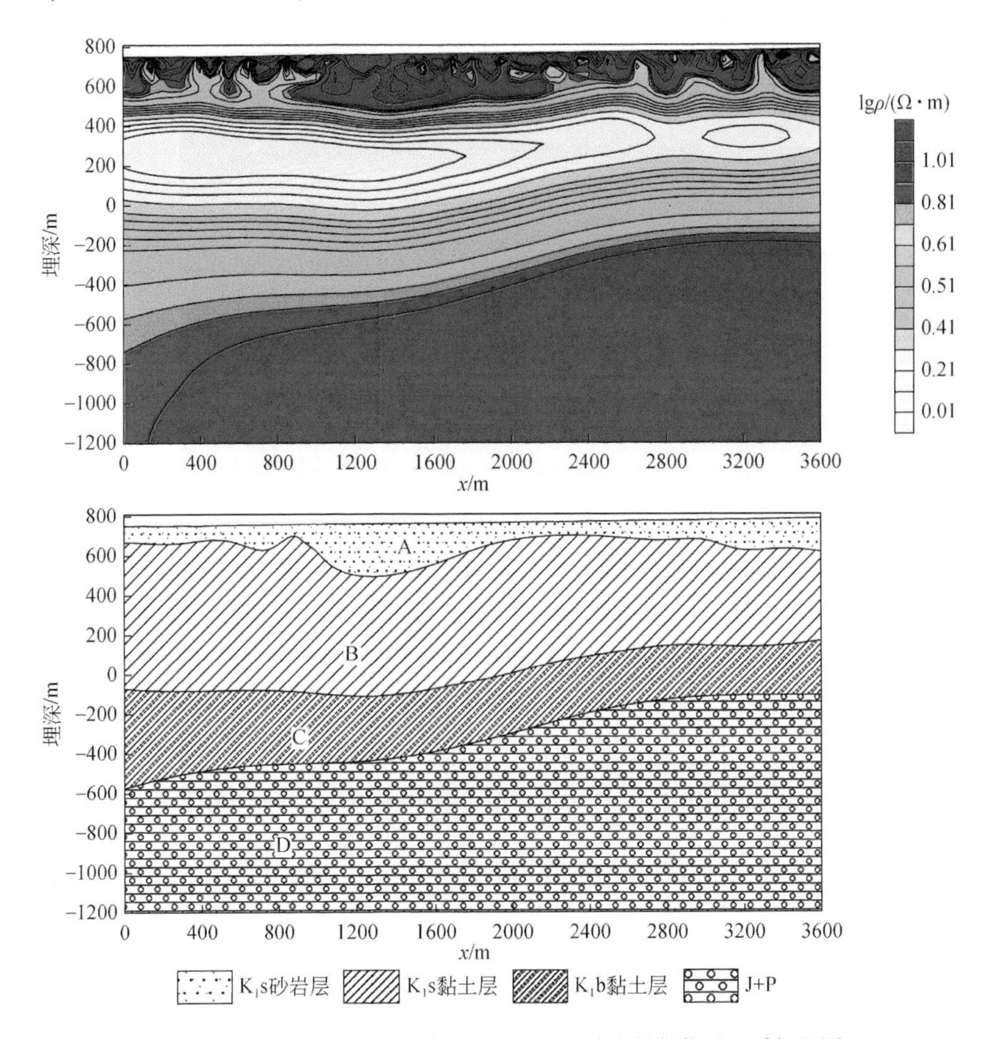

图5.25　苏宏图地区L05线CSAMT 2D反演电性结构及地质解释图

为 150～800m，从南向北厚度渐薄，0m 处厚度为 600m，3600m 处厚度 370m，推测为下白垩统苏宏图组，以固结性较差的红色、褐红色、灰色泥岩为主；第三层为 C 电性层，电阻率为 2.5～6Ω·m，为中阻地层，埋深为 750～1500m，南段稍厚，北段稍薄，0m 处厚度为 500m，3600m 处厚度为 300m，推测为下白垩统巴音戈壁组下段，以固结性较好的泥岩为主；第四层为 D 电性层，电阻率大于 6Ω·m，埋深在 1100m 以下，推测以侏罗系硬质砂岩、凝灰岩等为主。

图 5.26 为 L06 线 CSAMT 2D 反演电性结构及地质解释图，由图可见，区内高、低阻分层清晰，从上到下表现为高、低、中、高四个电性结构层，无断裂发育迹象。按纵向可将地层分为四层：第一层为 A 电性层，为串珠状高阻层，绝大部分区域埋深约在 150m 以内，局部区域最大埋深可达 300m，根据研究区内地质

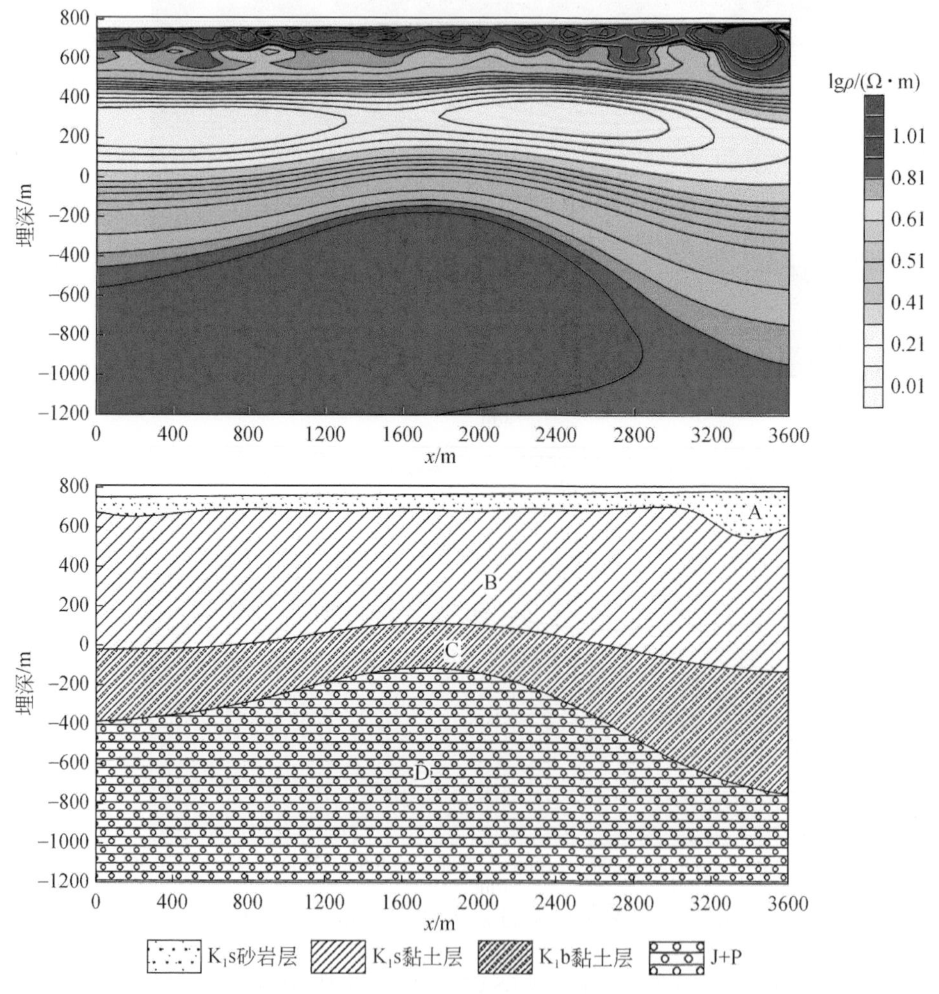

图 5.26　苏宏图地区 L06 线 CSAMT 2D 反演电性结构及地质解释图

资料，推断该层为地表第四系（Q）干燥的风成砂及下白垩统苏宏图组砂岩、粉砂岩；第二层为B电性层，电阻率为1～2.5Ω·m，为低阻地层，埋深为150～1100m，平距0～2000m处厚度相对稳定，约为600m，之后下底板由南向北埋藏渐深，厚度渐厚，3600m处厚度为670m，推测为下白垩统苏宏图组，以固结性较差的红色、褐红色、灰色泥岩为主；第三层为C电性层，电阻率为2.5～6Ω·m，为中阻地层，埋深为800～1700m，岩层中部凸起两边下凹，厚度为250～640m，推测为下白垩统巴音戈壁组下段，以固结性较好的泥岩为主；第四层为D电性层，电阻率大于6Ω·m，埋深在1200m以下，推测以侏罗系硬质砂岩、凝灰岩等为主。

图5.27为L07线CSAMT 2D反演电性结构及地质解释图，由图可见，区内

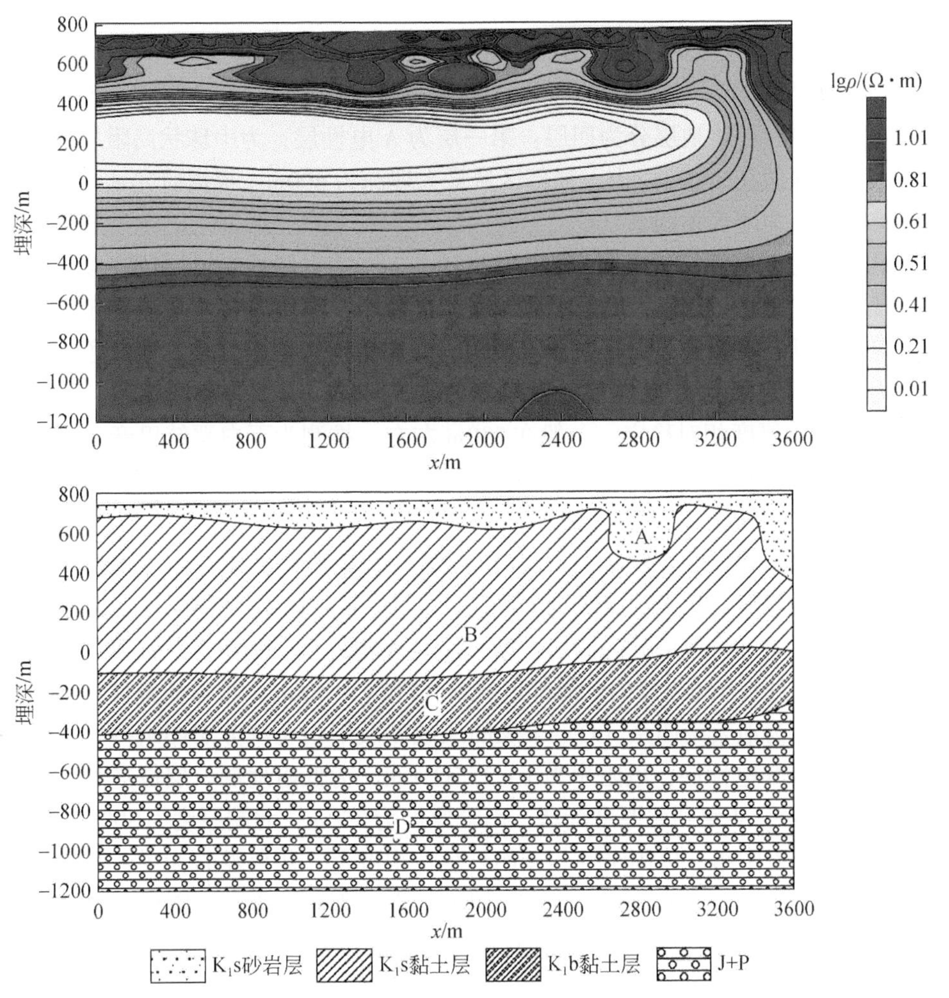

图5.27　苏宏图地区L07线CSAMT 2D反演电性结构及地质解释图

高、低阻分层清晰，从上到下表现为高、低、中、高四个电性结构层，无断裂发育迹象。按纵向可将地层分为四层：第一层为 A 电性层，为串珠状高阻层，绝大部分区域埋深约在 150m 以内，局部区域最大埋深为 300m，根据研究区内地质资料，推断该层为地表第四系（Q）干燥的风成砂及下白垩统苏宏图组砂岩、粉砂岩；第二层为 B 电性层，电阻率在 1 ~ 2.5Ω · m，为低阻地层，层位连续、厚度稳定，埋深在 150 ~ 850m，厚度一般在 700m 左右，推测为下白垩统苏宏图组，以固结性较差的红色、褐红色、灰色泥岩为主；第三层为 C 电性层，电阻率为 2.5 ~ 6Ω · m，为中阻地层，埋深在 900 ~ 1200m，厚度相对稳定，一般在 300m 左右，推测为下白垩统巴音戈壁组下段，以固结性较好的泥岩为主；第四层为 D 电性层，电阻率大于 6Ω · m，埋深在 1100m 以下，推测以侏罗系硬质砂岩、凝灰岩等为主。

图 5.28 为 L08 线 CSAMT 2D 反演电性结构及地质解释图，由图可见，区内高、低阻分层清晰，从上到下表现为高、低、中、高四个电性结构层，无断裂发育迹象。按纵向可将地层分为四层：第一层为 A 电性层，为串珠状高阻层，绝大部分区域埋深约在 200m 以内，局部区域最大埋深为 400m，根据研究区内地质资料，推断该层为地表第四系（Q）干燥的风成砂及下白垩统苏宏图组砂岩、粉砂岩；第二层为 B 电性层，电阻率为 1 ~ 2.5Ω · m，为低阻地层，层位连续、厚度稳定，埋深在 200 ~ 800m，底板埋藏深度变化较小，厚度变化主要来源于部分区域覆盖层下延，推测为下白垩统苏宏图组，以固结性较差的红色、褐红色、灰色泥岩为主；第三层为 C 电性层，电阻率为 2.5 ~ 6Ω · m，为中阻地层，埋深在 900 ~ 1200m，厚度相对稳定，一般在 230m 左右，推测为下白垩统巴音戈壁组下段，以固结性较好的泥岩为主；第四层为 D 电性层，电阻率大于 6Ω · m，埋深在 1000m 以下，推测以侏罗系硬质砂岩、凝灰岩等为主。

图 5.29 为 L09 线 CSAMT 2D 反演电性结构及地质解释图，由图可见，区内高、低阻分层清晰，从上到下表现为高、低、中、高四个电性结构层，无断裂发育迹象。按纵向可将地层分为四层：第一层为 A 电性层，为串珠状高阻层，绝大部分区域埋深约在 150m 以内，局部区域最大埋深为 400m，根据研究区内地质资料，推断该层为地表第四系（Q）干燥的风成砂及下白垩统苏宏图组砂岩、粉砂岩；第二层为 B 电性层，电阻率为 1 ~ 2.5Ω · m，为低阻地层，层位连续，埋深为 150 ~ 1000m，从南到北厚度渐薄，南端厚度为 850m，北端厚度为 500m，推测为下白垩统苏宏图组，以固结性较差的红色、褐红色、灰色泥岩为主；第三层为 C 电性层，电阻率为 2.5 ~ 6Ω · m，为中阻地层，埋深在 900 ~ 1400m，厚度相对稳定，约为 300m，顶板从小号点到大号点埋藏深度逐渐变浅，推测为下白垩统巴音戈壁组下段，以固结性较好的泥岩为主；第四层为 D 电性层，电阻率大于

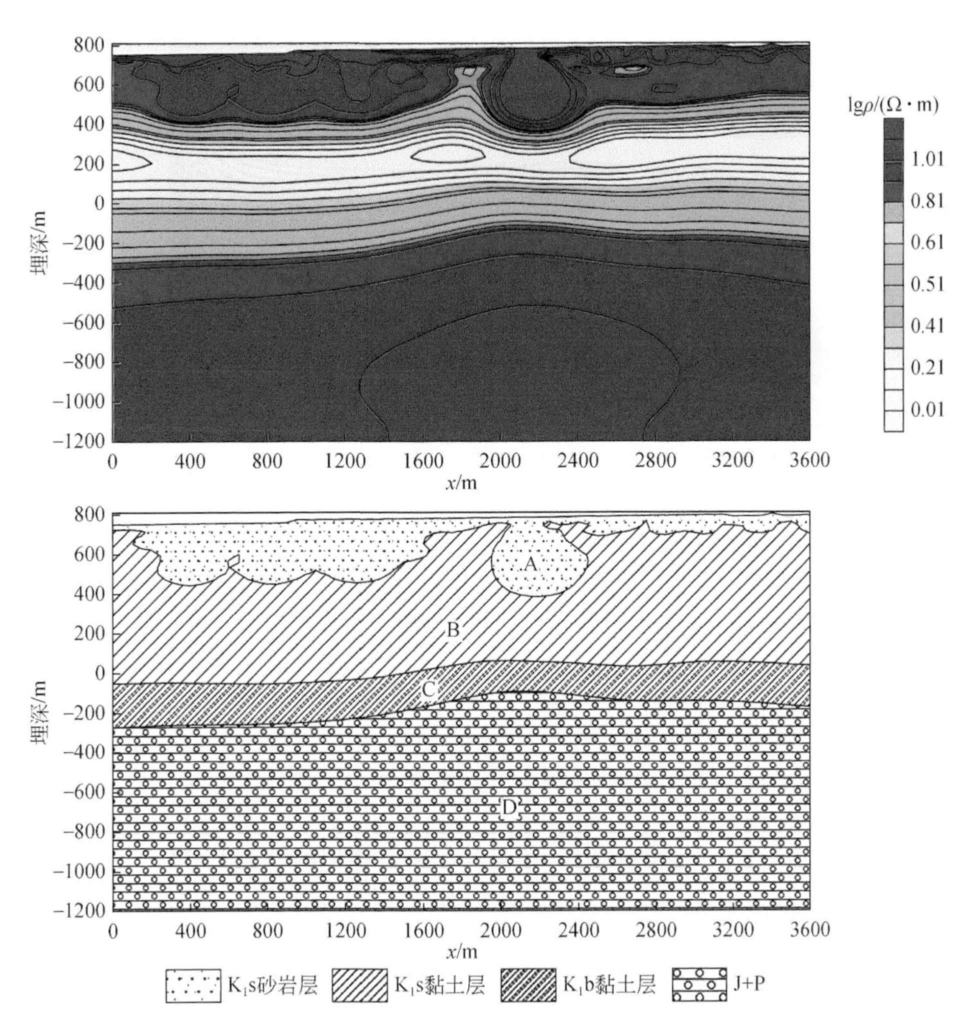

图5.28 苏宏图地区L08线CSAMT 2D反演电性结构及地质解释图

6Ω·m，埋深在1000m以下，推测以侏罗系硬质砂岩、凝灰岩等为主。

图5.30为L10线CSAMT 2D反演电性结构及地质解释图，由图可见，区内高、低阻分层清晰，从上到下表现为高、低、中、高四个电性结构层，无断裂发育迹象。按纵向可将地层分为四层：第一层为A电性层，为串珠状高阻层，绝大部分区域埋深约在150m以内，局部区域最大埋深为300m，根据研究区内地质资料，推断该层为地表第四系（Q）干燥的风成砂及下白垩统苏宏图组砂岩、粉砂岩；第二层为B电性层，电阻率为1～2.5Ω·m，为低阻地层，层位连续、厚度稳定，埋深在150～850m，平距0～2400m处厚度相对稳定，为650m左右，之后

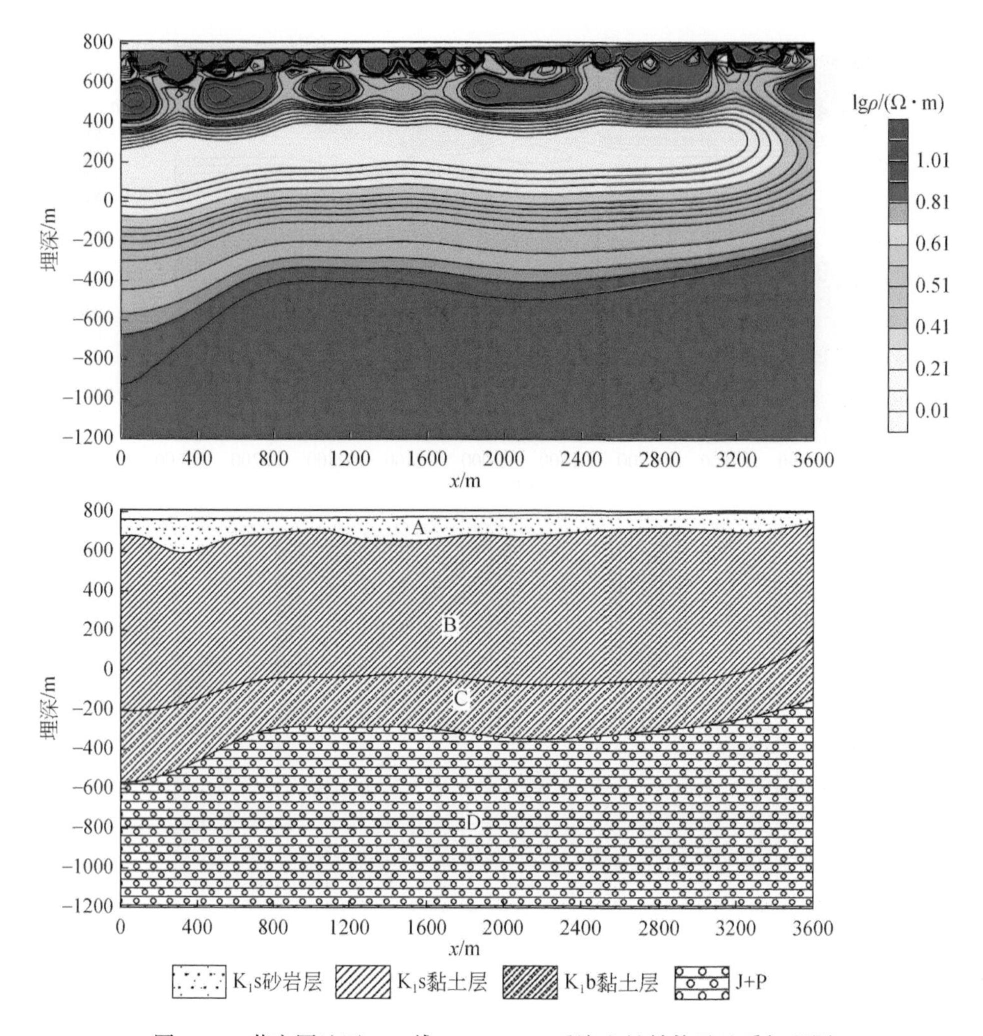

图 5.29　苏宏图地区 L09 线 CSAMT 2D 反演电性结构及地质解释图

随着下底板埋深渐浅，厚度渐薄，3600m 处厚度为 500m，推测为下白垩统苏宏图组，以固结性较差的红色、褐红色、灰色泥岩为主；第三层为 C 电性层，电阻率为 2.5～6Ω·m，为中阻地层，埋深在 900～1200m，厚度相对稳定，在 330m 左右，平距 0～2400m 处较平，平距 2400～3600m 处为向北倾斜的单向斜坡，角度为 30°，推测为下白垩统巴音戈壁组下段，以固结性较好的泥岩为主；第四层为 D 电性层，电阻率大于 6Ω·m，埋深在 1000m 以下，推测以侏罗系硬质砂岩、凝灰岩等为主。

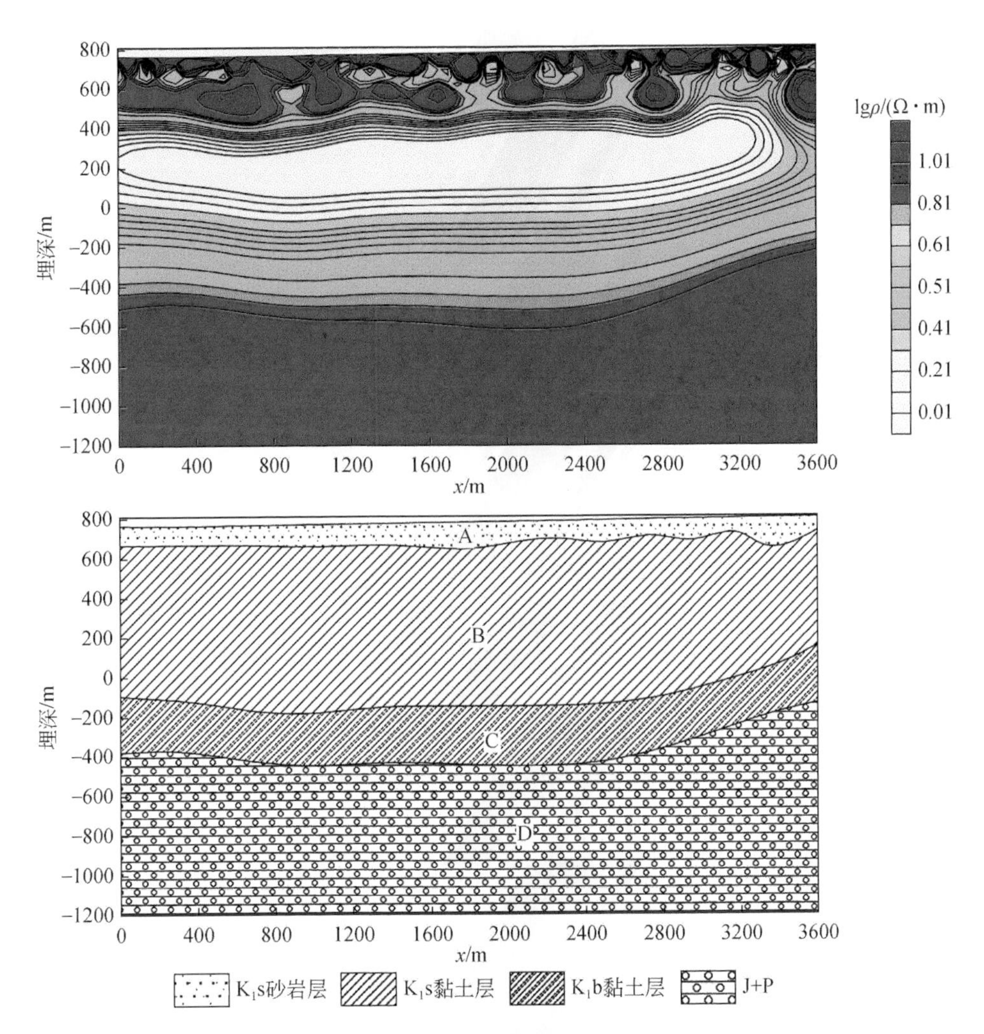

图 5.30　苏宏图地区 L10 线 CSAMT 2D 反演电性结构及地质解释图

图 5.31 为苏宏图地区 CSAMT 测线反演结果 3D 显示图，如图所示，10 条剖面连续性较好，层位连续、厚度相对稳定，无断裂发育迹象。从上到下表现为高、低、中、高四个电性结构层：第一层为 A 电性层，为串珠状高阻层，推测为第四系（Q）干燥的风成砂及下白垩统苏宏图组砂岩、粉砂岩，厚度一般不超过 150m，部分区域最深可达 300m；第二层为 B 电性层，为低阻地层，推测为下白垩统苏宏图组，为固结性较差的泥岩，测区范围内埋深变化较小，埋深在 150 ~ 950m，厚度一般为 400 ~ 800m；第三层为 C 电性层，为中高阻地层，推测为下白垩统巴音戈壁组，以固结性较好的泥岩为主，在 10 条剖面中均有连续稳定分布，

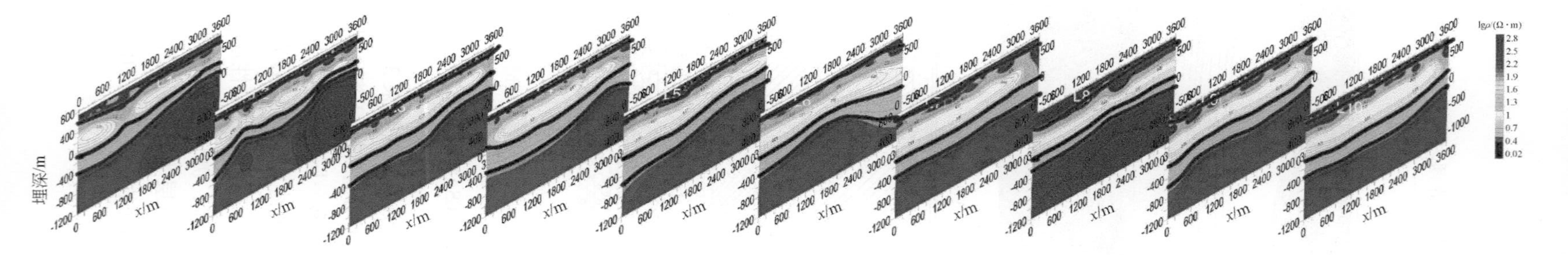

图5.31　苏宏图地区CSAMT测线反演结果3D显示图

产状平缓，厚度一般在 300m 左右，顶板埋深一般在 800m 以下，黏土岩层均一性和连续性较好；第四层为 D 电性层，为高阻层，推测以侏罗系硬质砂岩、凝灰岩等为主，埋深一般在 900m 以下。

第6章　地球物理资料综合解释

6.1　白垩系底板（基底）起伏特征

6.1.1　塔木素地区白垩系底板（基底）特征

塔木素断陷是因格井坳陷的一个次级构造单元，通过对反演结果的分析、解释，绘制了白垩系底板分布图（图6.1），由图可见塔木素地区白垩系底板（基底）形态整体呈北东走向的凹槽状，其北部为一个向南东倾伏的斜坡，中部为略带波状起伏的洼陷，南部为向北西缓倾的单斜。

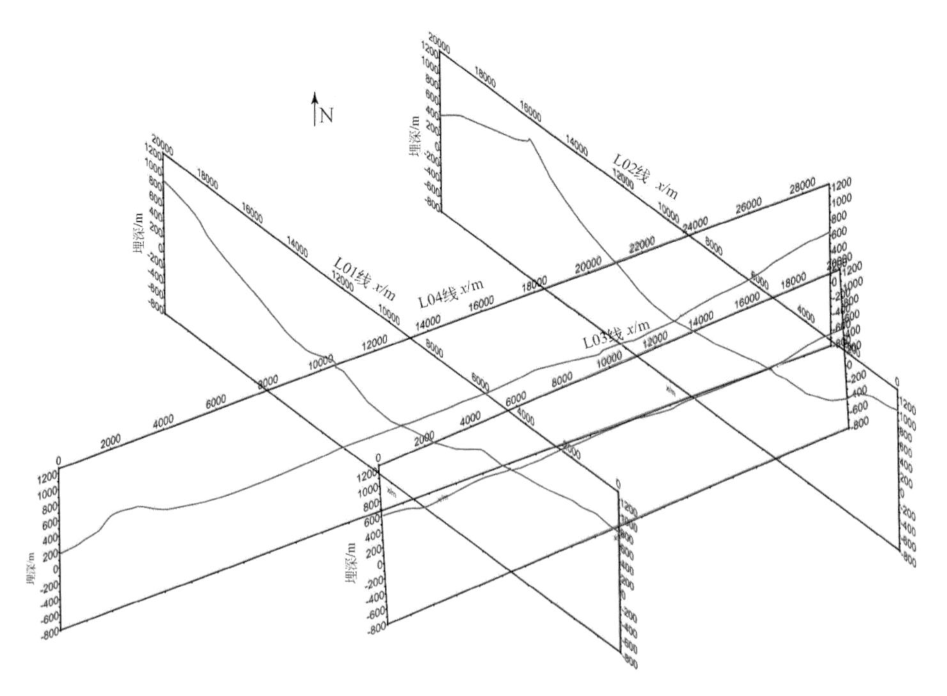

图6.1　塔木素地区白垩系底板（基底）分布图

北部斜坡：呈向东南倾伏的单斜，倾角为3°～11°，斜坡长度约7km，两条北西向测线L01、L02穿过整个斜坡，控制长度约10km，白垩系底板埋深为300～

900m。上覆盖层下白垩统巴音戈壁组由北向南渐厚，局部地段已出露地表，大部分地区被第四系所覆盖。

中部凹陷：位于工作区中部，北东向测线 L04 线从盆地的中部穿过，控制长度约 30km，呈北东向展布，凹陷南北宽约 10km，呈波状起伏。整个中部凹陷下白垩统巴音戈壁组沉积较厚，各岩性段发育较全，仅局部地段巴音戈壁组出露地表，大部分地区被第四系所覆盖。

南部斜坡：倾向北西，倾角为 10°左右，两条北西向测线 L01、L02 穿过整个斜坡，控制长度约 10km，斜坡宽度约 5km。白垩系底板形态呈向北西倾伏的单斜，白垩系底板埋深为 400 ~ 900m，由南向北逐渐加厚，盖层为下白垩统巴音戈壁组及上白垩统乌兰苏海组。

6.1.2　苏宏图地区白垩系底板（基底）特征

苏宏图地区位于苏宏图坳陷内，通过对反演结果的分析、解释，绘制了白垩系底板分布图，如图 6.2 所示，由图可见白垩系底板（基底）形态整体呈北东走向的凹槽状。

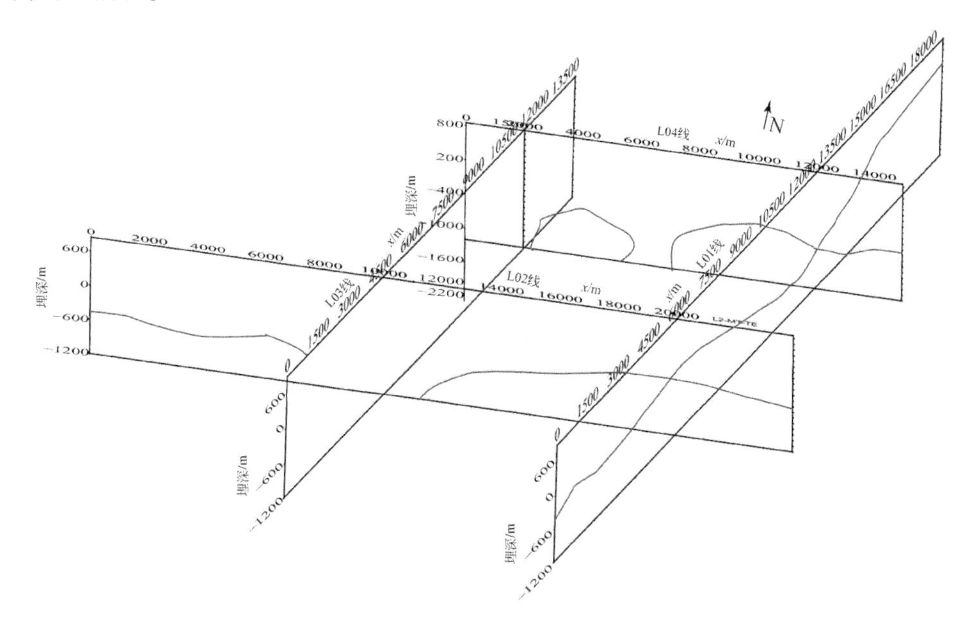

图 6.2　苏宏图地区白垩系底板（基底）分布图

东西向：测线 L02 的 0 ~ 14000m、14000 ~ 24000m 及测线 L04 的 7000 ~ 14000m 白垩系底板埋藏相对较浅，埋深为 950 ~ 1250m，倾角较小、产状基本水平；测线 L02 的 6000 ~ 14000m、测线 L04 的 0 ~ 7000m、测线 L03 的全线为凹陷

区，白垩系底板埋藏相对较深，底板埋深一般超 2000m，在反演图中未见下底板，白垩系巴音戈壁组沉积相对较厚，推测为该时期沉积中心位置之一。

南北向：因 L03 线长度较短未跨越盆地，且为凹陷区，反演图中未见白垩系底板，单就 L01 线而言，北部为向南倾伏的单斜，倾角为 9°左右，白垩系底板埋深为 400～1400m，上覆盖层由北向南逐渐变厚；南部为一平坡加一向北倾伏的单斜组成，平坡长度约 6km，底板埋深为 1000m 左右，向北倾伏的单斜，倾角为 8°左右，白垩系底板埋深为 800～1400m，上覆盖层由南向北逐渐变厚。

6.2　目标黏土岩的分布特征

6.2.1　塔木素地区目标黏土岩的分布特征

塔木素地区主要有两段泥岩，即下白垩统巴音戈壁组上段与下段泥岩。通过对比 CSAMT 与 MT 反演图，结合钻孔资料可知，下白垩统巴音戈壁组上段泥岩主要分布于 MT 测线中的 L02 线（8000～1300m）与 L04 线（18000～26000m），埋藏深度为 0～700m，外形呈透镜状，两端薄，中间厚。下白垩统巴音戈壁组下段泥岩在全区均有分布，根据 CSAMT 与 MT 反演图可以看出是南北分带的特征（图 6.3）。

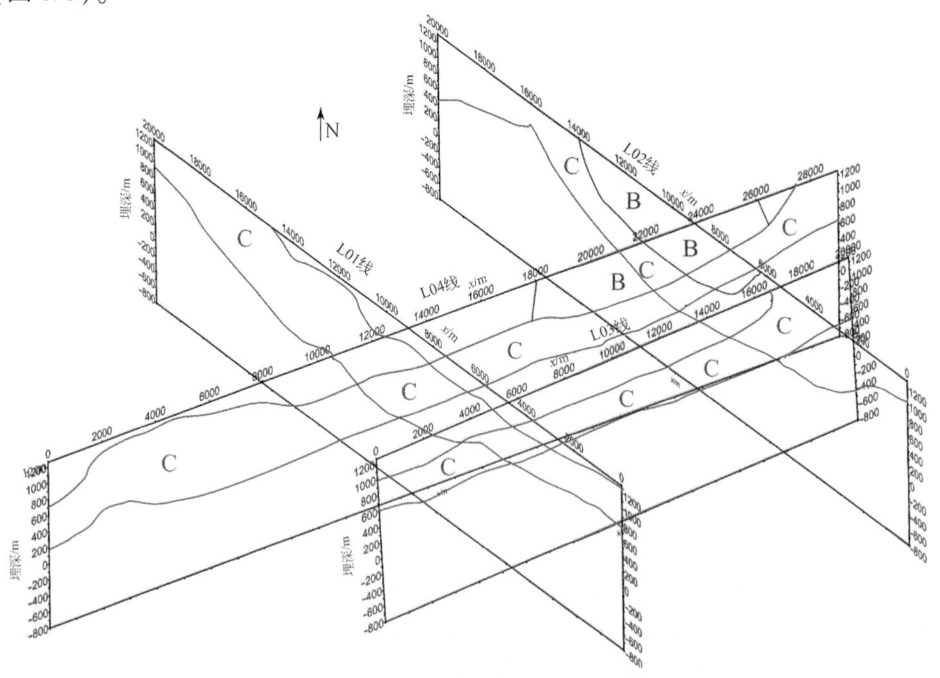

图 6.3　塔木素地区目标黏土岩分布图

（1）北部 350 ~ 800m 渐变区，该段厚度由北西向南东呈渐厚趋势，由于北端靠近北部宗乃山隆起区，晚白垩世该区长期处于抬升状态，部分区域下白垩统巴音戈壁组上段遭受剥蚀，下白垩统巴音戈壁组下段直接出露地表，厚度由 350m 渐变至 800m，推测该段为滨浅湖相。

（2）中部等厚区，该段厚度为 500 ~ 800m，东西两侧由于下白垩统巴音戈壁组上段沉积较薄，该段顶板埋藏深度较浅，部分区域直接出露于地表，其中 L02 线与 L04 线的相交区域顶板埋藏最深，约 700m。南北向该段外形一般呈透镜状，两端薄，中间厚，沉积比较均匀，推测该段为湖相沉积为主，两侧渐变至滨浅湖相。

（3）南部 800 ~ 300m 渐薄区，往南靠近抬升区，基底埋深较浅，厚度下降，该段厚度由北西向南东呈渐薄趋势，厚度由 800m 渐变至 300m，与北端相同，南端下白垩统巴音戈壁组上段遭受剥蚀，下白垩统巴音戈壁组下段直接出露地表，推测该段为滨浅湖相。

6.2.2　苏宏图地区目标黏土岩的分布特征

苏宏图地区从上到下可分为高、低、中、高四个电性结构层，第一层为高阻层，推测为第四系（Q）干燥的风成砂及下白垩统苏宏图组砂岩；第二层为低阻层，根据钻孔资料可知为下白垩统苏宏图组固结性较差的泥岩；第三层为中阻层，下白垩统巴音戈壁组固结性较好的泥岩；第四层为高阻层，推测以侏罗系硬质砂岩、凝灰岩等为主。综合分析可知，只有下白垩统巴音戈壁组泥岩适合高放废物处置。下白垩统巴音戈壁组泥岩在全区均有分布，根据 CSAMT 与 MT 反演图可以看出是东西两侧薄、中间厚的特征（图 6.4）。

（1）东部薄区，工作区东端至 L02 线的 14000m 与 L04 线的 7000m，该段厚度 200 ~ 300m，顶板埋深为 350 ~ 1100m，顶板埋深总体从南北两侧向中心递增，由于北端靠近孟根隆起，顶板埋深更浅。推测该段南北两侧为滨浅湖相，中心为湖相沉积为主。

（2）中部厚区，该段位于 L02 线的中间部位（6000 ~ 14000m）、L04 线的西侧（0 ~ 7000m）、L03 线全线，顶板埋深在 950m 以上，目标层厚度较厚，底板下延至 2000m 以下，推测为该时期沉积盆地的沉积中心位置之一，以湖相沉积为主。

（3）西部薄区，工作区西端至 L02 线的 6000m，该段展布平缓，顶板埋深为 900 ~ 1000m，厚度稳定，一般在 300m 左右，推测该段为滨浅湖相沉积为主。

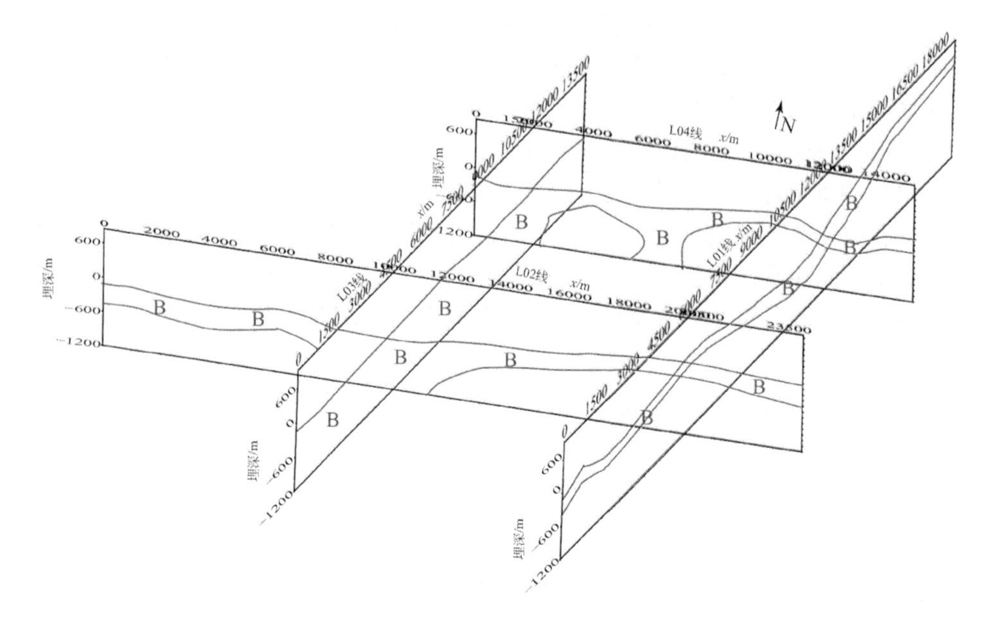

图 6.4　苏宏图地区目标黏土岩分布图

6.3　处置库有利地段推荐及综合评价

根据 IAEA 推荐的普通标准及其他国家对选择处置库场址已有的经验，研究人员提出我国黏土岩场址选择的基本标准。在黏土岩场址选择的过程中主要应当考虑的三个方面的问题：①社会经济条件；②自然和地理条件；③地质条件。其中地质条件中应当考虑：①预选区的区域地质构造稳定、简单，历史上无强烈地震和火山等突发性的事件发生的记录；②黏土岩层埋深 200 ~ 600m；③黏土岩层厚度应当>100m，产状平缓，黏土岩层均一性和连续性较好；④黏土岩层应有足够大的延伸范围（一般延伸 5000m 以上）；⑤地下水不发育，黏土岩的上覆岩层稳定，具有较好吸附性能。

塔木素及苏宏图地区所属的阿拉善地块是一个刚性块体，断裂构造是研究区内主要的构造活动形式，该区较强烈的地震活动主要分布于地块边界的构造带中，块体内部地震活动微弱，表明区内断裂均属非能动断裂。参照国内外关于高放废物地质处置库场址地壳稳定性的研究和我国相关技术标准，认为处置库场址应与能动断裂保持足够的距离，在预选区 5km 范围内不能有能动断层，因此，认为该地区活动构造不发育，构造环境稳定，地壳处于稳定状态。

6.3.1 塔木素地区处置库有利地段综合评价

根据重、磁、电三种物探方法综合分析结果，结合研究区内物性参数和地质资料可知，塔木素筛选区内地壳状态稳定，活动构造不发育。目标层下白垩统巴音戈壁组黏土岩在塔木素地区分布范围广泛，产状平缓，黏土岩层埋藏较深，岩性均一性好，连续厚度超过300m，并且该层黏土岩可能继续向下延伸。从表6.1可以看出内蒙古塔木素筛选区的黏土岩分布状况与国外选定场址的黏土岩赋存条件相比，埋藏深，厚度大，赋存条件良好，符合我国高放废物处置库选址标准，达到黏土岩选址的要求。综合前人研究成果和塔木素黏土岩工作区野外地质、物探调查成果，结合国际和我国高放废物处置库黏土岩选址标准，在研究区域圈定两处有利地段，如图6.5所示。有利地段一位于预选区东侧，目标层埋藏相对较浅，宽度为14.5km，长度为15.5km，总面积为224km^2；有利地段二位于预选区西侧，目标层埋藏相对较深，宽度为17km，长度为17km，总面积为289km^2。

表6.1 黏土岩赋存条件对比

地区	选址依据（王长轩，2009）	Opalinus 黏土岩	Callovo-Oxfordian 黏土岩	塔木素 黏土岩
岩性	黏土岩	页岩	泥岩	泥岩
产状	15°	6°	近水平向	最大11°
埋深/m	超过200	650	450	100～1000
厚度/m	超过100	80～120	130	超过300
连续性	连续性越高越好	岩层中夹砂岩-灰岩薄层	较好	好
分布范围	超过5km^2	广泛	广泛	约400km^2

6.3.2 苏宏图地区处置库有利地段综合评价

根据重、磁、电三种物探方法综合分析结果，结合研究区内物性参数和地质资料可知，苏宏图筛选区内地壳状态稳定，活动构造不发育。下白垩统苏宏图组黏土岩在本区分布范围广泛，埋藏深度从地表到深部800m，产状平缓，但固结性较差，不适宜做核废料处置；下白垩统巴音戈壁组黏土岩全区范围内厚度相对稳定，在300m左右，产状平缓，倾斜角度最大为9°，但埋藏深度一般超800m。综合前人研究成果和苏宏图黏土岩工作区物探调查成果，结合国际和我国高放废物处置库黏土岩选址标准，研究区不适宜做高放废物处置。研究区北端更靠近孟根隆起，目标泥岩层埋藏深度也会变浅，建议下一步工作重心北移。

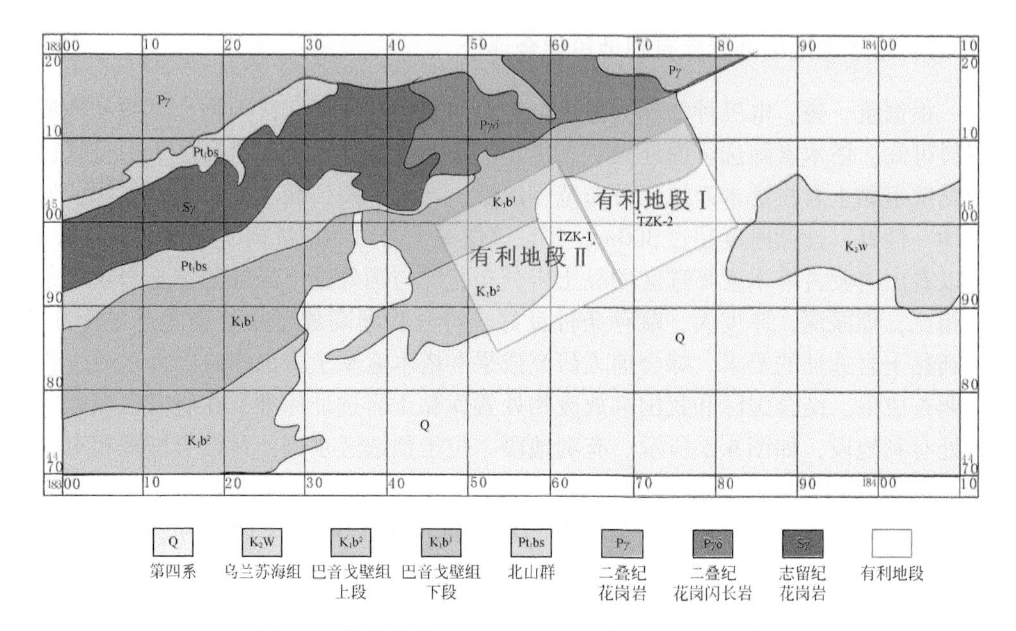

图 6.5　塔木素筛选区黏土岩处置库有利地段推荐

第7章 结论与建议

7.1 结　　论

本节相关项目开展了岩石物性测定、重磁数据处理与解译、大地电磁测深综合研究、可控源音频大地电磁测深综合研究等工作。根据物探资料揭示的深部地质构造特征，对本区构造格架和沉积盖层特征等进行了解释分析，取得以下成果。

（1）根据重磁资料，初步掌握了预选区地质构造的走向、延伸特征。在塔木素地区推测出三条隐伏断裂及两个核废物处置库选址有利区，在苏宏图地区推测出13条断裂构造及一个处置库选址有利区。重、磁资料的解译结果为下一步电法勘探的位置选择和测线合理布设提供参考依据。

（2）通过对钻探与MT、CSAMT测线重合的部位对比分析，建立了塔木素与苏宏图地区电性层与岩性之间的相互关系，根据MT反演电阻率及地质推断解释断面图，初步查明了塔木素与苏宏图预选区内白垩系底板（基岩）埋深及其起伏特征。塔木素预选区白垩系底板（基底）形态整体呈北东走向的凹槽状，总体反映为南北凸起、中部凹陷的结构形态，其北部为一个向南东倾伏的斜坡，倾角为4.3°~10°；中部为略带波状起伏的洼陷；南部为向北西缓倾的单斜，倾角为7°~9.5°。苏宏图预选区内白垩系底板形态东西向整体呈东西平坡、中部凹陷的结构形态，南北向整体呈南北凸起、中部凹陷的结构形态。

（3）采用MT法与CSAMT法在塔木素预选区勘测结果表明，下白垩统巴音戈壁组上段泥岩主要分布于MT测线中的L02线（8000~1300m）与L04线（18000~26000m），埋藏深度为0~700m，外形呈透镜状，两端薄，中间厚；下白垩统巴音戈壁组下段泥岩在预选区内广泛分布，北端由于靠近北部宗乃山隆起区，晚白垩世该区长期处于抬升状态，由北至南厚度从350m渐变至800m，预选区中部沉积较厚，该段厚度在500~800m，往南靠近抬升区，基底埋深较浅，厚度下降，厚度由800m渐变至300m。基本排除了塔木素预选段内深部重大断裂发育的可能性。综合前野外地质、物探调查成果，结合国际和我国高放废物处置库黏土岩选址标准，在研究区域圈定两处有利地段。

（4）采用MT法与CSAMT法在了苏宏图预选区勘测结果表明，下白垩统苏宏图组泥岩在预选区内均有分布，分布范围广、厚度大，厚度一般在850m以上，但固结性较差，不适宜做核废料处置。下白垩统巴音戈壁组泥岩在预选区内具有广泛分布，固结性较好，但埋藏深度一般超800m，研究区不适宜做高放废物处置。

7.2 建　　议

（1）通过本期项目的研究，查明了黏土岩的存在，并对黏土岩的空间展布进行了初步圈定，但受电磁法分辨率的限制，不能非常精细的圈定目标黏土岩层的三维空间分布及形态。因此需要继续掌握黏土岩层三维空间范围内的产状、规模、空间分布、黏土岩层上下层位的岩性特征，以及查明黏土岩的埋深，建议在候选场址重点区域开展3D地震探测研究，为设计深部揭露钻孔、评价黏土岩深部岩层的连续性和稳定性提供基础资料。

（2）受MT法测线过少、点距过大影响，MT反演结果未对区内断裂形成良好反映，CSAMT方法只是对局部岩体进行小面积测量，并未完全掌握区内构造发育状况。因此，继续开展MT三维精细探测，查明大断裂空间特征及其向深部延伸情况，对于弄清黏土岩岩体附近地区的各种构造及其伴生构造的局部特征，以及构造面向深部延伸的产状变化情况具有重要意义。

参 考 文 献

车申，刘晓东，刘平辉 . 2011. 甘肃省陇东地区粘土岩基本特性研究 . 东华理工大学学报：自然科学版，11（2）：11-15.

陈高，金祖发，马永生，等 . 2001. 大地电磁测深远参考技术及应用效果 . 石油物探，（3）：112-117.

邓居智，刘庆成，龚育龄，等 . 2009. 高频电磁测深（EH-4）在高放废物处置库岩体探测中的应用研究 . 桂林：中国国际地球电磁学术讨论会 .

邓居智，陈辉，殷长春，等 . 2015. 九瑞矿集区三维电性结构研究及找矿意义 . 地球物理学报，58（12）：4465-4477.

邓居智，郑燕青，陈辉，等 . 2016. 多种频率域电磁法在冷水坑矿集区的应用效果对比 . 地球物理学进展，31（6）：2510-2520.

底青云，石昆法，王妙月，等 . 2001. CSAMT 法和高密度电法探测地下水资源 . 地球物理学进展，16（3）：53-54.

底青云，王妙月，石昆法，等 . 2002. V6 多功能系统及其在 CSAMT 勘查应用中的效果 . 地球物理学进展，17（4）：663-670.

高振兵，龚育龄，张华 . 2013. EH4 方法在高放废物预选区的应用研究——以甘肃北山向阳山-新场地段为例 . 工程地球物理学报，10（2）：156-160.

龚育龄，张华，刘庆成，等 . 2010. EH4 电磁系统在高放废物处置库场址评价中的应用研究 . 杭州：废物地下处置学术研讨会 .

郭永海，王驹，金远新 . 2001. 世界高放废物地质处置库选址研究概况及国内进展 . 地学前缘，（2）：117-122.

郭永海，李娜娜，周志超，等 . 2016. 高放废物处置库新疆雅满苏和天湖预选地段地下水同位素特征及其指示意义 . 地质学报，90（2）：376-382.

李帝铨，底青云，王光杰，等 . 2008. CSAMT 探测断层在北京新区规划中的应用 . 地球物理学进展，23（6）：1963-1969.

刘林清，余运祥 . 1997. 疏勒河断裂中段新构造应力场的遥感分析 . 华东地质学院学报，（4）：37-43.

刘晓东，刘平辉 . 2012. 巴音戈壁盆地塔木素地区黏土岩基本特征研究 . 废物地下处置学术研讨会 .

刘晓东，刘平辉，王长轩，等 . 2010. 高放废物粘土岩处置库场址预选研究 . 第三届废物地下处置学术研讨会论文集 .

莫撼，熊章强 . 1995. 疏勒河断裂中段 VLF 响应特点及地质解释 . 华东地质学院学报，（03）：249-251.

潘自强，钱七虎 . 2013. 我国高放废物地质处置战略研究 . 中国核电，(2)：98-100.
师明元 . 2014. 内蒙古阿拉善左旗白垩系巴音戈壁组沉积相分析 . 石家庄：石家庄经济学院 .
苏坤，Lebon P. 2006. 法国 ANDRA 放射性废物地质处置可行性研究综述 . 岩石力学与工程学报，(4)：813-824.
万海涛，龚育龄，张华 . 2015. MT 法在高放废物预选区的应用研究——以甘肃北山向阳山-新场地段为例 . 工程地球物理学报，12 (2)：157-161.
万汉平，徐贵来，喻翔，等 . 2015. 花岗岩型高放废物处置库选址中的地球物理评价——以新疆阿奇山地段候选场址为例 . 地球物理学进展，30 (6)：2778-2784.
王长轩，刘晓东等 . 2008. 高放废物地质处置库黏土岩场址研究现状 . 辐射防护，, 28 (5)：310-316.
王驹 . 2009. 高放废物深地质处置：回顾与展望 . 铀矿地质，(2)：71-77.
王驹，徐国庆，金远新，等 . 1999. 我国高放废物处置库甘肃北山预选区地壳稳定性研究 . 中国核科技报告，1999 (S4)：19-30.
王彦国 . 2013. 位场数据处理的高精度方法研究及应用 . 长春：吉林大学 .
王彦国，王祝文，张凤旭，等 . 2012. 位场向下延拓的导数迭代法 . 吉林大学学报（地球科学版)，42 (1)：240-245.
王彦国，张瑾，葛坤朋，等 . 2016. 基于改进型 Tilt-depth 法的磁源上顶与下底深度快速反演 . 应用地球物理：英文版，(2)：249-256.
王彦国，罗潇，邓居智等 . 2019. 基于改进 tilt 梯度的三维磁异常解释技术 . 石油地球物理勘探，54 (3)：685-691.
王粤，龚育龄，刘羽 . 2016. 可控源音频大地电磁测深法在甘肃北山预选区选址工作的应用分析 . 工程地球物理学报，13 (01)：109-115.
吴仁贵，周万蓬，刘平华，等 . 2008. 巴音戈壁盆地塔木素地段砂岩型铀矿成矿条件及找矿前景分析 . 铀矿地质，24 (1)：24-31.
吴仁贵，周万蓬，刘平华，等 . 2009. 关于内蒙古巴音戈壁盆地早白垩世地层的讨论 . 地层学杂志，33 (1)：87-90.
伍浩松 . 2015. 加拿大稳步推进废物管理工作 . 国外核新闻，(2)：32.
熊章强 . 1997. ^{218}Po 法测氡对甘肃疏勒河断裂带中段的稳定性研究 . 物探与化探，(3)：219-224.
熊章强 . 2001. 根据地球物理场特征评价核废物处置场址——对疏勒河断裂带稳定性评价 . 华东地质学院学报，(3)：209-213.
徐国庆 . 2002. 2020 ~2040 年我国高放废物深部地质处置研究初探 . 铀矿地质，18 (3)：160-167.
薛融晖，安志国，王显祥，等 . 2016. 利用电磁方法探测内蒙古塔木素高放废物预选场址岩体的内部构造 . 地球物理学报，59 (6)：2316-2325.
腰善丛 . 2001. 综合地球物理在高放废物地质处置选址中的应用研究 . 北京：中国地质大学（北京）.
腰善从 . 2017. 综合地球物理在高放废物地质处置选址中的应用研究 . 中国地质大学（北

京）.

余运祥，刘林清 . 1994. 高放废物地质处置库甘肃选区疏勒河断裂带稳定性研究 . 华东地质学院学报，(4)：301-307.

余运祥，刘林清，莫撼 . 1995. 甘肃疏勒河断裂中段核废物处置库稳定性研究 . 华东地质学院学报，(3)：243-248.

张春灌，杨高印，严云奎，等 . 2012. 内蒙古西部银根-额济纳旗盆地航磁异常特征及地质意义 . 地质通报，31（10）：1724-1730.

An Z G, Di Q Y, Wang R, et al. 2013a. Multi-geophysical Investigation of Geological Structures in a Pre-selected High-level Radioactive. Journal of Environmental and Engineering Geophysics, 18 (2): 137-146.

An Z G, Di Q Y, Fu C M, et al. 2013b. Geophysical evidence of the deep geological structure through CSAMT survey at a potential radioactive waste site at Beishan, Gansu, China. Journal of Environmental and Engineering Geophysics, 18 (1): 43-54.

Caldwell T G, Bibby H M, Brown C. 2004. The magnetotelluric phase tensor. Geophysical Journal International, 158: 457 -469.

Cosenza P, Prêt D, Zamora M. 2015. Effect of the local clay distribution on the effective electrical conductivity of clay rocks. Journal of Geophysical Research: Solid Earth, 120 (1): 145-168.

Cosma C, Enescu N, Adam E, et al. 2003. Vertical and horizontal seismic profiling investigations at Olkiluoto, 2001. Posiva Oy.

Cosma C, Cozma M, Balu L, et al. 2008. Rock mass seismic imaging around the ONKALO tunnel, Olkiluoto 2007. Posiva Oy.

Cosma C, Enescu N, Heikkinen E, et al. 2015. Near Field Characterization of Hard Rock Spent Nuclear Fuel Repository by Seismic Reflection. 77th EAGE Conference and Exhibition-Workshops. European Association of Geoscientists &Engineers, (1): 1-5.

Gamble T D, Goubeau W M, Clarke J. 1979. Magnetotellurics with a remote reference. Geophysics, 44: 53-68.

Huang X, Deng J, Chen X, et al. 2019. Magnetotelluric extremum boundary inversion based on different stabilizers and its application in a high radioactive waste repository site selection. Applied Geophysics, 16 (3): 367-377.

IAEA, International Conference on the safety of radioactive waste disposallR. Tokyo, Japan: IAEA CN-1353-72005.

Jackson D D. 1976. Most squares inversion. Journal of Geophysical Research, 81 (5): 1027-1030.

Lawrence J. Barrows, Sue-Ellen Shaffer, Warren Miller et al. Waste Isolation Pilot Plant (WIPP) Site Gravity Survey and Interpretation. SANDIA REPOORT, 1983.

Mackie R L, Miorelli F, Meju M A. 2018. Practical methods for model uncertainty quantification in electromagnetic inverse problems//SEG Technical Program Expanded Abstracts 2018. Society of Exploration Geophysicists, 2018: 909-913.

Madritsch H. 2015. Geology of central northern Switzerland: overview and some key topics regarding

Nagra's seismic exploration of the region. Swiss Bulletin fuer Angewandte Geologie, 20 (2): 3-15.

Manukyan E, Maurer H, Marelli S, et al. 2012. Seismic monitoring of radioactive waste repositories. Geophysics, 77 (6): EN73-EN83.

Marelli S, Manukyan E, Maurer H, et al. 2010. Appraisal of waveform repeatability for crosshole and hole-to-tunnel seismic monitoring of radioactive waste repositories. Geophysics, 75 (5): Q21-Q34.

Mari J L, Yven B. 2014. The application of high-resolution 3D seismic data to model the distribution of mechanical and hydrogeological properties of a potential host rock for the deep storage of radioactive waste in France. Marine and Petroleum Geology, 53: 133-153.

Meju M A. 2009. Regularized extremal bounds analysis (REBA): an approach to quantifying uncertainty in nonlinear geophysical inverse problems. Geophysical Research Letters, 36 (3) .

Olsson O, Duran O, Jämtzlid A, et al. 1984. Geophysical investigations in sweden for the characterization of a site for radioactive waste disposal—An overview. Geoexploration, 22 (3-4): 187-201.

Reid A B, Allsop J M, Granser H, et al. 1990. Magnetic interpretation in three dimensions using Euler deconvolution. Geophysics, 55 (1): 80-91.

Salem A, Williams S E, Fairhead J D, et al. 2007. Tilt-depth method: A simple depth estimation method using first-order magnetic derivatives. The Leading Edge, 26, 1502-1505.

Saling, James. 2018. Radioactive waste management. Routledge.

Thegerström C, Olsson O. 2011. The license application for the KBS-3-system-A milestone for the Swedish spent fuel disposal program//13th International High-Level Radioactive Waste Management Conference, 10-14.

Verstricht J, Blümling P, Merceron T. 2003. Repository concepts for nuclear waste disposal in clay formations. Field Measurements in Geomechanics, 15-18.

Witherspoon P A. 1991. Geological problems in radioactive waste isolation: the 3rd World Wide Review (LBNL-38915) . California: Lawrence Berkeley National Laboratory.

Witherspoon P A. 1996. Geological problems in radioactive waste isolation-second worldwide review. No. LBNL-38915. Lawrence Berkeley Lab.

Witherspoon P A. 2001. Geological problems in radioactive waste isolation: The 3rd World Wide Review (LBNL-38915) . California: Lawrence Berkeley National Laboratory.

Wynn J C, Roseboom E H. 1987. Role of geophysics in identifying and characterizing sites for high-level nuclear waste repositories. Journal of Geophysical Research Solid Earth, 92 (B8): 7787-7796.

Yong R N, Wong G, Boonsinsuk P. 1986. Formulation of backfill material for a nuclear fuel waste disposal vault. Canadian Geotechnical Journal, 23 (2): 216-228.

Zhang H, Gong Y L, Liu Q C, et al. 2011. Application of electromagnetic method in detecting structure of rock mass at preselected site.